EUL VERLAG

WISSENS-, QUALITÄTS- UND PROZESSMANAGEMENT

Herausgegeben von Univ.-Prof. Dr.-Ing. habil. Dr. mont. Eva-Maria Kern, MBA, München

Band 1

Wendelin Schmid

Wissensmanagementbedarf von Geschäftsprozessen – Operationalisierung, Einflussfaktoren und Managementimplikationen am Beispiel Operations

Lohmar – Köln 2013 • 232 S. • € 56,- (D) • ISBN 978-3-8441-0296-3

JOSEF EUL VERLAG

Wissensmanagementbedarf von Geschäftsprozessen

– Operationalisierung, Einflussfaktoren und Management-implikationen am Beispiel Operations –

Wendelin Schmid

Abdruck der von der Fakultät für Wirtschafts- und Organisationswissenschaften

der Universität der Bundeswehr München

zur Erlangung des akademischen Grades eines

Doktors der Wirtschafts- und Sozialwissenschaften (Dr. rer. pol.)

genehmigten Dissertation

Vorsitzender: Univ.-Prof. Dr. jur. Helge Rossen-Stadtfeld

1. Berichterstatter: Univ.-Prof. Dr.-Ing. habil. Dr. mont. Eva-Maria Kern

2. Berichterstatter: Univ.-Prof. Dr. rer. pol. Stephan Kaiser

3. Berichterstatter: Univ.-Prof. Dr. rer. pol. Michael Eßig

4. Berichterstatter: Univ.-Prof. Dr. oec. publ. Thomas Hartung

Die mündliche Prüfung fand am 17. Dezember 2013 statt.

Neubiberg, 20. Dezember 2013

Reihe: Wissens-, Qualitäts- und Prozessmanagement · Band 1
Herausgegeben von Univ.-Prof. Dr.-Ing. habil. Dr. mont. Eva-Maria Kern, MBA, München

Dr. Wendelin Schmid

Wissensmanagementbedarf von Geschäftsprozessen

Operationalisierung, Einflussfaktoren und Managementimplikationen am Beispiel Operations

Mit einem Geleitwort von Univ.-Prof. Dr.-Ing. habil. Dr. mont. Eva-Maria Kern, MBA, Universität der Bundeswehr München

EUL VERLAG

Bibliographische Information der Deutschen Bibliothek

Die Deutsche Bibliothek verzeichnet diese Publikation in der Deutschen Nationalbibliothek; detaillierte bibliographische Daten sind im Internet über <http://dnb.ddb.de> abrufbar.

Dissertation, Universität der Bundeswehr München, 2013

ISBN 978-3-8441-0296-3
1. Auflage Dezember 2013

JOSEF EUL VERLAG GmbH
Brandsberg 6
D-53797 Lohmar
Tel.: +49 (0) 22 05 / 90 10 6-6
Fax: +49 (0) 22 05 / 90 10 6-88
http://www.eul-verlag.de
info@eul-verlag.de

Bei der Herstellung unserer Bücher möchten wir die Umwelt schonen. Dieses Buch ist daher auf säurefreiem, 100% chlorfrei gebleichtem, alterungsbeständigem Papier nach DIN 6738 gedruckt.

Geleitwort

In den neunziger Jahren war Wissensmanagement als Allheilmittel in aller Munde. Viele verschiedene Ansätze und Konzepte wurden in dem Bestreben entwickelt, Organisationen dazu zu befähigen, zielgerichteter mit der Ressource Wissen umzugehen. Dennoch haben die meisten Wissensmanagement-Initiativen in der Praxis nicht den gewünschten Erfolg. Dies hängt vor allem damit zusammen, dass jede Organisation spezifische Anforderungen an Wissensmanagement hat, also über einen sehr individuellen Wissensmanagementbedarf verfügt. Diese Tatsache wird jedoch in der Praxis bei der Einführung von Wissensmanagement nicht in ausreichendem Maße berücksichtigt. Auch die Wissenschaft bietet bis dato nur unzureichende Lösungsansätze dafür an, wie ein „maßgeschneidertes“ Wissensmanagement auszugestalten ist.

An dieser Stelle setzt die Arbeit von Wendelin Schmid an. Er geht davon aus, dass dieses „Maßschneidern“ von Wissensmanagement nur dann möglich ist, wenn es gelingt, den unternehmensspezifischen Wissensmanagementbedarf entsprechend zu operationalisieren. Der Verfasser wagt sich damit an ein schwierig zu fassendes Thema und kommt Dank seiner Methodenkompetenz und seiner kreativen Ideen zu bemerkenswerten Ergebnissen und Erkenntnissen. Basierend auf einer umfassenden empirischen Untersuchung entwickelt er ein Wissensmanagementbedarfsmodell, mit dem es ihm gelingt das zentrale Phänomen Wissen auf Objekt- und Aktivitätsebene zu beschreiben, sowie entsprechende Einflussfaktoren und mögliche Perspektiven des Wissensmanagementbedarfs in strukturierter und „handhabbarer“ Form darzustellen. Zudem erarbeitet er eine Wissensmanagementbedarfstypologie und formuliert mit dieser als Kernstück ein praxisorientiertes Vorgehen zur Ermittlung des Wissensmanagementbedarfs einzelner Geschäftsprozesse.

Herrn Schmid ist es gelungen, auf Basis seiner empirisch gewonnenen Erkenntnisse sowohl konzeptionelle Grundlagenarbeit zu leisten als auch konkrete Gestaltungsempfehlungen abzuleiten. Dadurch trägt er mit der hier vorliegenden Dissertationsschrift maßgeblich zu einem verbesserten Verständnis der Thematik „Wissensmanagementbedarf von Geschäftsprozessen“ bei und leistet damit sowohl aus Sicht der Wissenschaft als auch aus Sicht der Praxis einen wesentlichen Beitrag zur Weiterentwicklung des prozessorientierten Wissensmanagements.

Ich freue mich daher, mit dieser Arbeit als erstem Band meine Schriftenreihe „Wissens-, Qualitäts- und Prozessmanagement“ eröffnen zu können und wünsche dem vorliegenden Werk einen möglichst großen Leserkreis!

Neubiberg, 19.12.2013 Univ.-Prof. Dr.-Ing. habil. Dr. mont. Eva-Maria Kern

Vorwort

Die vorliegende Arbeit entstand während meiner Tätigkeit als wissenschaftlicher Mitarbeiter an der Professur für Wissensmanagement und Geschäftsprozessgestaltung der Universität der Bundeswehr München. Sie wurde dort im Oktober 2013 von der Fakultät für Wirtschafts- und Organisationswissenschaften als Dissertation angenommen.

An dieser Stelle möchte ich all denen danken, die mich bei der Erstellung dieser Arbeit und der zugehörigen Prüfungsvorbereitung unterstützt haben.

Bei meiner Doktormutter Prof. Dr.-Ing. habil. Dr. mont. Eva-Maria Kern bedanke ich mich für die ausgezeichnete Betreuung und die wertvollen Impulse sowie die spannende Zeit an der Professur, die von abwechslungsreichen Projekten geprägt war. Des Weiteren danke ich Prof. Dr. rer. pol. Stephan Kaiser für die Übernahme des Zweitgutachtens und Prof. Dr. jur. Helge Rossen-Stadtfeld für die Übernahme des Vorsitzes des Prüfungsausschusses. Ich danke meinen aktuellen und ehemaligen Kollegen Dr.-Ing. Julia Boppert, Dr. rer. pol. Tomas Hartmann, Sebastian Ulrich und Tobias Röser für ihr stets offenes Ohr und die kollegiale und freundschaftliche Zusammenarbeit. Mein Dank gilt auch den aktuellen und ehemaligen studentischen Hilfskräften der Professur, die mir gerade in „heißen" Projektphasen eine wertvolle Hilfe waren. Zudem bedanke ich mich bei den zahlreichen Interviewpartnern, ohne deren Bereitschaft mich zu unterstützen die Erstellung dieser Arbeit nicht möglich gewesen wäre.

Für den persönlichen Rückhalt gilt mein herzlichster Dank meiner Familie und meinen Freunden sowie insbesondere meiner Frau Caroline von Streit, die mir auch während meiner Promotionszeit Geduld und Verständnis entgegenbrachte und mir mit Rat und Tat zur Seite stand. Ihr ist dieses Buch gewidmet.

München, im Dezember 2013 Wendelin Schmid

Inhaltsverzeichnis

Abbildungsverzeichnis

Tabellenverzeichnis

Abkürzungs- und Symbolverzeichnis

BPR	Business Process Reengineering
bspw.	beispielsweise
bzw.	beziehungsweise
CPI	Continuous Process Improvement
d.h.	das heißt
ff.	und die folgenden
f.	und die folgende
ggfs.	gegebenenfalls
GPM	Geschäftsprozessmanagement
GPO-WM©	Geschäftsprozessorientiertes Wissensmanagement
GP/-s	Geschäftsprozess/-e
IT	Informationstechnologie
i.e.	id est / that is to say
i.V.m.	in Verbindung mit
KM	Knowledge Management
Nr.	Nummer
od.	oder
QM	Qualitätsmanagement
SECI	Socialization, Externalization, Combination, Internalization
sog.	sogenannte/-n
S.	Seite
usw.	und so weiter
u.	und
u.a.	unter anderem
v.a.	vor allem
vgl.	vergleiche

WM	Wissensmanagement
°C	Grad Celcius
%	Prozent
€	Euro
©	Copyright

1 Einleitung

Wissen ist eine wichtige Ressource für die Wirtschaft, deren Bedeutung wächst.[1] Die Wertschöpfung von Geschäftsprozessen (GPs) hängt stark vom Umgang mit Wissen und Wissensmanagement (WM) ab. Aus dieser Erkenntnis gingen viele Ansätze und Initiativen hervor. Trotzdem fehlt das Verständnis über einige wesentliche Aspekte. Die vorliegende Arbeit greift das Thema WM-Bedarf von GPs auf und widmet sich diesem bislang kaum untersuchten Aspekt des prozessorientierten WM.

Im weiteren Verlauf dieses Abschnitts wird auf die Ausgangssituation der Arbeit, ihre Zielsetzung und die Vorgehensweise zur Erreichung dieser Zielsetzung eingegangen.

1.1 Ausgangssituation

Die Trends der Globalisierung werden sich auch in den kommenden Jahren fortsetzen und die globalen Entwicklungen der Wertschöpfungsstrukturen prägen.[2] Das führt zu einer stetigen Verschärfung des Wettbewerbs, von der Unternehmen aller Branchen betroffen sind. Die steigenden Anforderungen an zeitliche, qualitative und kostenseitige Aspekte der Leistungserstellung sowie die Innovationskraft sind eine große und kontinuierliche Herausforderung.[3]

Vor mehreren Jahrzehnten setzte sich erstmals die Erkenntnis durch, dass die klassischen Wertschöpfungsfaktoren Arbeit, Kapital und Boden mehr und mehr an Bedeutung verlieren, während Wissen eine immer größere Rolle spielt.[4] Die Folge war ein zunehmend bewusster Umgang mit Wissen, der Gegenstand des heute praktizierten WM ist.[5] Zur etwa gleichen Zeit begann die Abkehr von der Funktionsorientierung hin zur Prozessorientierung.[6] In diesem Zusammenhang wurde damit angefangen, einen Managementansatz mit Methoden und Werkzeugen zu entwickeln, der den Auftakt für das mittlerweile weit verbreitete Geschäftsprozessmanagement (GPM) darstellt.[7] Das GPM und WM näherten sich einander schrittweise an. Als Brücke zwischen diesen beiden Managementansätzen entstand das prozessorientierte

[1] Vgl. Bahrs/Gronau 2005, S. 29, vgl. Drucker 2000, S. 135 und vgl. Gramke et al. 2010
[2] Vgl. Prognos AG 2012
[3] Vgl. Bogaschewsky/Rollberg 1998, S. 24 und vgl. Erber 2012
[4] Vgl. McLachlan 2004. S. 230 f. und vgl. Wittmann 1977, S. 590
[5] Vgl. North 2011, S. 9-23 und vgl. Pawlowsky/Gözalan/Schmid 2011
[6] Vgl. Gaitanides 1983, S. 60
[7] Vgl. Bullinger et al. 1995, S. 7 ff.

WM, in dem GPs als die Wissensplattform von Organisationen betrachtet werden. GPM und WM haben eine große Schnittmenge, sie hängen voneinander ab und ergänzen sich. Eine Integration von GPM und WM liegt dann vor, wenn Grundelemente beider Managementansätze wechselseitig genutzt werden. Konkret heißt das, dass Wissen in GPs betrachtet wird und WM-Elemente auf die Verbesserung von GPs abzielen.[8] GPs werden dazu genutzt, einen zielgerichteten Umgang mit Wissen durch eine konsequente Ausrichtung auf die Wertschöpfung zu erreichen. Zudem wird Wissen nicht nur als wichtige Ressource, sondern auch als Produkt begriffen.[9] Diese Aspekte gilt es bei der Gestaltung und Steuerung von GPs zu berücksichtigen.

In der Praxis herrscht große Unsicherheit im Umgang mit Wissen. Es gilt die Wertschöpfung von Organisationen[10] zu steigern, deren Produkt- und Dienstleistungserstellung mehr denn je auf Wissen basiert und deren Produkte und Dienstleistungen immer mehr Wissen beinhalten. Unternehmen und Organisationen sind sich einerseits darüber bewusst, dass Handlungsbedarf besteht. Andererseits bleibt es oftmals bei dieser Erkenntnis, ohne dass Maßnahmen beschlossen und umgesetzt werden.[11] Die Ausrichtung von WM an den GPs eignet sich, um dieser Unsicherheit entgegenzuwirken.[12] Aber dieser erste Schritt allein verspricht noch keine ausreichende Orientierung und keine Steigerung der Wertschöpfung. Bis heute führen (zu) viele WM-Initiativen nicht zum erhofften Erfolg und werden zum Teil eingestellt.[13] Ein entscheidender Grund dafür ist das fehlende Verständnis über den WM-Bedarf von GPs. Obwohl weitgehende Einigkeit darüber besteht, dass sich verschiedene Organisationen mit ihren verschiedenen GPs im Hinblick auf ihren WM-Bedarf unterscheiden,[14] gibt es bislang kaum konkrete und fundierte Erkenntnisse, die sich aus den individuellen Anforderungen der betrachteten GPs ableiten. Ohne einen entsprechenden Erkenntnisfortschritt ist jedoch kein zielgerichteter, systematischer und die Wertschöpfung der Organisation unterstützender Umgang mit Wissen möglich (vgl. Abschnitt 3.1 und 3.2).

---

[8] Vgl. Schmid/Kern 2013b

[9] Vgl. Heisig 2005b, S. 7

[10] Hinweis: Wird in der vorliegenden Arbeit von Organisationen gesprochen, beinhaltet das sowohl privatwirtschaftliche als auch öffentliche Organisationen.

[11] Vgl. Lehner 2008, S. 283 f.

[12] Vgl. Tochtermann/Schachner 2009, S. 8

[13] Vgl. Meier/Weller 2012, S. 115

[14] Vgl. u.a. Bahrs/Vladova/Gronau 2010, Eppler/Seifried/Röpnack 1999, Garavelli/Gorgoglione/Scozzi 2004, Gronau et al. 2010, Gronau 2009, Hanel 2002, Hefke/Kleiner 2005, Isik/Mertens/Van den Bergh 2013, S. 527, Kern/Boppert 2010, S. 220, Klabunde 2003, Mandl 2003, Mingers 2005, Nagel/Mohr 2005, Paulzen et al. 2002, Reinmann-Rothmeier et al. 2001, Rumpfhuber 2004, Sanden 2001, Thiesse 2001, Trier/Müller 2004 und Wenzel/Wulfsberg/Bruhns 2009

1.2 Ziel der Arbeit

Bezugnehmend auf die Ausgangssituation stellt die vorliegende Arbeit den Umgang mit WM-Bedarf von GPs in Wissenschaft und Praxis in das Zentrum ihrer Betrachtungen. Der in dieser Arbeit betrachtete Sachverhalt wird als Phänomen verstanden.[15] Ein Phänomen ist grundsätzlich etwas, das in der Umwelt vorkommt und beobachtbar ist.[16] Daraus sollten sich das Forschungsziel, die Forschungsfragen und eine zur Beantwortung dieser Fragen geeignete Forschungsmethode ableiten lassen.[17] Die entsprechende Ableitung für diese Arbeit ist in Abbildung 1 dargestellt.

Phänomen:

Umgang mit WM-Bedarf von GPs in Wissenschaft und Praxis

Forschungsziel:

Ein besseres Verständnis über WM-Bedarf von GPs

Forschungsfragen:

I. Welche Aspekte des WM-Bedarfs von GPs werden aktuell in Wissenschaft und Praxis berücksichtigt?

II. Wie lässt sich WM-Bedarf von GPs operationalisieren?

III. Welche Faktoren beeinflussen den WM-Bedarf verschiedener GPs und wie beeinflussen diese Faktoren den WM-Bedarf?

IV. Welche Gestaltungsempfehlungen lassen sich daraus für die Unternehmenspraxis ableiten?

Forschungsmethode:

Grounded Theory

Abbildung 1: Ableitung von Forschungsziel, -fragen und -methode[18]

Das Phänomen ist der Umgang mit WM-Bedarf von GPs, sowohl der Umgang damit in der Wissenschaft als auch der Umgang damit in der Praxis. Dieses Phänomen lässt sich anhand der in Abschnitt 1.1 dargestellten Ausgangsituation festlegen.

[15] Vgl. Apel 2011, S. 57 ff.

[16] Vgl. Brockhaus Enzyklopädie 2006, S. 359 und vgl. Meyers enzyklopädisches Lexikon 1981, S. 1988

[17] Vgl. Mello/Flint 2009, S. 109

[18] In Anlehnung an Böger 2010, S. 4 und in Anlehnung an Mello/Flint 2009, S. 110

Diese Arbeit soll die bereits im ersten Abschnitt skizzierte Forschungslücke verringern. Zu diesem Zweck lässt sich das Forschungsziel wie folgt formulieren: **Das Forschungsziel dieser Arbeit ist ein besseres Verständnis über den WM-Bedarf von GPs.**

Diese Arbeit verfolgt ein vorwiegend theoretisches Wissenschaftsziel[19], indem sie zur Entwicklung einer Theorie über WM-Bedarf von GPs beitragen soll.[20] Ein theoretisches Wissenschaftsziel ist auf „... die Gewinnung von Erfahrungserkenntnissen und deren Integration in möglichst umfassende Systeme objektiver Sätze, d.h. Theorien gerichtet, die eine Erfassung, Beschreibung, Erklärung und Prognose der Sachverhalte des Erkenntnisgegenstandes zulassen"[21]. Das theoretische Wissenschaftsziel ist jedoch nicht als Selbstzweck zu verstehen. Die Theorie ist vielmehr der Ausgangspunkt für die Anwendung der gewonnen Erkenntnisse.[22] Diesem Prinzip folgend, ist das pragmatische Nebenziel dieser Arbeit, aus den Ergebnissen Implikationen und Gestaltungsempfehlungen für die Unternehmenspraxis abzuleiten.

Das formulierte Forschungsziel lässt sich anhand von vier Forschungsfragen konkretisieren, die im Rahmen dieser Arbeit beantwortet werden sollen.

Forschungsfrage I: Welche Aspekte des WM-Bedarfs von GPs werden aktuell in Wissenschaft und Praxis berücksichtigt?

Die Antwort auf diese Frage beschreibt die aktuelle Rolle von WM-Bedarf von GPs in Wissenschaft und Praxis. Sie erfordert eine systematische Untersuchung bestehender Ansätze im Hinblick auf deren Umgang mit WM-Bedarf von GPs. Darauf aufbauend kann die folgende Forschungsfrage bearbeitet werden:

Forschungsfrage II: Wie lässt sich WM-Bedarf von GPs operationalisieren?

---

[19] Chmielewicz 1994, S. 8 ff. unterscheidet vier Wissenschaftsziele: Begriffslehre (essentialistisches Wissenschaftsziel), Wissenschaftstheorie (theoretisches Wissenschaftsziel), Wirtschaftstechnologie (pragmatisches Wissenschaftsziel) und Wirtschaftsphilosophie (normatives Wissenschaftsziel)

[20] Anhand der Generalisierbarkeit wird zwischen formaler und substantiver Theorie unterschieden. Formale Theorien werden auf höherer Ebene für ein breites Forschungsfeld entwickelt (bspw. Status verschiedener Personen in ihrem jeweiligen Umfeld: Status von Führungskräften in ihrer Organisation, Politikern in ihrem Land und Kindern in ihrer Familie, usw.). Substantive Theorien beziehen sich hingegen auf einen bestimmten Kontext bzw. ein bestimmtes Sachgebiet (bspw. Status von Führungskräften in Organisationen) (vgl. Böger 2010, S. 83 f., vgl. Glaser/Strauss 1967, S. 32-35, vgl. Mello/Flint 2009, S. 111 f. und vgl. Strauss/Corbin 1990, S. 174 f.). Da in dieser Arbeit WM-Bedarf zwar in verschiedenen Organisationen, aber immer bezogen auf den Kontext GP betrachtet wird, liegt der Fokus hier auf einer substantiven Theorie.

[21] Kosiol 1964, S. 745

[22] Vgl. Kosiol 1964, S. 749 und vgl. Kühn 1978, S. 34 ff.

Hierbei wird das Ziel verfolgt, eine Grundlage zur Identifikation und Ermittlung von WM-Bedarf von GPs zu schaffen. Es sind geeignete Kriterien zu ermitteln, anhand derer sich WM-Bedarf von GPs beschreiben und erfassen lässt. Darüber hinaus ist für die Erreichung des Forschungsziels die Beantwortung der folgenden Forschungsfrage entscheidend:

Forschungsfrage III: Welche Faktoren beeinflussen den WM-Bedarf verschiedener GPs und wie beeinflussen diese Faktoren den WM-Bedarf?

Neben einer deskriptiven Komponente enthält diese Forschungsfrage zudem eine explanative Komponente. Zum einen ist zu ermitteln, welche Faktoren den WM-Bedarf verschiedener GPs beeinflussen. Zum anderen sind die Wirkungszusammenhänge aufzudecken. Damit lässt sich für den WM-Bedarf von GPs ein Modell entwickeln. Dieses Modell ist eine wichtige Voraussetzung für die Beantwortung der vierten und folgenden Forschungsfrage:

Forschungsfrage IV: Welche Gestaltungsempfehlungen lassen sich daraus für die Unternehmenspraxis ableiten?

Diese Forschungsfrage zielt auf die Nutzbarmachung der Erkenntnisse aus der Bearbeitung der anderen Forschungsfragen ab. Es sollen Implikationen und Gestaltungsempfehlungen für die Unternehmenspraxis gegeben werden.

Das beschriebene Phänomen wurde bislang kaum theoretisch behandelt. Deshalb wird zur Beantwortung der Forschungsfragen ein qualitatives Forschungsdesign gewählt.[23] Der Grounded Theory Ansatz[24], als einer der prominentesten Vertreter der qualitativen Forschungsmethoden,[25] dient als Basis für die Durchführung und qualitative Auswertung von Interviews mit 24 Experten. Dabei handelt es sich um Experten für verschiedene GPs aus ausgewählten Unternehmen und Organisationen. Der gewählte Ansatz eignet sich für die Anwendung in komplexen Organisationsstrukturen.[26] Das gilt auch für den Bereich des GPM, dessen GPs komplexe Organisationsstrukturen darstellen und deren WM-Bedarf Gegenstand dieser Arbeit ist.[27]

---

[23] Vgl. Gläser/Laudel 2010, S. 30 f. und vgl. Lamnek 2010, S. 19-25 und S. 80
[24] Vgl. Glaser/Strauss 1967
[25] Vgl. Legewie 2006a, S. 1
[26] Vgl. Paris/Hürzele 2008, S. 4
[27] Vgl. Seidel/Recker 2009, S. 5 f.

Die Grounded Theory ist keine einzelne Methode, sondern ein Methodenset zur systematischen Datenerhebung und -analyse mit dem Ziel der Theoriebildung.[28] Es werden verschiedene Methoden für die qualitative empirische Forschung zur Verfügung gestellt. Diese Methoden dienen dazu, Theorie in einem iterativen Prozess aus Datenerhebung und -analyse induktiv aus empirischem Datenmaterial abzuleiten. Dieser iterative Prozess sollte so wenig wie möglich durch theoretische Vorkenntnisse beeinflusst werden. Es handelt sich bei der Grounded Theory folglich nicht um ein qualitatives Verfahren zum Testen von Hypothesen, sondern um ein qualitatives Verfahren zur Generierung von Hypothesen.[29]

1.3 Vorgehensweise

Die Ergebnisdarstellung erfolgt sequentiell, obwohl das Vorgehen bei der Anwendung des Grounded Theory Ansatzes iterativ ist und aus ständiger Datenerhebung, Datenanalyse und dem Vergleich der daraus gewonnen Erkenntnisse mit der Literatur besteht. Der sequentielle Aufbau der vorliegenden Arbeit eignet sich für die effiziente und verständliche Erläuterung der enthaltenen klassischen Themenblöcke Theorie, Datenerhebung, Datenauswertung und Ergebnisse.[30]

Insgesamt besteht die Arbeit aus sieben Abschnitten. Im **ersten Abschnitt** (Einleitung) wird die Ausgangsituation erläutert, es wird auf das Ziel der Arbeit und die Forschungsfragen eingegangen und in diesem Unterabschnitt wird die Vorgehensweise beschrieben.

Der **zweite Abschnitt** (theoretischer Bezugsrahmen) befasst sich mit begrifflichen Grundlagen und der Erläuterung von Modellen und Konzepten. Es wird eine geeignete Auswahl getroffen, die dem Leser einen schlanken thematischen Einstieg ermöglicht und zugleich die notwendigen inhaltlichen Voraussetzungen für das Verständnis der Arbeit enthält.

Der **dritte Abschnitt** (Stand der Forschung) widmet sich dem aktuellen Umgang mit WM-Bedarf in der Literatur. Bevor das Ergebnis der umfassenden Literaturrecherche vorgestellt und diskutiert wird, wird das Vorgehen der Recherche transparent dargestellt. Darauf aufbauend erfolgt die Ableitung der Forschungslücke.

---

[28] Vgl. Glaser 1992, S. 16
[29] Vgl. Böhm/Legewie/Muhr 1992, S. 31
[30] Vgl. Böger 2010, S. 6 f., vgl. Hallier/Forbes 2004, S. 1385, vgl. Suddaby 2006, S. 637 und vgl. Wagner/Lukassen/Mahlendorf 2010, S. 9 f.

Im Mittelpunkt des **vierten Abschnitts** (Forschungsmethode) steht die Grounded Theory als ausgewählte Forschungsmethode. Ihre Auswahl wird begründet. Es wird auf die Entstehung der Grounded Theory eingegangen, die Rolle der Literatur in dieser Forschungsmethode wird erläutert und die Elemente und Vorgehensweise der Grounded Theory werden vorgestellt. Zudem folgen eine Beschreibung der im Rahmen der Grounded Theory durchgeführten Datenerhebung und -analyse sowie ein Unterabschnitt zur Forschungsgüte.

Der **fünfte Abschnitt** (Auswertung und Ergebnisse der empirischen Erhebung) enthält eine ausführliche Beschreibung des entwickelten WM-Bedarfs-Modells. Die einzelnen Modellelemente werden detailliert vorgestellt und anhand von Zitaten illustriert. Zudem wird auf den Zusammenhang der Modellelemente eingegangen. Die Ergebnisse beruhen auf der Auswertung der erhobenen empirischen Daten und es werden Erkenntnisse aus bestehender Literatur einbezogen.

Im vorletzten und **sechsten Abschnitt** (Managementimplikationen und Gestaltungsempfehlungen) werden die gewonnenen Erkenntnisse für die Unternehmenspraxis nutzbar gemacht. Hierfür wird eine WM-Bedarfs-Typologie vorgestellt, deren einzelne Bestandteile Gegenstand der weiteren Betrachtung sind. Zusammen mit dem gebildeten WM-Bedarfs-Modell bietet die WM-Bedarfs-Typologie die Grundlage für ein Vorgehen zur Ermittlung des WM-Bedarfs von GPs. Dieses Vorgehen wird dargestellt und anhand von zwei ausgewählten Beispielen veranschaulicht.

Der letzte und **siebte Abschnitt** (Schlussbetrachtung) besteht aus einer Zusammenfassung der erarbeiteten Ergebnisse, in der auf das Forschungsziel und die aufgestellten Forschungsfragen Bezug genommen wird. Außerdem beinhaltet dieser Abschnitt eine kritische Würdigung der vorliegenden Arbeit und weiteren Forschungsbedarf.

Eine übersichtliche Darstellung des Aufbaus und der Vorgehensweise der vorliegenden Arbeit bietet Abbildung 2.

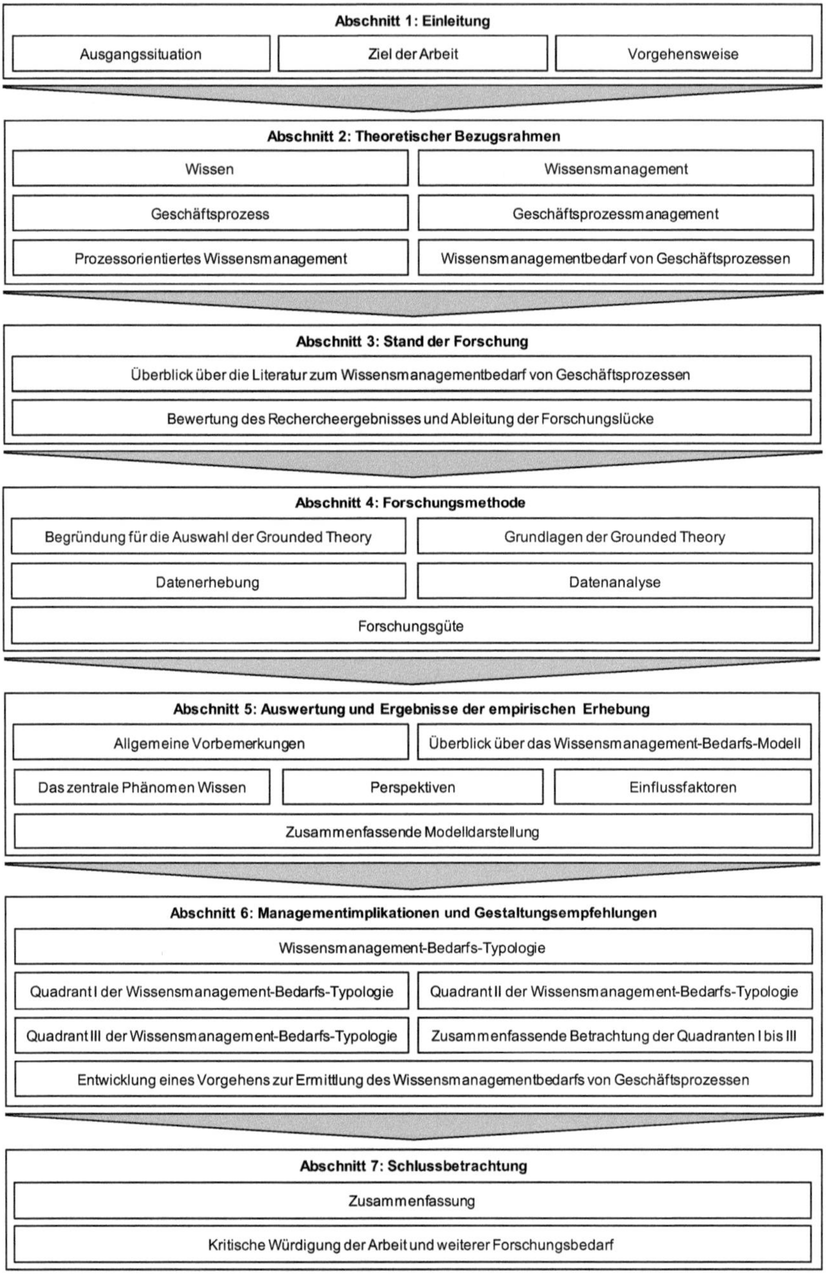

Abbildung 2: Aufbau und Vorgehensweise der Arbeit

2 Theoretischer Bezugsrahmen

In diesem Abschnitt werden der theoretische Bezugsrahmen und die erforderlichen Grundlagen geschaffen, soweit diese Voraussetzung für das Verständnis der Arbeit sind. Dabei wird zunächst auf Wissen und WM sowie auf Geschäftsprozess (GP) und GPM eingegangen. Darauf aufbauend wird prozessorientiertes WM erläutert, das Elemente des GPM und WM integriert. Der letzte Unterabschnitt widmet sich dem WM-Bedarf von GPs.

2.1 Wissen

Als Einstieg für die Schaffung eines Verständnisses von Wissen eignet sich die in Abbildung 3 dargestellte Begriffshierarchie zwischen Zeichen, Daten, Informationen und Wissen.

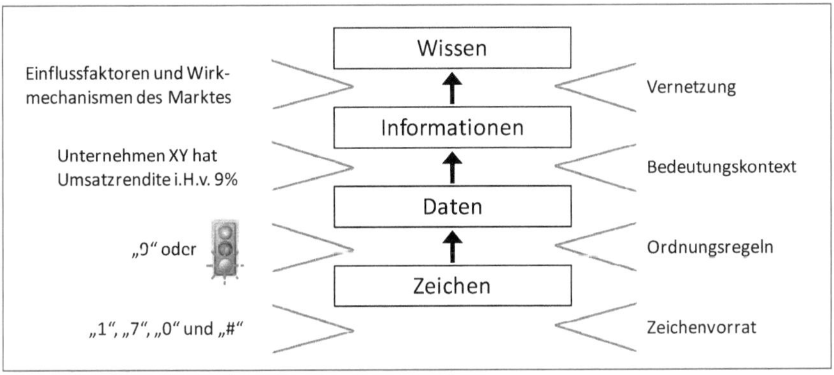

Abbildung 3: Begriffshierarchie zwischen Zeichen und Wissen[31]

Aus Zeichen (Buchstaben, Ziffern oder Sonderzeichen) und Ordnungsregeln (Code oder Syntax) ergeben sich Daten. Daten bestehen aus Symbolen, es sind Zeichen bzw. Zeichenfolgen, und sie sind noch nicht interpretiert. Beispiele dafür sind Zahlen wie 9, 74 und 36391 oder ein grünes Licht einer Ampel. Durch die Herstellung eines Bezugs werden aus Daten Informationen. Beispiele dafür sind 39,5°C Körpertemperatur eines Patienten, 9% Umsatzrendite eines betrachteten Unternehmens oder 4,99€ als Preis für einen bestimmten Artikel. Informationen bestehen also aus Daten, die in einem Bedeutungskontext stehen und der Vorbereitung von Entscheidungen und Handlungen dienen. Fehlt die Möglichkeit einer zweckdienlichen Vernetzung dieser Informationen mit aktuellen oder in der Vergangenheit abgespeicherten Infor-

[31] Nach Rehäuser/Krcmar 1996, S. 6

mationen, sind diese für den Betrachter nutzlos. Gelingt dem Betrachter diese Vernetzung, so entsteht Wissen.[32]

Eine umfassende Definition aus der Betriebswirtschaftslehre bezeichnet Wissen als die „... Gesamtheit der Kenntnisse und Fähigkeiten, die Individuen zur Lösung von Problemen einsetzen“[33]. Eine weitere Differenzierung nach Wissensform, Wissensart und Wissensdomäne[34] ermöglicht einen weniger abstrakten und damit handhabbareren Zugang zu Wissen. Für die Wissensform bietet sich die Unterscheidung nach der Form der Verfügbarkeit, in explizites und implizites Wissen sowie individuelles und kollektives Wissen, an.[35] Unter explizitem Wissen ist expliziertes Wissen zu verstehen, also das Wissen, das anhand von Informationen artikuliert und archiviert ist. Im Gegensatz dazu ist unter implizitem Wissen das nicht explizierbare oder noch nicht explizierte Wissen zu verstehen. Es manifestiert sich auch in Handlungen und Routinen[36] seines Trägers. (Ein Teil des impliziten Wissens ist nicht explizierbar und wird als „tacit knowledge“ bezeichnet.)[37, 38] Individuelles Wissen unterscheidet sich von kollektivem Wissen dadurch, dass der Wissensinhalt nicht von mehreren Individuen kooperierend gestaltet und genutzt wird, sondern lediglich dem Träger selbst zu Verfügung steht.[39]

Bei der Wissensart ist eine Unterteilung in know when, know where, know how und know why verbreitet.[40] Know when und know where sind Quellenwissen, aufgeteilt in

[32] Vgl. Lehner 2008, S. 46 und vgl. North 2011, S. 36 f.

[33] Probst/Raub/Romhardt 2006, S. 22

[34] Unter einer Wissensdomäne wird ein konkretes Wissensgebiet verstanden (vgl. Kohl/Orth 2010, S. 174).

[35] Vgl. North 2011, S. 47

[36] Als Routine lässt sich das prozedurale Gedächtnis einer Organisation bezeichnen (vgl. Cohen/Bacdayan 1994). Darunter werden „all regular and predictable behavioral patterns of firms” (Nelson/Winter 1982, S. 14) verstanden. Einen aktuellen Blick auf den Stand der Forschung zum Thema organisationale Routinen bietet Kaiser/Kozica 2013.

[37] Vgl. Gronau 2009, S. 5 und vgl. North 2011, S. 2

[38] In der Literatur findet sich eine Unschärfe in Bezug auf die Abgrenzung von Informationen und Wissen (vgl. Probst/Raub/Romhardt 2006, S. 17 f.). Einerseits wird die Auffassung vertreten, dass ein Teil des Wissens anhand von Informationen artikulierbar, archivierbar und somit explizierbar ist (vgl. North 2011, S. 2). Andererseits wird Wissen die Eigenschaft zugesprochen personengebunden zu sein (vgl. Davenport/Prusak 1998, S. 5 und vgl. Gronau 2009, S. 5). Explizites und in Form von Informationen vorliegendes Wissen ist allerdings nicht personengebunden, weil es von der Person als Wissensträger entkoppelt ist. Nach dem Verständnis der vorliegenden Arbeit werden Informationen erst zu Wissen, wenn sie durch Menschen zweckdienlich mit aktuellen oder in der Vergangenheit abgespeicherten Informationen vernetzt werden (vgl. Lehner 2008, S. 46 und vgl. North 2011, S. 36 f.). Wird im weiteren Verlauf der Arbeit von explizitem Wissen gesprochen, ist folglich nicht Wissen im eigentlichen Wortsinn gemeint, sondern personenungebundene Informationen.

[39] Vgl. Bodrow/Bergmann 2003, S. 39

[40] Vgl. Capurro 2003, S. 75 und S. 78 f., aufbauend auf Sanchez 1997, S. 174-180 und Zahn/Foschiani/Tilebein 2000, S. 246 ff., und vgl. Spinner 2002, S. 45

seine zeitliche und seine räumliche Komponente.[41] Know how ist Handlungswissen, das Bestandteil von praktischen Fertigkeiten und sog. Skills ist.[42] Und unter know why wird Erklärungswissen über Sachverhalte verstanden, in dessen Mittelpunkt Ursache-Wirkungs-Zusammenhänge stehen.[43] Capurro nennt eine weitere Möglichkeit zur Differenzierung des Quellenwissens, indem er dessen personengebundene Komponente know who aufführt.[44] Zudem nennt er mit Bezugnahme auf Zahn et al. know what, das als Gestaltungswissen oder auch als Expertenwissen bezeichnet wird.[45] Anstatt know what als weitere Wissensart zu erwähnen, gibt Spinner know that an.[46] Darunter ist Orientierungswissen zu verstehen, das die erforderlichen Tatsachen umfasst, um sich in einem Bereich zurechtzufinden.[47]

Für die Benennung und Beschreibung von Wissensdomänen gibt es eine Vielzahl von Möglichkeiten. Dabei sind der Anwendungsbezug und die Wahl des Detaillierungsgrads entscheidend. Die in der Literatur genannten Wissensdomänen decken unterschiedliche inhaltliche Aspekte auf verschiedenen Detaillierungsebenen ab. Demzufolge unterscheiden sich auch ihre Benennungen und Beschreibungen. Das Fraunhofer Institut nutzt bspw. die Unterscheidung in Fachwissen, Methodenwissen, Wissen über die Organisation, Wissen über Kunden, Märkte und Wettbewerber, Normen und Gesetzte, Partner, Patente, Personen und Produkte.[48] Nohr und Schaschke konzentrieren sich hingegen in ihren Beiträgen auf das Kundenwissen, das sie weiter in Wissen von Kunden, Wissen für Kunden und Wissen über Kunden unterscheiden.[49]

Wissen entsteht in Personen und es wird von Personen angewendet. Es kann auf Daten und Informationen basieren und es stellt eine veränderliche Mischung von eingeordneter Erfahrung, Wertvorstellungen, Kontextinformationen und fachmännischer Einsicht dar.[50] Wissen hat einen dynamischen Charakter. Es ist abhängig von den involvierten Individuen und vom Kontext. Es entsteht durch Zusammenhänge

[41] Vgl. Boppert 2008, S. 26 und vgl. Capurro 2003, S. 78
[42] Vgl. Capurro 2003, S. 75, vgl. Rumpfhuber 2004, S. 138 und vgl. Spinner 2002, S. 23
[43] Vgl. Boppert 2008, S. 26, vgl. Rumpfhuber 2004, S. 137 f. und vgl. Zahn/Foschiani/Tilebein 2000, S. 246
[44] Vgl. Boppert 2008, S. 26 und vgl. Capurro 2003, S. 79
[45] Vgl. Boppert 2008, S. 26, vgl. Capurro 2003, S. 75 und vgl. Zahn/Foschiani/Tilebein 2000, S. 246
[46] Vgl. Spinner 2002, S. 45
[47] Vgl. Rumpfhuber 2004, S. 136
[48] Vgl. Staiger 2008, S. 291
[49] Vgl. Nohr 2003, S. 17 ff. und vgl. Schaschke 2010, S. 20-24
[50] Vgl. Davenport/Prusak 1998, S. 5

und Beziehungen und kann daher nicht als absolute Größe angesehen werden.[51] Im Gegensatz zu den anderen Produktionsfaktoren hat Wissen die einzigartige Eigenschaft, dass es sich durch Gebrauch vermehrt.[52] Es wird nicht verbraucht, sondern es wird angewandt. Dabei erfährt es einen Wertzuwachs, indem es gefestigt und erweitert sowie gegebenenfalls mit anderen geteilt wird. Dennoch charakterisiert es sich bezogen auf seine Halbwertszeit dadurch, dass sein ökonomischer Wert mit der Zeit abnimmt.[53]

Die Charakteristika von Wissen sind wesentliche Merkmale, die es beim Umgang mit und dem Management dieser Ressource zu berücksichtigen und zu nutzen gilt.[54]

2.2 Wissensmanagement

Die organisationale Wissensbasis ist Gegenstand des WM. Sie besteht aus dem gesamten Wissen einer Organisation, das ihr zur Lösung ihrer Aufgaben zur Verfügung steht.[55] WM umfasst die Gestaltung, Lenkung und Entwicklung der organisationalen Wissensbasis, mit dem Zweck die Organisationsziele zu erreichen.[56] „Das übergeordnete Ziel des WM ist daher die Erlangung und der Ausbau von Wettbewerbsvorteilen.“[57] Mögliche Einzelziele des WM sind:[58]

- Optimale Ressourcennutzung
- Verkürzung der Time-to-Market
- Verkürzung der Produktlebenszyklen
- Verbesserung der Kundenbeziehung und des Kundennutzens
- Verbesserung der Effizienz bei Forschungs- und Entwicklungsprojekten
- Erfolgreiches Reengineering von GPs

Es existieren viele unterschiedliche WM-Modelle.[59] Einerseits würde die Erläuterung aller Modelle nicht wesentlich zur Erreichung des formulierten Forschungsziels beitragen und andererseits den Rahmen dieser Arbeit sprengen. Deshalb wird im Folgenden ein Überblick über zwei ausgewählte WM-Modelle sowie verschiedene WM-

[51] Vgl. Krogh/Ichijo/Nonaka 2000, S. 7 und vgl. Roehl 2002, S. 19
[52] Vgl. Probst/Raub/Romhardt 2006, S. 1
[53] Vgl. Benger 2007, S.148
[54] Vgl. Gronau 2009, S. 5
[55] Vgl. Probst/Raub/Romhardt 2006, S. 22
[56] Vgl. North 2011, S. 177
[57] Gronau 2009, S. 4
[58] Vgl. Lehner 2008, S. 32
[59] Vgl. u.a. Heisig 2005b,S. 23-51, North 2011, S. 184-200 und Remus 2002, S. 36-82

Maßnahmen, -Methoden und -Tools gegeben. Zuerst werden das „SECI-Modell" i.V.m. der „Spirale der Wissensschaffung" nach Nonaka und Takeuchi beschrieben, da beides großen Einfluss auf die darauffolgende WM-Forschung hatte.[60] Danach wird auf das WM-Modell von Probst et al. eingegangen, das einerseits in der Wissenschaft weit verbreitet ist und andererseits als praktikabel gilt und deshalb häufig in der Praxis herangezogen wird.[61] Der letzte Unterabschnitt gibt einen Überblick über ausgewählte WM-Maßnahmen, -Methoden und -Tools.

2.2.1 SECI-Modell und Spirale der Wissensschaffung

Das SECI-Modell und die Spirale der Wissensschaffung zielen auf eine Erklärung der Wissensschaffung und -verbreitung in Organisationen ab. Dabei werden die epistemologische[62] Dimension (implizites und explizites Wissen) und die ontologische[63] Dimension (Individuum, Gruppe, Unternehmen, Unternehmensinteraktion) unterschieden. Die epistemologische Dimension führt zunächst zu vier Hauptprozessen der Wissensumwandlung. Diese vier Hauptprozesse zusammen mit der ontologischen Dimension sind die Basis für die Spirale der Wissensschaffung.[64] Erst durch die Interaktion von implizitem und explizitem Wissen wird Wissen geschaffen und erweitert. Es existiert eine Wechselwirkung, die als Wissensumwandlung bezeichnet wird.[65] Das SECI-Modell, das in Abbildung 4 dargestellt ist, beinhaltet die vier Formen der Wissensumwandlung und die Wissensspirale in der epistemologischen Dimension.

Sozialisation (implizit → implizit) liegt beim direkten Austausch von implizitem Wissen zwischen Personen vor. Beispiele sind persönliche Gespräche oder ein Erfahrungsaustausch durch Beobachtung oder Nachahmung. Externalisierung (implizit → explizit) ist die Umwandlung von implizitem Wissen in explizites Wissen. Dadurch kann Verfügbarkeit von Wissen innerhalb und außerhalb der Organisation erreicht werden. Die Kombination (explizit → explizit) zielt auf die Erzeugung von neuem explizitem Wissen ab, indem bereits bekanntes explizites Wissen zusammengefügt wird. Zur Unterstützung dienen Dokumente, Computer, Netzwerke und Kommunikationsmittel.

[60] Vgl. Gronau 2009, S. 15 und vgl. Hilger/Kohl/Krenn 2010, S. 13
[61] Vgl. u.a. Gronau 2009, S. 21, Hanel 2002, S. 17, Hilger/Kohl/Krenn 2010, S. 13 und Lehner 2008, S. 67
[62] „Die Epistemologie – auch Erkenntnistheorie – ist die philosophische Auseinandersetzung mit Wissen." (Lehner 2008, S. 62)
[63] „Die Ontologie ist die Lehre vom Sein, sie befasst sich mit den Ordnungs-, Begriffs- und Wesensbestimmungen des Seienden." (Lehner 2008, S. 62)
[64] Vgl. Lehner 2008, S. 62
[65] Vgl. Nonaka/Takeuchi 1995, S. 61 ff.

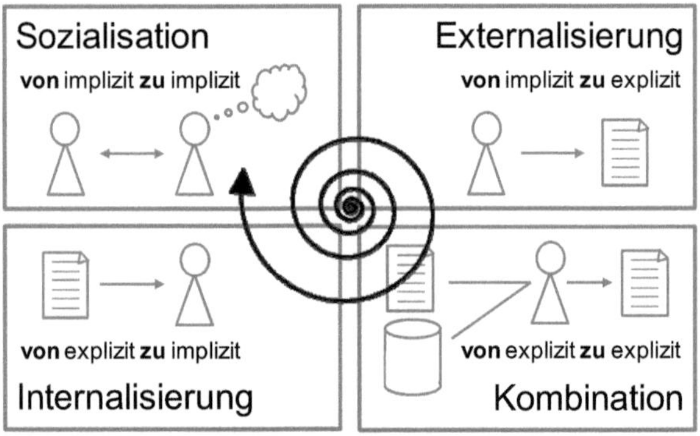

Abbildung 4: SECI-Modell[66]

Bei der Internalisierung (explizit → implizit) handelt es sich schließlich um einen Lernprozess. Dieser hat große Ähnlichkeit mit dem „learning by doing", falls sich bspw. Mitarbeiter im Zuge der Wiederholung von Arbeitsschritten zunehmend von Ablaufbeschreibungen lösen. Auch die individuelle Operationalisierung von Wissen ist Internalisierung, wie sie bspw. bei der Bildung einer Meinung auf Basis eines Vorfalles stattfindet.[67]

Das Wissen, das durch die vier beschriebenen Formen der Wissensumwandlung in der epistemologischen Dimension mobilisiert wird, dringt ausgehend vom Individuum bis hin zur Überschreitung von Organisationsgrenzen in immer höhere ontologische Schichten vor. Wie in Abbildung 5 dargestellt, ergibt sich daraus eine Spirale der Wissensschaffung, die sich zyklisch zwischen den beiden Dimensionen bewegt.

Wissensschaffung lässt sich als ein Spiralprozess beschreiben, der anhand der Interaktion von implizitem und explizitem Wissen abläuft und beginnend beim Individuum, über die Gruppe und die Organisation immer mehr Interaktionsgemeinschaften erfasst.[68]

2.2.2 Wissensmanagement-Modell von Probst et al.

Das WM-Modell von Probst et al. setzt sich aus acht WM-Bausteinen zusammen. Es bildet einen integrierten Bezugsrahmen, der „[...] als Leitidee für alle gestaltenden

[66] Nach Nonaka/Takeuchi 1997, S. 84
[67] Vgl. Lehner 2008, S. 63 und vgl. Nonaka/Takeuchi 1997, S. 84 ff.
[68] Vgl. Nonaka/Takeuchi 1997, S. 266

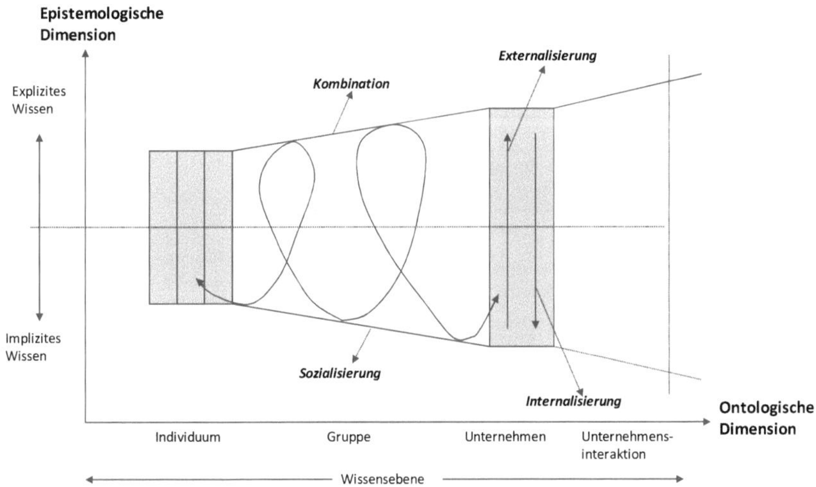

Abbildung 5: Spirale der Wissensschaffung in Unternehmen[69]

Eingriffe in die Ressource Wissen dienen soll."[70] Dabei lehnt sich das Modell an den klassischen Managementkreislauf an. Es werden Wissensziele gesetzt und die organisationale Wissensbasis wird transparent gemacht und verändert. Anschließend wird das Ergebnis bewertet.[71] Jeder der acht Bausteine beschreibt einen Teilaspekt des WM. Abbildung 6 zeigt das WM-Modell, dessen einzelne Bausteine nicht isoliert sind, sondern enge Verbindungen untereinander aufweisen sowie eine Unterscheidung in strategische und operative WM-Bausteine erlauben.[72]

Wissensziele dienen der Ausrichtung des WM. In Anlehnung an das St. Gallener Managementkonzept wird zwischen der normativen („wissensbewusste" Unternehmenskultur), der strategischen (wettbewerbsentscheidendes Wissen, Managementsystem, Organisationsstruktur) und der operativen Zielebene (konkretisierte Zielvorgaben) unterschieden.[73] Die Wissensidentifikation zielt auf die Schaffung von Transparenz über intern und extern verfügbares Wissen ab. Dazu ist eine Analyse und Beschreibung des internen Wissens (bspw. Fähigkeiten von Experten, Prozessabläufe, Beziehungsnetze) und des externen Wissensumfelds (bspw. Lizenzen und Patente,

[69] Nonaka/Takeuchi 1997, S. 87
[70] Probst/Raub/Romhardt 2006, S. 27
[71] Vgl. Remus 2002, S. 120
[72] Vgl. Hilger/Kohl/Krenn 2010, S. 15 und vgl. Lehner 2008, S. 67 f.
[73] Vgl. Lehner 2008, S. 68 und vgl. Probst/Raub/Romhardt 2006, S. 31

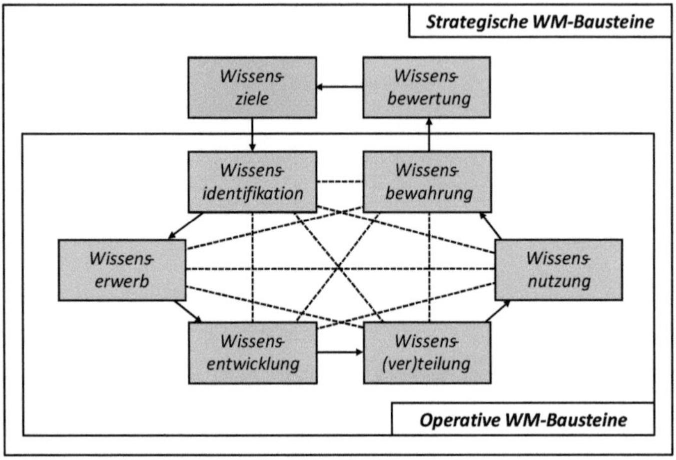

Abbildung 6: WM-Modell von Probst et al.[74]

Fähigkeiten externer Experten, Kooperationen mit Lieferanten) erforderlich.[75] Beim Wissenserwerb geht es um den Import von organisationsexternem Wissen, das die Organisation nicht selbst entwickeln kann oder will. Dieser Erwerb kann sich auf Daten und Informationen (bspw. in Form von Datenträgern), Lizenzen und Patente, Experten oder ganze Unternehmen beziehen.[76] Die Wissensentwicklung umfasst hingegen den organisationsinternen Aufbau von Wissen, der auf der Nutzung der Kreativität der Mitarbeiter und deren Ideen beruht. Dazu gehört die individuelle und kollektive Erzeugung neuer Fähigkeiten, neuer Produkte und leistungsfähigerer GPs.[77] Die Wissens-(ver)teilung bezweckt die gezielte Verbreitung bereits vorhandenen Wissens. Eine Voraussetzung dafür ist die Schaffung von Klarheit darüber, wer in der Organisation was in welchem Umfang wissen sollte.[78] Die Wissensnutzung ist der produktive Einsatz organisationalen Wissens zum Vorteil der Organisation. Hierbei wird wettbewerbsrelevantes Wissen angewendet und verwertet.[79] Die Wissensbewertung ist schließlich die Voraussetzung für Kurskorrekturen im WM. Sie ermöglicht

[74] Nach Probst/Raub/Romhardt 2006, S. 32
[75] Vgl. Lehner 2008, S. 69 und vgl. Probst/Raub/Romhardt 2006, S. 29
[76] Ebenda
[77] Vgl. Gronau 2009, S. 21 und vgl. Probst/Raub/Romhardt 2006, S. 29
[78] Vgl. Gronau 2009, S. 22 und vgl. Probst/Raub/Romhardt 2006, S. 30
[79] Ebenda

der Organisation die Bildung eines Urteils über den erzielten Erfolg im Hinblick auf die zuvor aufgestellten Wissensziele.[80]

Das WM-Modell von Probst et al. erhebt keinen Anspruch darauf, theoriebildend zu wirken.[81] Es soll v.a. einem zu hohen Abstraktionsgrad von WM entgegenwirken und bei der Strukturierung von Aktivitäten im WM unterstützen.[82] Eine Anpassung und Erweiterung des Modells ist möglich und kann je nach Situation und Anwendungsfall sinnvoll und notwendig sein. Heisig konzentriert sich bspw. auf eine geringere Anzahl von vier WM-Bausteinen (Wissenserzeugung, -speicherung, -verteilung und -anwendung).[83] Reinmann-Rothmeier et al. bündeln hingegen die acht WM-Bausteine von Probst et al. in die Wissenspräsentation (umfasst die Wissensidentifikation und -bewahrung), -kommunikation (entspricht der Wissens-(ver)teilung), -generierung (umfasst die Wissensentwicklung und -erwerb) und -nutzung (entspricht der Wissensnutzung).[84] Wissensschutz findet sich in keiner dieser Sammlungen von WM-Bausteinen. Jedoch erfährt dieses Thema vor dem Hintergrund von Produktpiraterie und Wirtschaftsspionage seit kurzem sowohl in der Wissenschaft als auch in der Praxis verstärkte Aufmerksamkeit.[85] Der Wissensschutz ist ein Beispiel dafür, dass eine Anpassung und Erweiterung bestehender Modelle sinnvoll und notwendig sein kann.

2.2.3 Wissensmanagement-Maßnahmen, -Methoden und -Tools

Es gibt eine Vielzahl von verschiedenen WM-Maßnahmen, -Methoden und -Tools. Sie basieren auf unterschiedlichen Grundannahmen, die u.a. aus der Verankerung des WM in verschiedenen Wissenschaftsdisziplinen (bspw. Betriebswirtschaftslehre, Informatik, Pädagogik und Soziologie) resultieren. Eine vollständige Darstellung aller verfügbaren WM-Maßnahmen, -Methoden und -Tools ist unmöglich.[86] In der Literatur bildeten sich verschiedene Klassifikationssysteme heraus, um eine grobe Orientierung zu schaffen und zugleich dem Vorwurf entgegenzuwirken, dass sich die WM-Maßnahmen, -Methoden und -Tools ausschließlich über zufällige Anwendung und Marktgängigkeit legitimieren.[87] Eine verbreitete Klassifikationsmöglichkeit nutzt die

[80] Vgl. Gronau 2009, S. 22 und vgl. Probst/Raub/Romhardt 2006, S. 31
[81] Vgl. Lehner 2008, S. 71
[82] Vgl. Probst/Raub/Romhardt 2006, S. 25
[83] Vgl. Heisig 2005b, S. 60-66
[84] Vgl. Reinmann-Rothmeier et al. 2001, S. 32-40
[85] Vgl. u.a. Kaspar 2010, Bahrs/Vladova/Gronau 2010, Lindemann 2012 und Schmid/Kern 2013b
[86] Vgl. Roehl 2000, S. 161 und vgl. Staiger 2008, S. 39
[87] Vgl. Preissler/Roehl/Seemann 1997, S. 7 und vgl. Roehl 2000, S. 160 ff.

drei Dimensionen Technik, Organisation und Mensch.[88] Ebenfalls herangezogen werden WM-Bausteine (vgl. Abschnitt 2.2.2).[89] Auf der Homepage der Fraunhofer-Gesellschaft steht eine sog. Lösungsbox zur Verfügung, in der ungefähr 50 WM-Maßnahmen, -Methoden und -Tools anhand eines Filtermechanismus ausgewählt werden können. Dabei kann nach den Dimensionen Technik, Organisation und Mensch, nach verschiedenen WM-Bausteinen, nach verschiedenen Gestaltungsfeldern (bspw. Controlling, Führung, Unternehmenskultur), nach intellektuellem Kapital (Human-, Struktur-, Beziehungskapital) und nach unterschiedlichen Praxisproblemen gefiltert werden.[90] Eine weitere umfangreiche Auflistung von WM-Maßnahmen, -Methoden und -Tools stammt von Roehl (vgl. Abbildung 7).[91]

Diese Auflistung klassifiziert nach den sich zum Teil überlappenden Bereichen technologische Infrastruktur und räumlich-organisatorische Infrastruktur sowie problemlösungs-, kommunikations-, personen- und arbeitsbezogene WM-Maßnahmen, -Methoden und -Tools.[92] Es wird deutlich, dass es viele unterschiedliche WM-Maßnahmen, -Methoden und -Tools gibt, die jeweils etwas anderes leisten können. Während sich bspw. Storytelling für die Weitergabe und Vermittlung von implizitem Wissen eignet, dienen Datenbanken der Bewahrung und Bereitstellung von explizitem Wissen. Eine gezielte und sinnvolle Auswahl von WM- Maßnahmen, -Methoden und -Tools ist jedoch nur unter der Voraussetzung möglich, dass der WM-Bedarf bekannt ist.

2.3 Geschäftsprozess

Es existieren viele Definitionen zum Begriff GP. Dabei wird zum Teil zwischen Prozess und GP unterschieden. Ein Prozess wird als Abfolge von Schritten definiert, der aus einer Reihe von Inputs einen Output erzeugt.[93] Darauf aufbauend wird von einem GP gesprochen, wenn es sich um eine Kette wertschöpfender[94], funktions- und

---

[88] Vgl. Bullinger/Wörner/Prieto 1998, S. 22 f. und vgl. Völker/Sauer/Simon 2007, S. 181-184
[89] Vgl. Bullinger/Wörner/Prieto 1998, S. 24-33
[90] Vgl. Fraunhofer-Gesellschaft 2011
[91] Vgl. Gronau 2009, S. 27
[92] Eine ausführliche Beschreibung der einzelnen in Abbildung 7 aufgeführten WM-Maßnahmen, -Methoden und -Tools findet sich in Roehl 2000, S. 161-246.
[93] Vgl. Schmelzer/Sesselmann 2010, S. 62
[94] Wertschöpfung ist „[..] der Wertbildungsprozeß im Unternehmen od. Institutionen od. anderen Wirtschaftseinheiten aufgrund der Kombination von → Produktionsfaktoren" (Woll 1996, S. 732).

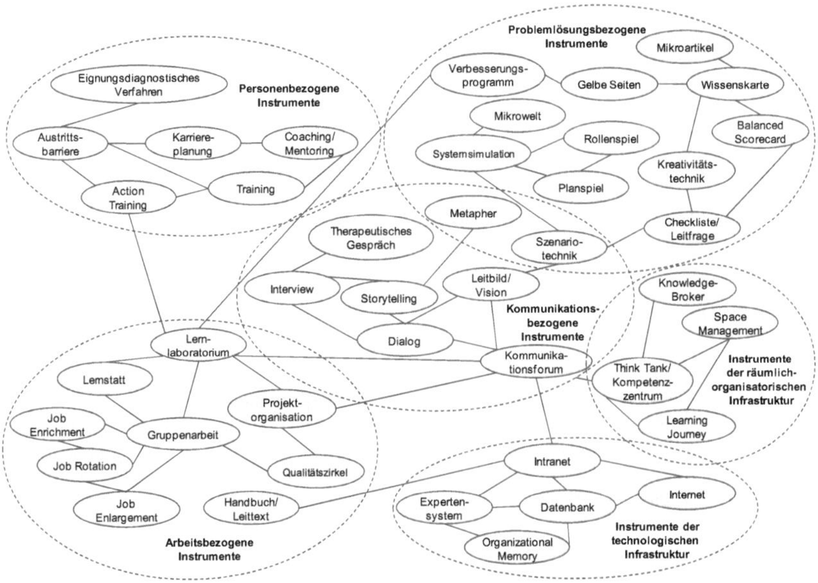

Abbildung 7: Klassifikation von WM-Maßnahmen, -Methoden und -Tools[95]

organisationsübergreifender Aktivitäten handelt. Diese Aktivitäten sollten aus der Unternehmensstrategie abgeleitete Ziele erfüllen und sie erzeugen Leistungen, die Kundenwünsche befriedigen.[96]

Im weiteren Verlauf der Arbeit wird nicht zwischen Prozess und GP unterschieden. Die beiden Begriffe werden synonym verwendet und es wird die umfassendere Definition von GP genutzt.

Im Hinblick auf ihren Beitrag zur Wertschöpfung lässt sich zudem eine Unterscheidung von GPs in Kern-, Unterstützungs- und Steuerungsprozesse durchführen. Kernprozesse zeichnen sich durch einen direkten Bezug zur Hauptleistung (Produkt oder Dienstleistung) aus, anhand derer die Wertschöpfung realisiert wird.[97] Sie sind die organisatorische Umsetzung der in der Organisation vorhandenen Kernkompetenzen.[98] Unterstützungsprozesse sind auf die Kernprozesse ausgerichtet, die hierbei interne Kunden darstellen. Sie tragen indirekt zur Wertschöpfung bei und sind für

[95] Nach Roehl 2000, S. 163
[96] Vgl. Schmelzer/Sesselmann 2010, S. 62
[97] Vgl. Staud 2001, S. 11
[98] Vgl. Osterloh/Frost 2006, S. 36

die Ausführung der Kernprozesse notwendig.[99] Steuerungsprozesse hingegen dienen der Planung, Steuerung und Ausrichtung der Organisation, indem sie für die Kern- und Unterstützungsprozesse einen Rahmen schaffen und diese kontrollieren.[100] Im Hinblick auf einen möglichst gezielten und auf die Steigerung der Wertschöpfung hin ausgerichteten Einsatz von GPM- und WM-Maßnahmen ermöglicht diese Klassifizierung bspw. eine erste Priorisierung von GPs für die Durchführung entsprechender Initiativen.

2.4 Geschäftsprozessmanagement

Der wesentliche Aspekt des GPM ist die Prozessorientierung, die sich durch eine „... Abkehr vom Abteilungsdenken hin zur abteilungsübergreifenden Zusammenarbeit“[101] auszeichnet. Dabei ist der Kunde sowohl der Startpunkt als auch der Endpunkt der Betrachtung. Es wird eine ablauforientierte Struktur verfolgt; d.h., die Betrachtung folgt sequentiell den einzelnen Aufgaben der Leistungserstellung. Dadurch lassen sich Koordinations- und Kommunikationsprobleme vermeiden, die bei konventioneller Funktionsorientierung auftreten.[102]

GPM wird als „... ein integriertes Konzept von Führung, Organisation und Controlling der Geschäftsprozesse verstanden, dessen Ziel die Steigerung der Effektivität und Effizienz des Unternehmens ist“[103]. Es handelt sich hierbei um keine einmalige Initiative, sondern um einen kontinuierlich zu betreibenden Managementansatz.[104]

Dieser Ansatz folgt einem Vorgehen, das sich anhand eines Phasenmodells abbilden lässt und in dem sich Elemente des Plan-Do-Check-Act-Zyklus nach Deming[105] wiederfinden. In der einschlägigen Literatur finden sich viele verbreitete Phasenmodelle.[106] Obwohl die Unterschiede der etablierteren Modelle nicht allzu groß sind, variieren sie hinsichtlich ihrer Ausrichtung, ihres Anwendungskontexts und insbesondere hinsichtlich der Anzahl und Gewichtung ihrer Phasen. Abbildung 8 zeigt ein ausgewähltes Phasenmodell, das die fünf Phasen Definition, Prozessaufnahme und

[99] Vgl. Weigert 2008, S. 164
[100] Vgl. Thonemann 2010, S. 143
[101] Wagner/Patzak 2007, S. 58
[102] Vgl. Osterloh/Frost 2006, S. 30-35
[103] Schmelzer 2004, S. 25
[104] Vgl. Allweyer 2005, S. 89
[105] Vgl. Deming 1986, S. 88
[106] Eine Übersicht hierzu findet sich bspw. in Hartmann 2012, S. 48-52.

-analyse, Prozessgestaltung, Prozessumsetzung sowie Prozesscontrolling und -bewertung enthält.[107]

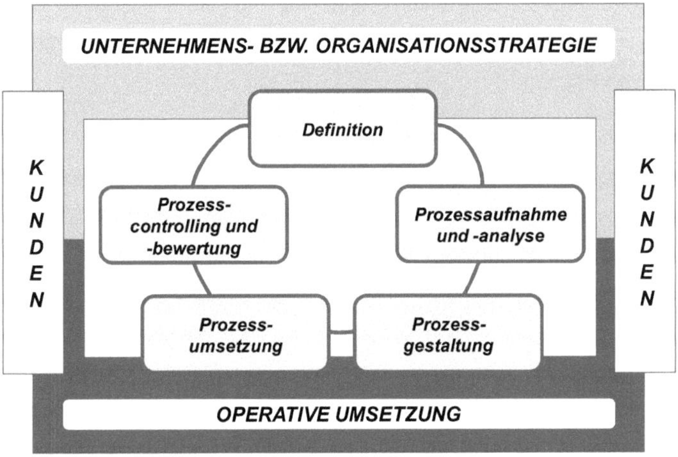

Abbildung 8: Phasenmodell des GPM[108]

Für jede dieser Phasen werden im Folgenden die jeweilige Zielsetzung, die wesentlichen Aufgaben und die damit verbundenen Herausforderungen erläutert. Ein Unternehmen, das, bzw. eine Organisation, die sich zum ersten Mal mit GPM auseinandersetzt, sollte mit der Phase Definition beginnen. Die übrigen Phasen sollten nach der durch die Pfeile angedeuteten Reihenfolge durchlaufen werden.[109]

In der Phase Definition werden der Kundenbezug des GPM und die Abstimmung des GPM mit der Unternehmens- bzw. Organisationsstragie festgelegt.[110] Diese beiden Aspekte sind die Grundlage für die Ableitung konkreter Ziele und die Definition des Umfangs der GPM-Initiative. Der Umfang kann dabei einzelne GPs, ausgewählte Bereiche oder die Gesamtorganisation umfassen. In der Praxis hat sich ein stufenweises Vorgehen bewährt, im Rahmen dessen mit der Betrachtung ausgewählter Kernprozesse begonnen wird. Da es sich bei einer GPM-Initiative in der Regel um ein Projekt handelt, sind dessen Ziele, Inhalte, Organisation, Ressourcen und Zeitplan festzulegen. Das Projektmanagement ist nicht nur ein wichtiger Bestandteil der Phase Definition, sondern es ist für die gesamte Projektlaufzeit zu betreiben. Jedoch

[107] Vgl. Kern/Hartmann/Schmid 2012, S. 4
[108] Nach Kern/Hartmann/Schmid 2012, S. 4
[109] Vgl. Kern/Hartmann/Schmid 2012, S. 4
[110] Vgl. Schmelzer/Sesselmann 2010, S. 6 f.

sind alle Beteiligten und Betroffenen unbedingt von Beginn an zu integrieren, indem ihnen die Bedeutung des Projekts, dessen erwarteter Nutzen und wesentliche Schritte kommuniziert werden. Damit sollen Ängste abgebaut sowie Akzeptanz und Motivation geschaffen werden. Erst damit steht der erforderliche Rahmen für das Durchlaufen der weiteren Phasen.[111]

In der Phase Prozessaufnahme und -analyse wird Transparenz über alle GPs aus dem zuvor festgelegten Betrachtungsbereich geschaffen. Für eine erste Übersicht bietet sich die Erstellung einer sog. Prozesslandkarte an. Dafür sind GPs zu benennen und voneinander abzugrenzen. In einem zweiten Schritt wird eine systematische Ist-Prozessaufnahme durchgeführt. Dabei werden prozessrelevante Informationen, wie bspw. Prozessschritte, Prozessbeteiligte, Schnittstellen und Ressourcen erhoben. Das Ergebnis ist eine strukturierte und übersichtliche Darstellung der Ist-Prozesse in Prozessmodellen, die mithilfe einer geeigneten Modellierungsmethode erstellt werden (bspw. eEPK in ARIS).[112] Bei der Prozessaufnahme ist einerseits auf die Wahl des richtigen Detaillierungsgrads im Hinblick auf ein sinnvolles Aufwand-Nutzen-Verhältnis sowie andererseits auf die Wahl der für die Datenerhebung geeigneten Methode zu achten. Bei komplexen GPs empfiehlt sich eine gemeinsame Grobaufnahme im Rahmen eines Workshops, an dem mehrere Prozessbeteiligte teilnehmen. Durch die unterschiedlichen Perspektiven entsteht ein umfassendes Problemverständnis, das wiederum wichtig für die Auswahl des Detaillierungsgrads und des Vorgehens bei der Datenerhebung ist. Die Ist-Analyse mit der Erstellung der entsprechenden Prozessmodelle ist die Basis für die Überprüfung der GPs im Hinblick auf Effektivität (Werden die richtigen GPs durchgeführt?) und Effizienz (Werden die GPs richtig durchgeführt?). So lassen sich Schwachstellen und Verbesserungspotenziale identifizieren, die das Ergebnis dieser Phase und der Ausgangspunkt für die nächste Phase sind.[113]

Gegenstand der Phase Prozessgestaltung ist die Definition und die Auswahl von Maßnahmen zur Verbesserung der Effektivität und Effizienz der Leistungserstellung auf Basis der zuvor in der Phase Prozessaufnahme und -analyse gewonnenen Erkenntnisse. In Abhängigkeit davon, ob und inwieweit sich die bestehenden GPs zur Erreichung der festgelegten Unternehmens- bzw. Organisationsziele eignen, bieten

[111] Vgl. Becker/Berning/Kahn 2005, S. 17-31 und vgl. Kern/Hartmann/Schmid 2012, S. 4 f.
[112] Vgl. Seidlmeier 2006, S. 11-112
[113] Vgl. Kern/Hartmann/Schmid 2012, S. 5

sich zwei unterschiedliche Gangarten für die Umsetzung von Maßnahmen an. Sie unterscheiden sich hinsichtlich ihres Ausmaßes an Veränderung. Das Continuous Process Improvement (CPI) zeichnet sich durch sukzessive und beständige Verbesserung von GPs aus.[114] Von Business Process Reengineering (BPR) wird hingegen bei einem fundamentalen Umdenken und einer radikalen Neustrukturierung des Unternehmens und der zugehörigen GPs gesprochen.[115] Fallweise kann auch eine Kombination von CPI und BPR sinnvoll sein. Eine wesentliche Herausforderung in der Phase Prozessgestaltung besteht darin, die Leistungserstellung einerseits konsequent an den Kundenanforderungen und den Unternehmens- bzw. Organisationszielen auszurichten. Zugleich sind andererseits lokale Optima zu vermeiden, indem keine Versteifung auf die Optimierung einzelner Bereiche erfolgt.[116] Eine weitere Herausforderung resultiert aus der Vielfältigkeit der Palette möglicher Gestaltungsalternativen, die bspw. von der Eliminierung nicht-wertschöpfender Prozessschritte, über den veränderten Einsatz von Personal oder die Implementierung von Informationstechnologien bis hin zur grundlegenden Veränderung von Prozess- und Organisationsstrukturen reichen. Sie adressieren verschiedene Dimensionen (bspw. Technik, Organisation und Mensch[117]) in unterschiedlichem Ausmaß und sie können sich in ihrer Komplexität und Reichweite sowie in dem durch sie verursachten Umsetzungsaufwand erheblich unterscheiden. Zusammen mit der Wirkung der Maßnahmen dienen diese Aspekte als Entscheidungsgrundlage für die Auswahl der Gestaltungsalternativen. Das Ergebnis der Phase Prozessgestaltung ist ein abgestimmtes Maßnahmenkonzept, das in der Regel auch definierte Soll-Prozesse enthält.[118]

Die Phase Prozessumsetzung zielt auf die Einführung und den störungsfreien Betrieb der abgestimmten Soll-Konzeption ab, indem die beschlossenen Maßnahmen realisiert werden. In Abhängigkeit vom Ausmaß der Veränderung empfehlen sich die Vorbereitung und Begleitung der Realisierung durch ein entsprechendes Change Management[119]. Wie bereits zum Ende der Phase Definition und aus den gleichen Beweggründen, nämlich dem Abbau von Ängsten und der Schaffung von Akzeptanz und Motivation, ist auch in dieser Phase die frühzeitige Integration der Mitarbeiter entscheidend. Anhand des Ergebnisses der Phase Prozessumsetzung, also auf Ba-

[114] Vgl. Becker 2005, S. 75 ff.
[115] Vgl. Hammer/Champy 1993, S. 32
[116] Vgl. Staberhofer/Rohrhofer 2007, S. 47
[117] Vgl. Bullinger/Wörner/Prieto 1998, S. 21-39
[118] Vgl. Kern/Hartmann/Schmid 2012, S. 6
[119] Weitere Informationen zum Change Management finden sich bspw. in Krüger 2007.

sis der Durchführung der neugestalteten GPs, lässt sich schließlich zeigen, ob und inwieweit die zuvor gesteckten Ziele erreicht werden. Eine detaillierte Analyse und Bewertung dessen ist Aufgabe der darauffolgenden Phase Prozesscontrolling und -bewertung.[120]

Eine systematische und zielgerichtete Prozesssteuerung ist nur möglich, wenn geeignete und konkrete Ziele für die GPs festgelegt sind. Deshalb besteht eine Aufgabe der Phase Prozesscontrolling und -bewertung darin, globale Ziele aus der Phase Definition für die betrachteten GPs zu operationalisieren. Eine andere Aufgabe dieser Phase ist die Kontrolle der Zielerreichung, also die Überwachung der Prozessleistung.[121] Es sind aussagekräftige Kennzahlen (Was wird gemessen?), in der richtigen Art und Weise (Wie wird gemessen?), an der richtigen Stelle (Wo wird gemessen?) und zum richtigen Zeitpunkt (Wie oft wird gemessen?) zu erheben. Dabei sind sowohl „harte“ Faktoren (bspw. Durchlaufzeiten) als auch „weiche“ Faktoren (bspw. Kundenwahrnehmung) zu berücksichtigen. Insbesondere bei nicht-technischen GPs ist die adäquate Formulierung der Kennzahlen eine große Herausforderung, die auch eine Berücksichtigung der Erhebbarkeit beinhaltet. Lässt sich eine Abweichung zwischen gemessener Prozessleistung und festgelegtem Sollwert feststellen, gehören sowohl die Unterstützung bei der Ursachenermittlung als auch die Definition entsprechender Korrekturmaßnahmen zu den Aufgaben des Prozesscontrollings. Zudem sind die GPs nach der erstmaligen Einführung von GPM kontinuierlich zu steuern und nach Bedarf immer wieder an veränderte Umweltbedingungen anzupassen.[122] Auch dafür ist einerseits eine konsequente Bewertung der Prozessleistung durchzuführen und andererseits sind die bestehenden GPs daraufhin zu überprüfen, ob sie bei sich verändernden Rahmenbedingungen weiterhin zur Erreichung der Unternehmens- bzw. Organisationsziele beitragen. So lässt sich eine Entscheidung darüber treffen, ob ein CPI oder ein BPR durchgeführt werden sollte.[123] Eine Möglichkeit zur Bewertung der Prozessorientierung von Unternehmen und Organisationen, die über das reine Prozesscontrolling hinausgeht, bieten sog. Reifegradmodelle. Sie ermöglichen es, die Ist-Situation der GPs und des GPM mit Best Practices zu vergleichen. Die verschiedenen Modelle unterscheiden sich insbesondere hinsichtlich ihres An-

---

[120] Vgl. Kern/Hartmann/Schmid 2012, S. 6
[121] Vgl. Gaitanides 2007, S. 203-233, vgl. Helbig 2003, S. 200 ff. und vgl. Schmelzer/Sesselmann 2010, S. 228 ff.
[122] Vgl. Neumann/Probst/Wernsmann 2005, S. 299
[123] Vgl. Kern 2008, S. 279

wendungsbereichs und ihrer verwendeten Bewertungskriterien. Bewertet werden Erfolgsfaktoren bzw. Elemente von GPs bzw. des GPM.[124] Es erfolgt eine Verortung des betrachteten GP bzw. GPM in einer Reifegradskala, die bspw. beim CMMI-Reifegradmodell (Capability Maturity Model Integration) fünf Stufen umfasst. Die niedrigste Stufe 1 sagt aus, dass bislang im Unternehmen bzw. der Organisation keine GPs definiert sind. Der höchste Reifegrad 5 hingegen bedeutet, dass das Unternehmen bzw. die Organisation beschriebene GPs mithilfe von Kennzahlen steuert und kontinuierlich verbessert.[125] Reifegradmodelle können von Unternehmen bzw. Organisationen dazu genutzt werden, den realisierten Status Quo ihres GPM zu ermitteln und daraus für die Zukunft relevante Handlungsfelder abzuleiten.[126]

Eine nachhaltige Implementierung und Etablierung von GPM setzen neben der Gestaltung der einzelnen Phasen auch die Konzeption und Implementierung eines Gesamtsystems GPM voraus. In Abbildung 9 sind die Dimensionen dargestellt, die bei der Gestaltung eines umfassenden GPM zu berücksichtigen sind.[127]

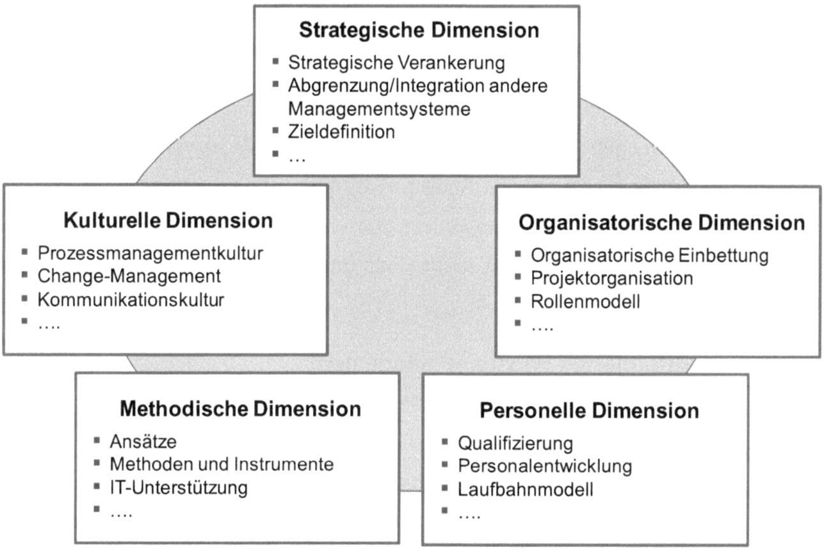

Abbildung 9: Gesamtsystem GPM[128]

[124] Vgl. Schmelzer/Sesselmann 2010, S. 316 ff.
[125] Vgl. Software Engineering Institute 2010, S. 26-29
[126] Vgl. Kern/Hartmann/Schmid 2012, S. 6 f.
[127] Vgl. Kern/Hartmann/Schmid 2012, S. 7 f.
[128] Kern/Hartmann/Schmid 2012, S. 8

Die strategische Verankerung des GPM ist der strategischen Dimension zuzurechnen. Sie ist Voraussetzung und Ausgangspunkt für eine umfassende Gestaltung des GPM. Daneben bedarf es u.a. einer Klärung, wie bereits bestehende Managementsysteme (bspw. Qualitäts- oder Umweltmanagement) vom GPM abzugrenzen sind oder wie diese Systeme zu integrieren sind. Die organisatorische Einbettung des GPM in die bestehenden Strukturen, GPs und Führungsverfahren sind Gestaltungsmaßnahmen der organisatorischen Dimension. Die Schaffung und Implementierung neuer Rollen (bspw. Chief Process Officer) oder die Klärung von GPM-Verantwortlichkeiten bestehender Rollen sind ebenfalls Aspekte der organisatorischen Dimension. Die personelle Dimension beinhaltet u.a. die Mitarbeiterqualifikation, die Personalentwicklung und die Definition von Laufbahnmodellen im GPM. In der methodischen Dimension geht es u.a. um die konkrete Auswahl der Ansätze, Methoden und Instrumente, die bspw. zur Prozessmodellierung oder im Bereich Prozesscontrolling eingesetzt werden. Schließlich ist noch die kulturelle Dimension zu beachten, die u.a. die Etablierung einer Prozessmanagementkultur und die Verbesserung der Akzeptanz bei den Mitarbeitern durch ein geeignetes Change Management zum Gegenstand hat.[129]

In weiten Teilen sind auch für andere integrierte Managementsysteme sowohl das erläuterte Phasenmodell (vgl. Abbildung 8) als auch die bei der Gestaltung zu berücksichtigenden Dimensionen (vgl. Abbildung 9) relevant. Das gilt insbesondere für das prozessorientierte WM, das die Brücke zwischen GPM und WM darstellt, dem das Thema der vorliegenden Arbeit zuzuordnen und das Gegenstand des folgenden Abschnitts ist.

2.5 Prozessorientiertes Wissensmanagement

Prozessorientiertes WM ist eine kontinuierliche Managementaufgabe, die mittlerweile sowohl in der Wissenschaft als auch in der Praxis stark forciert wird.[130] Nach Remus sind darunter die Auswahl, Umsetzung und Evaluation einer prozessorientierten WM-Strategie zu verstehen, die auf die Unterstützung, Verbesserung und Weiterentwicklung von GPs abzielt, um schließlich zur Steigerung der Wertschöpfung und Verbesserung der Wettbewerbsfähigkeit beizutragen. Die WM-Strategie leitet sich aus der Unternehmens- bzw. Organisationsstrategie ab. Sie legt fest, was mit prozessorien-

[129] Vgl. Kern/Hartmann/Schmid 2012, S. 8 f.

[130] Vgl. u.a. Abecker et al. 2002a, Abecker/Maus/Bernardi 2001, Gronau 2009, Heisig 2005b, Remus 2002, Schmid/Kern 2013b und Strohmaier 2005

tiertem WM erreicht werden soll und wie es erreicht werden soll. Die Umsetzung der WM-Strategie umfasst den integrativen und gemeinsamen Einsatz von zum Teil adaptierten und weiterentwickelten Methoden und Instrumenten, die aus dem GPM und WM stammen und verschiedene Dimensionen (bspw. Technik, Organisation und Mensch[131]) adressieren.[132] Im Mittelpunkt steht der systematische und zielgerichtete Umgang mit Wissen im Zusammenhang mit GPs.

Der Lebenszyklus von prozessorientiertem WM lässt sich anhand von drei Phasen beschreiben: der Phase Planung, Analyse und Einführung, der Phase Systemnutzung und der Phase Systemevolution. In der Planung, Analyse und Einführung sind die GPs der Ausgangspunkt für das WM. In der Systemnutzung geht es um WM während der Prozessausführung, also um den operativen Betrieb eines prozessorientierten WM-Systems oder WM-Tools. Und in der Phase Systemevolution stehen schließlich eine systematische Identifikation, Bewertung oder Nutzung von Verbesserungspotenzial während der Systemlaufzeit im Vordergrund.[133]

Losgelöst von bestimmten Phasen im Lebenszyklus des prozessorientierten WM gibt es verschiedene Argumente, die den Nutzen einer integrativen Betrachtung von GPM und WM hervorheben. In Tabelle 1 findet sich eine beispielhafte Auswahl.

Die integrative Betrachtung von GPM und WM setzt das Verständnis über den engen Zusammenhang zwischen GPs und WM-Prozessen voraus. GPs sind die Wissensplattform von Organisationen. Sie bilden den Kontext für die Nutzung von Wissen und den Umgang mit Wissen. Zudem sind sie der Auslöser und Treiber für Maßnahmen des prozessorientierten WM.[134] WM-Prozesse bestehen aus einer Menge von WM-Aktivitäten, wie beispielsweise den in Abschnitt 2.2.2 beschriebenen WM-Bausteinen. Sie verlaufen allein für sich innerhalb eines GP oder sie betreffen mehrere GPs.[135] Abbildung 10 veranschaulicht diesen Zusammenhang.

Wissen spielt in allen GPs eine Rolle.[136] Sog. wissensintensive GPs haben eine hohe Wissensintensität; d.h., sie zeichnen sich dadurch aus, dass die Leistungserstellung

[131] Vgl. Bullinger/Wörner/Prieto 1998, S. 21-39
[132] Vgl. Remus 2002, S. 82
[133] Vgl. Abecker et al. 2002b, S. 4 f.
[134] Vgl. Abecker et al. 2002b, S. 4 und vgl. Remus 2002, S. 82
[135] Vgl. Paulzen 2006, S. 36
[136] Vgl. Amelingmeyer 2000, S. 17, vgl. Davenport 2005, S. 24 und vgl. Stewart 1998, S. 50

Tabelle 1: Argumente für eine integrative Betrachtung von GPM und WM[137]

Argument	Erläuterung
Akzeptanz	GPM ist etabliert und erscheint greifbarer als davon losgelöstes WM. Die Kombination aus GPM- und WM-Initiative i.V.m. dem Einsatz entsprechender Methoden und Instrumente bietet sich auch im Hinblick auf die Verbesserung der Akzeptanz von WM innerhalb der Belegschaft an.
Benchmarking	Erfolgreiche GPs, die anhand von WM unterstützt werden, eignen sich als Referenz. So lassen sich Best Practices identifizieren und auf andere GPs übertragen.
Bezug zur Wertschöpfung	Durch die Kopplung von WM-Aktivitäten mit GPs lassen sich eine Ausrichtung auf die Wertschöpfung und ein am Bedarf orientierter Umgang mit Wissen erreichen.
Erweiterung der Wissensperspektive	Durch die funktionsübergreifende Sichtweise wird nicht nur das Wissen in Prozessen, sondern auch das Wissen über Prozesse betrachtet.
Komplexitätsbeherrschbarkeit	Das Anstoßen unternehmensweiter WM-Initiativen kann zur Überforderung von Unternehmen oder Organisationen und damit zum Misserfolg führen. Die Fokussierung auf einzelne GPs eignet sich zur Abgrenzung handhabbarer Projektumfänge.

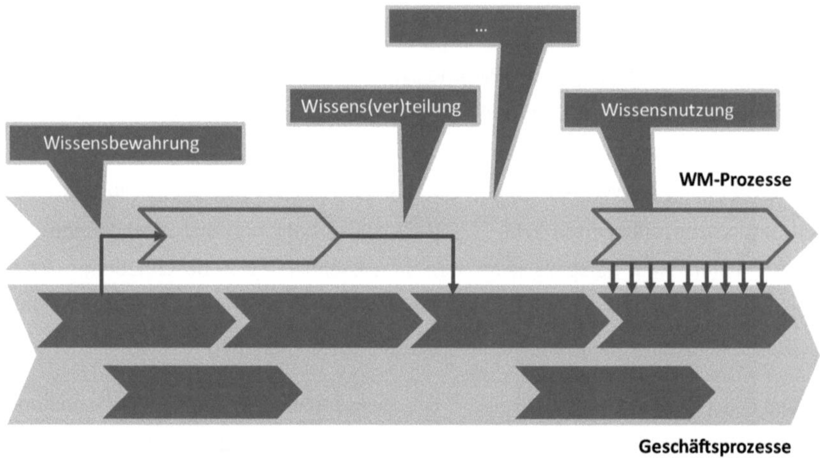

Abbildung 10: Zusammenhang zwischen GPs und WM-Prozessen[138]

besonders stark auf Wissen beruht.[139] Anhand des Arguments der Wissensintensität wird oftmals darüber entschieden, ob und ggfs. für welche GPs WM eingeführt und

[137] Vgl. Remus 2002, S. 33 ff.
[138] Nach Kern et al. 2011, S. 498

betrieben wird.[140] Tabelle 2 bietet eine umfassende Übersicht über typische Merkmale wissensintensiver GPs.

Die prozessübergreifenden Merkmale beziehen sich auf das gesamte Unternehmen und die Branche, wohingegen sich die prozessbezogenen Merkmale mit den GP-Eigenschaften beschäftigen. Die aufgabenbezogenen Merkmale beschreiben Arten von Aktivitäten im GP und die mitarbeiterbezogenen Merkmale benennen Eigenschaften der Personen und Rollen, die den GP ausführen. Gegenstand der Betrachtung der ressourcenbezogenen Merkmale sind der Input, der Output und das technische Umfeld des GP.[141] Je größer die Anzahl der Merkmale ist, die auf einen GP zutreffen, als desto höher gilt seine Wissensintensität.

Der systematische und zielgerichtete Umgang mit Wissen im Zusammenhang mit GPs ist Gegenstand des prozessorientierten WM und verschiedene Merkmale wissensintensiver GPs werden als Indikatoren herangezogen, um die Entscheidung über den Einsatz von WM in GPs zu unterstützen. Beide Aspekte betreffen den WM-Bedarf von GPs, auf den im folgenden Abschnitt eingegangen wird.

2.6 Wissensmanagementbedarf von Geschäftsprozessen

In den theoretischen Grundlagen zum WM und prozessorientierten WM wird das Ziel des systematischen und zielgerichteten Umgangs mit Wissen und WM, um GP zu unterstützen und Wettbewerbsfähigkeit zu erreichen, proklamiert (vgl. Abschnitt 2.2 und 2.5). Es existieren zahlreiche Ansätze, die anhand von Pauschalaussagen und pauschal empfohlenen Lösungsansätzen versuchen, der Systematik und Zielgerichtetheit im Umgang mit Wissen und WM gerecht zu werden (vgl. Abschnitt 3). Vor dem Hintergrund der weitgehenden Einigkeit darüber, dass sich verschiedene Organisationen mit ihren verschiedenen GPs im Hinblick auf ihren WM-Bedarf

[139] Vgl. Allweyer 1998, S. 44, vgl. Goesmann 2002, S. 62, vgl. Gronau 2009, S. 57 und vgl. Neumann 2004, S. 91 f.

[140] Vgl. u.a. Gronau 2009, S. 1, Heisig 2005b, S. 81, Kern et al. 2011, S. 497, Neumann 2004, S. 95 und Remus 2002, S. 108 und S. 117

[141] Vgl. Remus 2002, S. 110-116 und vgl. Neumann 2004, S. 96

Tabelle 2: Merkmale wissensintensiver GPs[142]

Merkmalsklasse	Dimension	Typische Merkmalsausprägungen für wissensintensive GPs
Prozessübergreifende Merkmale	Organisation und Kultur	• Kultur der Wissensteilung • Wissensorientierte Anreizsysteme • WM-Organisation und Rollen
	Umfeld	• Wissensintensive Branche und Konkurrenten (Schlüsseltechnologien, ...)
	Interprozessverflechtung	• Komplexe Beziehungen zu anderen Prozessen
Prozessbezogene Merkmale	Komplexität	• Hohe Komplexität (viele Verzweigungen, parallele und iterative Abläufe)
	Variabilität	• Viele Sonderfälle, Ablauf nicht vorbestimmbar
	Strukturierungsgrad/ Detaillierungsgrad	• Schwach strukturiert
	Beteiligung	• Viele Beteiligten • Interdisziplinär • Experten
	Prozessobjekt	• Wissensintensive Produkte und Dienstleistungen
	Controlling	• Ungenaue Ziele, ungenaue Messungen
	Laufzeitverhalten	• Wenige Durchführungen, lange Dauer
	Prozesstyp	• Einzelfallbezogen, sachbezogen, ad-hoc • Typische wissensintensive GPs (F&E, Management, Verbesserungsprozesse)
Aufgabenbezogene Merkmale	Controlling	• Ungenaue Ziele und Messungen
	Lernzeit	• Lange Lernzeiten
	Arbeitsplatzgestaltung	• Unordnung, chaotisch
	Aufgabentyp	• Kommunikationsorientiert, informationslastig, argumentations-basiert, einzelfall- und sachbezogen • Typische Aufgaben (Entscheidungsaufgaben, Problemlösungsaufgaben, Analyse- und Bewertungsaufgaben, Führungs- und Steuerungsaufgaben)
Mitarbeiterbezogene Merkmale	Entscheidungsspielraum	• Hohe Mitarbeiterautonomie • Großer Einfluss des Mitarbeiters auf das Ergebnis
	Regeln und Vorgaben	• Unstrukturierte und individualisierte Arbeitsregeln und Routinen
	Kompetenz	• Lernen, Kreativität und Innovation
Ressourcenbezogene Merkmale	WM-Instrumente und -Systeme	• Einsatz von WM-Instrumenten und -Systemen
	Wissensrepräsentation	• Datenbankeinträge, Dokumente, Hypertext, Multimedia, ...
	Wissensaustausch	• (In)formell, „face to face", dokumentenorientiert
	Wissensart	• Prozesswissen (Wissen über, vom und im Prozess)
	Zugang	• Wissen oft schwer zugänglich (technisch/intellektuell)
	Komplexität	• Komplex, stark kontextabhängig
	Aktualität/Zeit	• Hoher Wissensumschlag
	Budget	• Kostenintensiv

[142] Nach Remus 2002, S. 116

unterscheiden,[143] überrascht es nicht, dass diese pauschalen Ansätze oftmals nicht zum erhofften Erfolg führen.[144]

Der WM-Bedarf von GPs füllt die klaffende Lücke zwischen der Erkenntnis, dass eine Auseinandersetzung mit Wissen und WM relevant und notwendig ist und den bereits existierenden und grundsätzlich ihren Zweck erfüllenden WM-Maßnahmen, -Methoden und -Tools (vgl. Abschnitt 2.2.3). Diese Lücke verkleinert und schließt sich zunehmend mit der Erlangung eines besseren Verständnisses über den WM-Bedarf von GPs. Je kleiner diese Lücke ist, desto besser sind die Möglichkeiten eines erfolgreichen Umgangs mit Wissen und WM im Zusammenhang mit GPs.

Ansatzpunkte für eine Definition von WM-Bedarf von GPs enthalten die verschiedenen theoretischen Grundlagen, in denen Wissen und WM beschrieben und definiert werden. Nach der Definition von North, die in der vorliegenden Arbeit zu Grunde gelegt wird, umfasst WM die Gestaltung, Lenkung und Entwicklung der organisationalen Wissensbasis mit dem Zweck, die Organisationsziele zu erreichen (vgl. Abschnitt 2.2).[145] Es ist somit anzunehmen, dass sowohl die organisationale Wissensbasis als solche als auch der Umgang mit derselben zentrale Elemente für eine Definition von WM-Bedarf von GPs darstellen. Zudem bedarf es der Berücksichtigung und Konkretisierung der Bezugsgrundlage; d.h. der Bezugnahme auf die GPs. Aufbauend darauf lässt sich der WM-Bedarf von GPs zusammenfassend als die Antwort auf die Frage definieren, mit welchem Wissen was passieren muss, damit die Ausführung von GPs möglich ist und eine systematische und zielgerichtete Unterstützung von GPs erfolgt.

Für eine organisationstheoretische Einbettung der Untersuchung des WM-Bedarfs von GPs eignet sich die Kontingenztheorie. Sie wurde in Deutschland als Situativer Ansatz von Staehle[146] bekannt und sie gilt als eine der verbreitetesten Organisationstheorien in Forschung und Lehre. Nach der Kontingenztheorie gibt es, aufgrund nachgewiesener Strukturunterschiede in Organisationen, nicht den einen, allgemeingültigen und für alle Organisationen optimalen Weg des Managements und der Organisationsstruktur. Vielmehr hängt dieser Weg von situativen Faktoren (auch Kon-

---

[143] Vgl. u.a. Bahrs/Vladova/Gronau 2010, Eppler/Seifried/Röpnack 1999, Garavelli/Gorgoglione/Scozzi 2004, Gronau et al. 2010, Gronau 2009, Hanel 2002, Hefke/Kleiner 2005, Isik/Mertens/Van den Bergh 2013, S. 527, Kern/Boppert 2010, S. 220, Klabunde 2003, Mandl 2003, Mingers 2005, Nagel/Mohr 2005, Paulzen et al. 2002, Reinmann-Rothmeier et al. 2001, Rumpfhuber 2004, Sanden 2001, Thiesse 2001, Trier/Müller 2004 und Wenzel/Wulfsberg/Bruhns 2009

[144] Vgl. Meier/Weller 2012, S. 115

[145] Vgl. North 2011, S. 177

[146] Vgl. Staehle 1973

tingenzfaktoren oder Kontextvariablen genannt) ab.[147] Das Ziel der Kontingenztheorie sind die Erklärung und Prognose beobachteter struktureller Unterschiede in Organisationen sowie die Ableitung von Gestaltungsempfehlungen.[148] Diese Abkehr von den beiden Extremen einer pauschalen Universallösung und einer individuellen Einzelfalllösung entspricht dem formulierten Forschungsziel und den aufgestellten Forschungsfragen der vorliegenden Arbeit.[149] Aus diesem Grund stellt die Kontingenztheorie die theoretische Basis dieser Arbeit dar.

[147] Vgl. Kieser/Kubicek 1992, S. 45 ff. und vgl. Vahs 2009, S. 43

[148] Vgl. Brown/Moberg 1980, S. 15, vgl. Kieser 2006, S. 215, vgl. Kieser/Kubicek 1992, S. 55-62 und vgl. Vahs 2009, S. 44 ff.

[149] Vgl. Bonazzi 2008, S. 297, Böger 2010, S. 42 f., vgl. Kieser/Segler 1981, S. 173-179 und vgl. Steiner 1979, S. 405

3 Stand der Forschung

Inhalt dieses Abschnitts ist ein umfassender Literaturüberblick zum WM-Bedarf von GPs. Das Vorgehen bei der Literaturrecherche wird transparent beschrieben. Danach wird das Rechercheergebnis in Klassen eingeteilt und vorgestellt. Darauf aufbauend wird die Ableitung der Forschungslücke erläutert.

In diesem Abschnitt wird die Forschungsfrage I beantwortet: Welche Aspekte des WM-Bedarfs von GPs werden aktuell in Wissenschaft und Praxis berücksichtigt?

3.1 Überblick über die Literatur zum Wissensmanagementbedarf von Geschäftsprozessen

3.1.1 Vorgehen bei der Literaturrecherche

In der deutsch- und englischsprachigen Literatur wurde eine breit angelegte und die Querschnittsfachlichkeit des Themas berücksichtigende Recherche zum WM-Bedarf von GPs durchgeführt. Anhand der Ergebnisse dieser Recherche wird die Ableitung der Forschungslücke erläutert. Zur Bestätigung ihrer Validität und im Nachgang zur durchgeführten Literaturrecherche, wurde zudem ein Quercheck der Forschungslücke unter Nutzung einer rein englischsprachigen Datenbank durchgeführt, die zusätzlichen Zugriff auf internationale wissenschaftliche Zeitschriften bietet. Für diesen Quercheck wurde eine gezielte Auswahl von Suchbegriffen bzw. Kombinationen von Suchbegriffen der zuvor ausgeführten Recherche verwendet. Vor dem Hintergrund einen beherrschbaren Auswertungs- und Erläuterungsumfang zu erhalten, dient das Suchergebnis des Querchecks ausschließlich der Absicherung der Forschungslücke und die Titel werden nicht dazu genutzt, die Ableitung der Forschungslücke zu erläutern. Detaillierte Informationen zum Quercheck mit einer transparenten Darstellung der Suchtiefe je Suchbegriff bzw. Kombination von Suchbegriffen finden sich in Anhang 3.

Im ersten Schritt der Recherche wurde die Literatur, die sich mit den Themen WM-Bedarf, Wissensbedarf, Audits, Assessments und Reifegrade befasst, im Hinblick auf ihren Umgang mit WM-Bedarf von GPs analysiert. Für die Suche wurden die in Tabelle 3 aufgeführten Begriffe bzw. Kombinationen von Begriffen verwendet.

Tabelle 3: Auswahl und Kombination von Suchbegriffen (Teil I)

Nr.	*Kombinationsvarianten von Suchbegriffen*	
1	*Wissensmanagementbedarf*	
2	*Wissensmanagement*	*Bedarf*
3	*knowledge management*	*demand*
4	*Wissensbedarf*	
5	*Wissen*	*Bedarf*
6	*knowledge*	*demand*
7	*bedarfsorientiertes*	*Wissensmanagement*
8	*bedarfsgerechtes*	*Wissensmanagement*
9	*demand driven*	*knowledge management*
10	*demand oriented*	*knowledge management*
11	*demand-oriented*	*knowledge management*
12	*Wissensmanagement*	*Audit*
13	*knowledge management*	*audit*
14	*Wissensmanagement*	*Assessment*
15	*knowledge management*	*assessment*
16	*Reifegrad*	*Wissensmanagement*
17	*maturity*	*knowledge management*
18	*Reifegradmodell*	*Wissensmanagement*
19	*maturity model*	*knowledge management*

Ergänzend zur Literatur, die anhand dieser Begriffe gefunden und gesichtet wurde, erfolgte im zweiten Schritt eine Ausweitung der Recherche auf die Literatur, die sich mit der Integration von GPM und WM[150] beschäftigt. Die hierzu verwendeten Begriffe bzw. Kombinationen von Begriffen sind in Tabelle 4 dargestellt.

Die Suche wurde so ausgeführt, dass alle Treffer mit dem jeweiligen Suchbegriff bzw. mit der jeweiligen Kombination der Suchbegriffe – d.h., beide eingegebenen Begriffe sind enthalten – angezeigt werden.

Veröffentlichungen in Büchern wurden zuerst im Recherche-Portal InfoGuide mit Zugriff auf den Bayerischen Verbundkatalog Gateway Bayern[151] recherchiert. Danach

[150] Eine Integration von GPM und WM liegt dann vor, wenn Grundelemente beider Managementansätze wechselseitig genutzt werden.

[151] Gateway Bayern ist das Web-Portal des BibliotheksVerbunds Bayern (BVB). Der gemeinsame Verbundkatalog B3Kat des Bibliotheksverbundes Bayern (BVB) und des Kooperativen Bibliotheksverbundes Berlin-Brandenburg (KOBV) umfasst über 23 Millionen bibliografische Datensätze der

Tabelle 4: Auswahl und Kombination von Suchbegriffen (Teil II)

Nr.	***Kombinationsvarianten von Suchbegriffen***	
20	*Geschäftsprozessmanagement*	*Wissensmanagement*
21	*Prozessmanagement*	*Wissensmanagement*
22	*process management*	*knowledge management*
23	*geschäftsprozessorientiertes*	*Wissensmanagement*
24	*prozessorientiertes*	*Wissensmanagement*
25	*process based*	*knowledge management*
26	*process-based*	*knowledge management*
27	*process oriented*	*knowledge management*
28	*process-oriented*	*knowledge management*
29	*Geschäftsprozessmanagement*	*Wissen*
30	*Prozessmanagement*	*Wissen*
31	*process management*	*knowledge*

wurde die Suche nach Büchern im Medium Google Bücher ausgeführt. Dabei wurden ausschließlich die Titel in die Suche einbezogen, die über den Bayerischen Verbundkatalog Gateway Bayern verfügbar sind. Veröffentlichungen in Zeitschriften wurden im Portal WISO mit den Modulen Wirtschafts- und Sozialwissenschaften recherchiert.[152] Dabei wurden alle Treffer einbezogen, die entweder über die Module Wirtschafts- und Sozialwissenschaften des WISO-Portals oder über die Elektronische Zeitschriftenbibliothek der Universität der Bundeswehr München[153] verfügbar sind. Die Suchtiefe wurde für jede Begriffskombination in jedem Medium einzeln festgelegt. Diese Festlegung erfolgte auf Basis einer Bewertung, die Bestandteil der Treffersichtung war und die auf dem thematischen Bezug und der Relevanz der Treffer beruht. Die Sichtung der Beiträge für eine Begriffskombination in einem Medium wurde zum Ende einer angezeigten Trefferseite abgebrochen, sobald die gesichteten Beiträge keinen thematischen Bezug und keine Relevanz mehr aufwiesen. Weitere Details über das Vorgehen bei der Literaturrecherche, mit einer transparenten Dar-

Hochschulbibliotheken und weiterer Bibliotheken Bayerns, Berlins und Brandenburgs (vgl. Bibliotheksverbund Bayern 2011).

[152] Bei WISO handelt es ich um ein Web-Portal, das sich zur Suche von elektronischen Zeitschriftenbeiträgen eignet. Mit den Modulen Wirtschafts- und Sozialwissenschaften umfasst es ca. 7,4 Millionenen Literaturnachweise. Die Recherche wurde mit den Zugriffsrechten der Universität der Bundeswehr München, mit Stand Mai 2012, durchgeführt (vgl. GBI-Genios Deutsche Wirtschaftsdatenbank GmbH 2012).

[153] Die Elektronische Zeitschriftenbibliothek der Universität der Bundeswehr München ist ein Web-Portal, das sich zur Suche von Zeitschriften eignet. Die Recherche wurde mit den Zugriffsrechten der Universität der Bundeswehr München, mit Stand Mai 2012, durchgeführt (vgl. Universitätsbibliothek Regensburg 2013).

stellung der entsprechenden Suchtiefe je Medium und je Suchbegriff bzw. Kombination der Suchbegriffe, findet sich in Anhang 1.

Die Literaturrecherche wurde im Oktober 2011 begonnen und im Mai 2012 abgeschlossen. Über alle verwendeten Suchmedien verteilt wurden 5.807 Quellennachweise[154] einer ersten Grobsichtung auf thematische Relevanz hin unterzogen. Darüber hinaus wurden auch Titel aus Literaturverzeichnissen gesichteter Publikationen berücksichtigt. Auf dieser Grundlage wurden insgesamt 156 Veröffentlichungen identifiziert, in denen WM-Bedarf von GPs eine Rolle spielt. Eine Übersicht dazu bietet Anhang 2.

3.1.2 Ergebnis der Literaturrecherche

Aufbauend auf der im Mai 2012 abgeschlossenen Literaturrecherche und der darin erfolgten Vorauswahl werden die Veröffentlichungen eingehend vor dem Hintergrund gesichtet, in welcher Form sie sich mit WM-Bedarf von GPs befassen. Existieren zu einem Ansatz mehrere Veröffentlichungen und gleichen sich diese hinsichtlich ihres Umgangs mit WM-Bedarf von GPs, so werden sie nicht einzeln aufgeführt. In diesem Fall wird ein beispielhafter Titel je Ansatz herangezogen.

Unter diesen Voraussetzungen ergibt sich ein Rechercheergebnis mit einem Umfang von 76 Veröffentlichungen, in denen WM-Bedarf von GPs berücksichtigt wird. 57% davon sind deutschsprachig und 43% sind englischsprachig. 19 dieser Veröffentlichungen sind Beiträge in Sammelbänden, 15 sind Konferenzbeiträge oder Internetdokumente (verfügbar in Tagungsbänden oder als Online-Abruf), 16 sind Monographien[155] und bei 26 handelt es sich um Zeitschriftenbeiträge.

Zur Verbesserung der Übersichtlichkeit und effizienteren Erläuterung wird das Rechercheergebnis in die vier Klassen Wissen aus dem Blickwinkel des immateriellen Vermögens, Umsetzungsgrad von WM, Planung, Analyse und Einführung von WM und Grundlagenbeiträge eingeteilt. Diese Klassen lassen sich aus den inhaltlichen Schwerpunkten der Beiträge, also den darin behandelten Ansätzen und ihrem Umgang mit WM-Bedarf von GPs, ableiten. In diesem Abschnitt werden zuerst die Klassen und die Inhalte ihrer Beiträge erläutert, um danach im folgenden Abschnitt eine entsprechende Bewertung durchzuführen.

---

[154] Die 5.807 Quellennachweise verteilen sich wie folgt auf die Suchmedien: InfoGuide 1.149, Google Bücher 2.345 und WISO 2.313.

[155] An dieser Stelle wird nicht zwischen Monographien und Dissertationen unterschieden. Die aufgeführten Monographien enthalten auch Dissertationen.

Alle Publikationen einer Klasse werden chronologisch absteigend sowie innerhalb desselben Erscheinungsjahrs nach Autoren alphabetisch aufsteigend sortiert. Die erste Klasse A beinhaltet fünf Titel. Sie ist in Tabelle 5 dargestellt und umfasst alle Beiträge, die sich mit Wissen aus dem Blickwinkel des immateriellen Vermögens auseinandersetzen.

Tabelle 5: Übersicht über Recherchetreffer der Klasse A

Klasse	Nr.	Titel	Quelleninfo	Literatursegment
Klasse A	1	Wissensbilanz	Mertins et al. (2009)	Sammelbandbeitrag
Klasse A	2	Die Wissensbilanz als Teilaspekt eines Knowledge-Asset-Measurement-...	Nagel und Mohr (2005)	Sammelbandbeitrag
Klasse A	3	Knowledge Asset Management - Beyond the Process-centred and ...	Mentzas et al. (2003)	Monographie
Klasse A	4	Measuring knowledge management investments and results; two ...	Swaak et al. (2000)	Konferenzbeitrag
Klasse A	5	Wissenskapital - das unentdeckte Vermögen	Sveiby (1998)	Monographie

In Wissensbilanzen bzw. im Knowledge Asset Management liegt der Fokus auf der Kopplung von WM mit der Unternehmensstrategie sowie auf der kontinuierlichen Überprüfung der Wirksamkeit und Zielerreichung von WM-Maßnahmen. Damit lassen sich Entscheidungen über künftige Investitionen im Bereich WM treffen oder Informationen über die Wirksamkeit von WM-Maßnahmen gewinnen. Das Ergebnis ist in der Regel ein Bericht über das bewertete intellektuelle Kapital einer Organisation sowie über laufende, abgeschlossene und geplante Maßnahmen zu dessen Entwicklung. In vier der fünf aufgeführten Publikationen lässt sich das immaterielle Vermögen in Human-, Struktur- und Beziehungskapital gliedern. In Titel Nr. 4 ist eine etwas feinere Untergliederung vorgesehen. In Summe hat das jedoch wenig Einfluss auf die berücksichtigten Bestandteile des immateriellen Vermögens, die für alle Veröffentlichungen vergleichbar sind. Zur Bewertung der einzelnen Bestandteile werden zahlreiche Indikatoren herangezogen. In diesem Zusammenhang wird in Titel Nr. 3 und Nr. 4 auch auf WM-Bausteine eingegangen. Zudem werden in Titel Nr. 3 sog. WM-Infrastrukturdimensionen (Strategie, Prozesse, System und Kultur) erwähnt.

Die zweite Klasse B beinhaltet 25 Titel. Diese beschäftigen sich mit dem Umsetzungsgrad von WM und sind in Tabelle 6 dargestellt.

Alle Veröffentlichungen in Klasse B befassen sich mit WM-Audits, WM-Assessments, WM-Reifegraden oder vergleichbaren Ansätzen und sie ermöglichen eine Ist-Zustandsbewertung von WM. Eine Unterscheidung zwischen WM-Audits und

Tabelle 6: Übersicht über Recherchetreffer der Klasse B

Klasse	Nr.	Titel	Quelleninfo	Literatursegment
Klasse B	1	Exploring barriers to knowledge flow at different knowledge ...	Lin et al. (2012)	Zeitschriftenbeitrag
Klasse B	2	A Comparative Study of Knowledge Management Assessment in ...	Chawla und Joshi (2011)	Zeitschriftenbeitrag
Klasse B	3	Is there a correlation between knowledge management maturity and ...	Kruger und Johnson (2011)	Zeitschriftenbeitrag
Klasse B	4	Knowledge Management Opportunity Space Identification Strategy	Barcelo Valenzuela et al. (2010)	Zeitschriftenbeitrag
Klasse B	5	Reifegradmessung als Ansatz zur Verbesserung von ...	Gronau et al. (2010)	Zeitschriftenbeitrag
Klasse B	6	Measurement of knowledge management maturity level within ...	Khatibian et al. (2010)	Zeitschriftenbeitrag
Klasse B	7	Assessment of the organisation's knowledge management maturity	Boyles et al. (2009)	Zeitschriftenbeitrag
Klasse B	8	Den Status quo im Umgang mit Wissen erkennen	Finke (2009a)	Sammelbandbeitrag
Klasse B	9	The construction and application of knowledge navigator model ...	Hsieh (2009)	Zeitschriftenbeitrag
Klasse B	10	A Model of Organisational Knowledge Management Maturity Based on ...	Pee und Kankanhalli (2009)	Zeitschriftenbeitrag
Klasse B	11	Wissensmanagement-Audit - Eine Methode zur Istzustandsanalyse	Auinger (2008)	Monographie
Klasse B	12	Assessing the enterprise's knowledge management maturity level	Grundstein (2008)	Zeitschriftenbeitrag
Klasse B	13	Knowledge Management Audit in a Higher Educational Institution: A ...	Biloslavo und Trnavčević (2007)	Zeitschriftenbeitrag
Klasse B	14	Knowledge, Information and the Business Process – Revolutionary ...	Taylor (2007)	Monographie
Klasse B	15	Qualität im Wissensmanagement - Modellierung und Bewertung von ...	Paulzen (2006)	Monographie
Klasse B	16	An ontology-based software infrastructure for retaining theoretical ...	Hefke und Kleiner (2005)	Konferenzbeitrag
Klasse B	17	Ten Steps to Maturity in Knowledge Management - Lessons in Economy	Suresh und Mahesh (2005)	Monographie
Klasse B	18	Vorsprung durch Wissen – Mit optimierten Wissensprozessen in ...	Dückert (2004)	Zeitschriftenbeitrag
Klasse B	19	Knowledge Management Strategy and Organization: A Perspective of ...	Garavelli et al. (2004)	Zeitschriftenbeitrag
Klasse B	20	Capability Maturity for Knowledge Management	Alfs T. Berztiss (2002)	Zeitschriftenbeitrag
Klasse B	21	Holistic Development of Knowledge Management with KMMM®	Ehms und Langen (2002)	Internetdokument
Klasse B	22	The Knowledge Management Maturity Model - A Staged Framework for ...	Kochikar (2000)	Internetdokument
Klasse B	23	The Knowledge Audit	Liebowitz et al. (2000)	Zeitschriftenbeitrag
Klasse B	24	Wissen verbindet - Wissensaudits als Schlüssel zum ...	Pfeifer et al. (2000)	Zeitschriftenbeitrag
Klasse B	25	Benchmarking Knowledge Management	Hiebeler (1996)	Zeitschriftenbeitrag

WM-Assessments lässt sich auf Basis der gesichteten Quellen nicht treffen.[156] Ihr Ergebnis ist eine grobe Bewertung des Status Quo in Bezug auf die Umsetzung von WM-Aktivitäten. Neben der Ermittlung des Status Quo beinhalten Reifegradansätze darüber hinaus die Festlegung eines Soll-Zustands sowie in einzelnen Fällen die Ableitung geeigneter Maßnahmen zur Erreichung des Soll-Zustands. Der eigene Reifegrad wird gewöhnlich durch die Organisation selbst ermittelt und es erfolgt eine Einordnung in eine von bspw. fünf möglichen Reifegradstufen. Die neueren Titel Nr. 1 bis Nr. 3 behandeln zudem den Zusammenhang zwischen WM-Reifegraden und Erfolgsfaktoren bzw. Barrieren des WM.

WM-Audits, WM-Assessments und WM-Reifegradansätze nutzen vorwiegend Informationen aus Mitarbeiterbefragungen. Dabei werden Fragen zu implizitem und explizitem Wissen bzw. Fragen zu personellen und materiellen Wissensträgern gestellt. Gezielte Fragen werden zum Teil auch zu verschiedenen Wissensdomänen (bspw. Wissen über Kunden, Wissen über Partner, Methodenwissen), Handlungs- bzw. Gestaltungsfeldern des WM (bspw. Unternehmenskultur, IT, Organisation), WM-Bausteinen sowie dem Einsatz bestimmter WM-Methoden und -Tools gestellt.

[156] Lediglich in Heisig 2005b, S. 86 wird erwähnt, dass Audits im Gegensatz zu Assessments ein etabliertes Rahmenwerk voraussetzen (siehe bspw. Audits im Bereich Qualitätsmanagement). Aufgrund ihres inhaltlichen Schwerpunkts ist diese Quelle der Klasse C zugeordnet.

Die aus den Ansätzen der Klasse B gewonnenen Erkenntnisse stellen einen geeigneten Ausgangspunkt für eine detailliertere WM-Analyse dar. In Verbindung mit ihrem Fokus auf die WM-Planung und WM-Einführung liegt der Schwerpunkt der unter Klasse C und in Tabelle 7 zusammengefassten 31 Publikationen auf Ansätzen zur detaillierten WM-Analyse.

Tabelle 7: Übersicht über Recherchetreffer der Klasse C

Klasse	*Nr.*	*Titel*	*Quelleninfo*	*Literatursegment*
Klasse C	*1*	*Mit Wissensflussmanagement Produktpiraterie unterbinden - …*	*Bahrs et al. (2010)*	*Zeitschriftenbeitrag*
Klasse C	*2*	*Die Ist-Analyse als erster Schritt zum Wissensmanagement*	*Wittich (2010)*	*Zeitschriftenbeitrag*
Klasse C	*3*	*Schnittstellen-Workshops und soziale Netzwerkanalyse*	*Finke (2009c)*	*Sammelbandbeitrag*
Klasse C	*4*	*Wissen prozessorientiert managen - Methode und Werkzeuge für die …*	*Gronau (2009)*	*Monographie*
Klasse C	*5*	*Wissensmanagement-Lösungen auswählen*	*Voigt (2009b)*	*Sammelbandbeitrag*
Klasse C	*6*	*Systemische Wissensbewirtschaftung - Teil 1: Wissensorientierte …*	*Wenzel et al. (2009)*	*Zeitschriftenbeitrag*
Klasse C	*7*	*Pragmatisches prozessorientiertes Wissensmanagement*	*Binner (2008b)*	*Monographie*
Klasse C	*8*	*Preserving Substantial Knowledge in the Organizational Memory …*	*Saad (2008)*	*Sammelbandbeitrag*
Klasse C	*9*	*Research on a Knowledge Management Paradigma of Tightly Coupling …*	*Yao (2008)*	*Sammelbandbeitrag*
Klasse C	*10*	*A framework for the improvement of knowledge-intensive business …*	*Dalmaris et al. (2007)*	*Zeitschriftenbeitrag*
Klasse C	*11*	*Auditing and Mapping the Knowledge Assets of Business Processes - …*	*Lee W. B. et al. (2007)*	*Konferenzbeitrag*
Klasse C	*12*	*Methoden des Wissensmanagements*	*Schauer und Frank (2007)*	*Sammelbandbeitrag*
Klasse C	*13*	*Integration von Wissensmanagement in Geschäftsprozesse*	*Heisig (2005b)*	*Monographie*
Klasse C	*14*	*Wissen managen in Wirtschaftsunternehmen*	*Mingers (2005)*	*Sammelbandbeitrag*
Klasse C	*15*	*Die Kombination von Wissens- und Prozessmanagent - Herausforderung …*	*Engelhardt (2004)*	*Sammelbandbeitrag*
Klasse C	*16*	*Designing Participatory Processes*	*Röder und Tautges (2004)*	*Konferenzbeitrag*
Klasse C	*17*	*Wissensintensive Geschäftsprozesse partizipativ kostengünstig …*	*Rumpfhuber (2004)*	*Sammelbandbeitrag*
Klasse C	*18*	*Towards a Systematic Approach for Capturing Knowledge-Intensive …*	*Trier und Müller (2004)*	*Konferenzbeitrag*
Klasse C	*19*	*Organisationales Wissensmanagement - Eine strategische Perspektive*	*Al-Laham (2003)*	*Monographie*
Klasse C	*20*	*Wissensorientierung im CRM bei der Helsana Versicherungen AG*	*Gronover et al. (2003)*	*Sammelbandbeitrag*
Klasse C	*21*	*Wissensmanagement in der integrierten Produkt- und …*	*Klabunde (2003)*	*Monographie*
Klasse C	*22*	*A Knowledge Management Implementation Plan at a Leading US …*	*Liebowitz (2003)*	*Zeitschriftenbeitrag*
Klasse C	*23*	*The Knowledge Strategy Process*	*van der Spek et al. (2003)*	*Sammelbandbeitrag*
Klasse C	*24*	*Prozeßorientiertes Wissensmanagement - Leitfaden zur Einführung …*	*Bodrow et al. (2002)*	*Monographie*
Klasse C	*25*	*Prozessorientiertes Wissensmanagement zur Verbesserung der …*	*Hanel (2002)*	*Monographie*
Klasse C	*26*	*The PROMOTE approach: Modelling Knowledge Management …*	*Karagiannis und Woitsch (2002)*	*Sammelbandbeitrag*
Klasse C	*27*	*Prozessorientiertes Wissensmanagement*	*Lenz (2002)*	*Zeitschriftenbeitrag*
Klasse C	*28*	*Wissenstransparenz als Wettbewerbsvorteil - Einstiegsmethode und …*	*Dämming et al. (2001)*	*Konferenzbeitrag*
Klasse C	*29*	*Entwicklung eines Modells zur Implementierung von …*	*Sanden (2011)*	*Monographie*
Klasse C	*30*	*Prozessorientiertes Wissensmanagement - Konzepte, Methode, …*	*Thiesse (2001)*	*Monographie*
Klasse C	*31*	*Wissensmanagement mit ARIS-Modellen*	*Allweyer und Scheer (1999)*	*Sammelbandbeitrag*

In dieser Klasse sind Veröffentlichungen zusammengefasst, die sich mit einem breiten Spektrum von Ansätzen zur Planung, Analyse und Einführung von WM befassen. Die Spannweite reicht von Vorgehensmodellen, die in verschiedenen Detaillierungsgraden beschrieben werden, und unterschiedlichen Analysemethoden, wie bspw. um Wissen erweiterte Prozessmodellierung, bis hin zu Beiträgen über die Entscheidungsunterstützung bei der Methoden- und Toolauswahl. Diese Inhalte werden in Publikationen einzeln oder als kombinierter Ansatz beschrieben. Zur Informations- und Datengewinnung werden in der Regel Dokumente gesichtet, Mitarbeiterbefragungen genutzt oder Workshops durchgeführt. Dabei werden, ebenso wie in den Veröffentlichungen der Klasse B, implizites und explizites Wissen bzw. personelle und materielle Wissensträger, verschiedene Wissensdomänen, unterschiedliche Handlungs- bzw. Gestaltungsfelder des WM sowie WM-Bausteine berücksichtigt.

Methoden und Tools werden oftmals verschiedenen Dimensionen, wie bspw. den Dimensionen Technik, Organisation und Mensch[157], zugeordnet.

Unter Klasse D sind mit 15 Titeln alle sonstigen Treffer der durchgeführten Recherche zusammengefasst, in denen WM-Bedarf von GPs eine Rolle spielt. Eine Übersicht bietet Tabelle 8.

Tabelle 8: Übersicht über Recherchetreffer der Klasse D

Klasse	*Nr.*	*Titel*	*Quelleninfo*	*Literatursegment*
Klasse D	*1*	*Wettbewerbsfaktor Wissen: Managementpraxis von Wissen und ...*	*Pawlowsky et al. (2011)*	*Internetdokument*
Klasse D	*2*	*Bedarfe und Erfolgskriterien der nachhaltigen Implementierung von ...*	*Hilger et al. (2010)*	*Internetdokument*
Klasse D	*3*	*Knowledge Report - Wissensmanagement im Prozessmanagement*	*Tochtermann und Schachner (2009)*	*Internetdokument*
Klasse D	*4*	*Prozessorientiertes Wissensmanagent*	*Erzer (2007)*	*Zeitschriftenbeitrag*
Klasse D	*5*	*Developing new products in a network with efficiency and innovation*	*Lee A. H. et al. (2007)*	*Zeitschriftenbeitrag*
Klasse D	*6*	*Improving performance of customer-processes with knowledge ...*	*Bueren et al. (2005)*	*Zeitschriftenbeitrag*
Klasse D	*7*	*Überlegungen zur organisationalen Wissensbasis von ...*	*Welter (2005)*	*Konferenzbeitrag*
Klasse D	*8*	*Heterogenes Wissen über Prozesse als Grundlage für die ...*	*Hrastnik et al. (2004)*	*Sammelbandbeitrag*
Klasse D	*9*	*Einflussfaktoren des Wissenstransfers – Ergebnisse einer ...*	*Werner (2004)*	*Sammelbandbeitrag*
Klasse D	*10*	*Implementation von E-Learning und Wissensmanagement - ...*	*Mandl (2003)*	*Sammelbandbeitrag*
Klasse D	*11*	*Prozesswissen als Gegenstand des Wissensmanagements in der ...*	*Engel (2001)*	*Konferenzbeitrag*
Klasse D	*12*	*Towards a Framework for Knowledge Management Strategies: ...*	*Maier und Remus (2001)*	*Konferenzbeitrag*
Klasse D	*13*	*Wissensmanagement lernen - Ein Leitfaden zur Gestaltung von ...*	*Reinmann-Rothmeier et al.(2001)*	*Monographie*
Klasse D	*14*	*Business Knowledge Management: von der Vision zur Wirklichkeit*	*Bach (1999)*	*Sammelbandbeitrag*
Klasse D	*15*	*Improving Knowledge Intensive Processes through an Enterprise ...*	*Eppler et al. (1999)*	*Konferenzbeitrag*

Der Schwerpunkt der Veröffentlichungen in Klasse D liegt nicht auf der Erläuterung von konkreten WM-Ansätzen. Es handelt sich um Grundlagenbeiträge über die Ausrichtung von WM, über verschiedene Ebenen von WM, über die Notwendigkeit von WM, über die Rolle und Relevanz bestimmter Wissensarten und -domänen sowie über Erfolgsfaktoren und Barrieren des WM.

3.2 Bewertung des Rechercheergebnisses und Ableitung der Forschungslücke

Wissen ist ein wettbewerbsentscheidender Produktionsfaktor, der auch in Zukunft an Bedeutung gewinnen wird.[158] Im WM wird versucht, der Notwendigkeit eines zielgerichteten und damit konsequent auf Wertschöpfung hin ausgerichteten Umgangs mit dieser Ressource gerecht zu werden.[159] GPs, als Ketten wertschöpfender Aktivitäten, eignen sich zur Erreichung von Wertschöpfungsorientierung im WM.[160] Trotz einer zunehmenden Annäherung der beiden Managementansätze GPM und WM sowie einer weiten Verbreitung und Etablierung von deren Integration ist der Erfolg von

[157] Vgl. Bullinger/Wörner/Prieto 1998, S. 21-39
[158] Vgl. Bahrs/Gronau 2005, S. 29, vgl. Drucker 2000, S. 135 und vgl. Gramke et al. 2010
[159] Vgl. Reinmann-Rothmeier/Mandl 2000, S. 9
[160] Vgl. Tochtermann/Schachner 2009, S. 8

WM-Initiativen bislang nicht zufriedenstellend.[161] Ein entscheidender Grund dafür ist das mangelnde Verständnis über den WM-Bedarf von GPs, also die fehlenden Kenntnisse darüber, welches Wissen erforderlich ist und was mit diesem Wissen passieren muss, damit die Ausführung von GPs möglich ist und eine systematische und zielgerichtete Unterstützung von GPs erfolgt (vgl. Abschnitt 2.6).[162] Der aktuelle Umgang mit WM-Bedarf von GPs in Wissenschaft und Praxis sowie die damit verbundenen Defizite sind Gegenstand der Forschungsfrage I. Im weiteren Verlauf dieses Abschnitts wird die Forschungsfrage I anhand des Ergebnisses der durchgeführten Literaturrecherche (vgl. Abschnitt 3.1.2) beantwortet.

Die Ansätze in Klasse A beziehen sich nicht auf einzelne GPs oder Prozessschritte, sondern auf das Wissen und WM der Gesamtprozessorganisation aus einem eher strategischen Blickwinkel. Die vorgeschlagenen Indikatoren dienen der Beschreibung und Bewertung des intellektuellen Kapitals. Das Vorgehen beruht auf einem Soll-/Ist-Vergleich und es werden zudem laufende, abgeschlossene und geplante WM-Maßnahmen berücksichtigt. Der Soll-Zustand sollte dabei an die Unternehmens- bzw. Organisationsstrategie gekoppelt sein. In den Ansätzen der Klasse A gibt es jedoch keine konkreten Anhaltspunkte über den individuellen WM-Bedarf von Organisationen. Es bleibt offen, welche Organisation mit welchen GPs welchen WM-Bedarf hat. Die Festlegung eines Soll-Zustands ist nur pauschal und damit undifferenziert und sehr eingeschränkt möglich. Somit fehlt die Grundlage für eine Entscheidung über die Eignung, die Auswahl und den Einsatz von WM-Maßnahmen, -Methoden und -Tools.

Die unter Klasse B zusammengefassten Beiträge zielen auf eine eher grobe Ist-Zustandsbewertung von WM in einem oder mehreren GPs ab. Unter der Voraussetzung einer wiederholten Anwendung, lässt sich damit ein Vorher-/Nachher-Vergleich anstellen. Außerdem implizieren vereinzelte Fragen zum Einsatz bestimmter Methoden und Tools bereits Aspekte eines pauschalen Soll-Zustands. In WM-Audits und WM-Assessments ist aber keine systematische Ermittlung eines Soll-Zustands vorgesehen. Jedoch werden die Ergebnisse der Ist-Zustandsbewertung häufig als Ausgangspunkt für eine grobe Selbsteinschätzung des eigenen WM-Bedarfs und ggfs. auch im Hinblick auf die Eignung der eingesetzten Maßnahmen, Methoden und Tools genutzt. Eine ausdrückliche Formulierung eines Soll-Zustands erfolgt in WM-

[161] Vgl. Meier/Weller 2012, S. 115
[162] Vgl. Schmid/Kern 2013b

Reifegradansätzen. In der Regel werden fünf oder sechs aufeinander aufbauende Reifegradstufen beschrieben und pauschal für alle Organisationen und GPs angewendet. Nach dem ermittelten Ist-Zustand des WM einer Organisation oder eines GPs richtet sich, welche Reifegradstufe damit erreicht wird. Im Allgemeinen wird empfohlen, den nächsthöheren Reifegrad anzustreben. Allerdings wird der individuelle WM-Bedarf von GPs bei der Festlegung pauschaler Reifegradstufen ignoriert. Letztlich kann jedoch erst durch die Ermittlung des WM-Bedarfs von GPs, im Sinne eines konkreten Soll-Zustands, eine fundierte Einschätzung über den Umsetzungsgrad von WM in einer Organisation gegeben werden. Ohne diese Voraussetzung ist keine begründete Entscheidung über die Eignung, die Auswahl und den Einsatz von WM-Maßnahmen, -Methoden und -Tools realisierbar.

Alle Publikationen der Klasse C befassen sich mit Ansätzen, die detaillierter auf die Planung, Analyse und Einführung von WM in der Gesamtprozessorganisation, in mehreren GPs oder in einem GP eingehen. Vorgehensmodelle und Handlungsempfehlungen zielen auf die Einführung eines neuen oder die Verbesserung eines bestehenden WM ab. Sie enthalten direkt oder indirekt pauschale Hinweise darauf, was ein „gutes" WM ausmacht und was besser zu vermeiden ist. Der individuelle WM-Bedarf von GPs spielt dabei kaum eine Rolle. Mit Analysemethoden, wie bspw. mit der um Wissen erweiterten Prozessmodellierung, lässt sich ein detaillierter Ist-Zustand erheben. Die Ermittlung eines Ist-Zustands stellt den Ausgangspunkt und damit einen wichtigen Baustein für die Einführung eines neuen oder die Verbesserung eines bestehenden WM dar. Dieser Baustein allein ermöglicht allerdings noch keine systematische Bewertung. Dafür fehlen fundierte Aussagen über den konkreten WM-Bedarf von GPs und damit das Ziel, also den Soll-Zustand. Die Veröffentlichungen, die grundsätzlich eine geleitete Auswahl von WM-Lösungsbausteinen beschreiben, beruhen auf einer Selbsteinschätzung der Organisationen über den eigenen Ist- und den eigenen Soll-Zustand. Die Auswahl wird unterstützt, indem Methoden und Tools kategorisiert werden. Die Kategorien orientieren sich an der Eignung der Lösungsbausteine für den Umgang mit explizitem und implizitem Wissen, an bestimmten WM-Handlungsfeldern und WM-Bausteinen. Vereinzelt werden zudem Fragestellungen aus der Praxis, wie bspw. das Ausscheiden von Mitarbeitern, berücksichtigt. Auch für eine geleitete Auswahl von WM-Lösungsbausteinen ist das Vorliegen eines konkreten Ist-Zustands für das WM einer Organisation eine Voraussetzung. Wie bereits weiter oben angesprochen, existieren hierfür Ansätze. Eine weitere

Voraussetzung ist das Vorliegen eines konkreten Ziels, also eines Soll-Zustands im Hinblick auf den WM-Bedarf. Der unterschiedliche WM-Bedarf von Organisationen mit ihren verschiedenen GPs wird jedoch vernachlässigt. Die Bildung von Kategorien für ausgewählte Methoden und Tools berücksichtigt lediglich indirekt einige pauschale Aspekte von WM-Bedarf. Eine am tatsächlichen Bedarf orientierte Auswahl von WM-Lösungsbausteinen ist damit nicht möglich.

In Klasse D stehen keine WM-Ansätze, sondern verschiedene Grundlagenbeiträge im Mittelpunkt, deren Aussagen im Hinblick auf WM-Bedarf sehr allgemein gehalten sind. Sie beziehen sich pauschal auf alle Unternehmen bzw. Organisationen, auf die Gesamtprozessorganisation oder allgemein auf GPs. Diese Beiträge bieten keine hinreichende Unterstützung für die Umsetzung einer WM-Planung, -Analyse und -Einführung, weil keine konkreten und belastbaren Aussagen über den individuellen WM-Bedarf von GPs getroffen werden.

Anhand des Ergebnisses der Literaturrecherche lässt sich feststellen, dass das Thema WM-Bedarf von GPs weitestgehend ignoriert wird. Falls WM-Bedarf von GPs nicht ignoriert wird, fehlt dessen ausreichende Analyse und Operationalisierung. Es existieren lediglich unvollständige theoretisch-präskriptive Ansätze sowie unzureichende explorative Untersuchungen. Der in Abschnitt 3.1.1 erwähnte und in Anhang 3 beschriebene Quercheck bestätigt diese Erkenntnisse. Die identifizierten Defizite lassen sich zudem durch die folgenden Ausführungen verschiedener Autoren bestätigen:

- „However, they do not recommend appropriate detailed issues where and when a KM initiative can be applied, since they suggest applying it to the whole organizational structure."[163]
- "However, there is a lack of studies that explicitly stress and analyse the mutual relationship among the firm´s needs (i.e. environmental pressures or constraints), the KM strategies and the organizational structures."[164]
- "However, in current KM maturity models, there is a lack of an evaluation framework with detailed items and procedures which could be easily obtained and fully understood by practitioners and researchers." [165]

[163] Barcelo Valenzuela et al. 2010, S. 111
[164] Garavelli/Gorgoglione/Scozzi 2004, S. 274
[165] Hsieh/Lin/Lin 2009, S. 4088

Breite Zustimmung erfährt hingegen die Aussage, dass verschiedene Kriterien von GPs, v.a. sog. Wissensintensitätskriterien, einen Einfluss auf den WM-Bedarf von GPs haben; d.h., verschiedene GPs unterscheiden sich im Hinblick auf ihren WM-Bedarf.[166] Konkrete und fundierte Erkenntnisse darüber gibt es jedoch nicht.

Aufbauend auf den bestehenden Defiziten im Zusammenhang mit WM-Bedarf von GPs lässt sich festhalten, dass in diesem Bereich Handlungsbedarf besteht. Ohne ein besseres Verständnis über den WM-Bedarf von GPs ist kein hinreichend zielgerichteter Umgang mit Wissen und WM möglich. Bislang ist der gezielte und wirkungsvolle Einsatz von WM-Maßnahmen, -Methoden und -Tools nicht das Ergebnis einer systematisch und auf Basis einer fundierten Grundlage getroffenen Entscheidung, sondern ein Zufallsprodukt. Hier setzt die vorliegende Arbeit an.

[166] Vgl. u.a. Bahrs/Vladova/Gronau 2010, Eppler/Seifried/Röpnack 1999, Garavelli/Gorgoglione/Scozzi 2004, Gronau et al. 2010, Gronau 2009, Hanel 2002, Hefke/Kleiner 2005, Isik/Mertens/Van den Bergh 2013, S. 527, Kern/Boppert 2010, S. 220, Klabunde 2003, Paulzen et al. 2002, Rumpfhuber 2004, Trier/Müller 2004 und Wenzel/Wulfsberg/Bruhns 2009

4 Forschungsmethode

Dieser Abschnitt widmet sich der Grounded Theory als ausgewählter Forschungsmethode. Zunächst wird die Auswahl begründet. Es folgt eine Erläuterung der Grundlagen der Grounded Theory, die eine Beschreibung ihrer Entstehung und Entwicklung, eine Diskussion über die Rolle der Literatur in dieser Methode und eine Vorstellung ihrer Elemente und Vorgehensweise enthält. Danach wird auf die Datenerhebung, die Datenanalyse und die Forschungsvalidität im Rahmen dieser Arbeit eingegangen.

4.1 Begründung für die Auswahl der Grounded Theory

Forschungsmethoden sind Werkzeuge zur Problemlösung. Sofern die Forschungsmethoden an den Forschungszielen ausgerichtet sind, lassen sich diese Ziele damit erreichen.[167] Qualitative Forschungsmethoden eignen sich zur Entwicklung eines tiefer gehenden Verständnisses über einen Forschungsgegenstand. Damit können dessen Bestandteile und entsprechende Wechselwirkungen detailliert beschrieben und analysiert werden. Sie ermöglichen die Untersuchung des „wie“ und „warum“ eines Forschungsgegenstandes.[168] Das Forschungsziel dieser Arbeit ist es, ein Modell zur Schaffung eines besseren Verständnisses über den WM-Bedarf von GPs zu entwickeln. Das betrifft die Elemente des WM-Bedarfs von GPs und deren Zusammenhang. Deshalb wurde eine qualitative Forschungsmethode gewählt.

Grundsätzlich kennzeichnen sich qualitative Forschungsmethoden durch folgende Merkmale:[169]

- Ihre Zielsetzung ist die Exploration und Generierung von Hypothesen, nicht deren Überprüfung.
- Es erfolgt eine Konfrontation mit „real-life“-Situationen, um ein tiefgehendes Verständnis des Kontexts und der handelnden Personen zu erhalten.
- Es werden wenig standardisierte Forschungsinstrumentarien angewendet.
- Es werden kleine Stichprobengrößen gezogen.
- Die Ziehung der Stichproben erfolgt nicht nach dem Zufallsprinzip, sondern bewusst nach festgelegten Prinzipien.

[167] Vgl. Corbin/Strauss 2008, S. 12 und vgl. Frankel/Naslund/Bolumole 2005, S. 204
[168] Vgl. Ellram 1996, S. 97 und vgl. Legewie 2006a, S. 2
[169] Vgl. Böger 2010, S. 81, vgl. Lamnek 2010, S. 3 und 19-25 und vgl. Miles/Huberman 1994, S. 6 ff.

- Es werden überwiegend verbale Analysen angewendet und keine rein quantitativen Variablen oder statistischen Auswertungen.
- Der Forscher als Anwender der Methode ist offen und flexibel.

Die Grounded Theory ist eine der verbreitetesten qualitativen Forschungsmethoden.[170] Sie lässt sich als gegenstandsverankerte Theoriebildung übersetzen und als „a general methodology of analysis linked with data collection that uses a systematically applied set of methods to generate an inductive theory about a substantive area"[171] beschreiben.[172] Innerhalb der qualitativen Forschungsmethoden zeichnet sie sich insbesondere durch ihre konsequente Ausrichtung auf die Generierung einer Theorie auf Basis empirischer Daten aus.[173] Die Elemente und die Vorgehensweise der Grounded Theory verdeutlichen diesen Fokus (vgl. Abschnitt 4.2.3).[174]

Zur Erreichung des Forschungsziels bedarf es sowohl einer Beschreibung und Systematisierung von WM-Bedarf von GPs als auch einer Beschreibung und Systematisierung der Einflussfaktoren auf den WM-Bedarf von GPs. Einerseits gilt es, Elemente zu identifizieren und zu kategorisieren, andererseits sind ihre Wirkbeziehungen zu erforschen. Die Grounded Theory eignet sich für die Beantwortung dieser Fragestellungen.[175] Darüber hinaus sprechen weitere Argumente für die Anwendung der Grounded Theory. Die Elemente der sich bildenden Theorie stammen aus den Daten und sie beruhen nicht auf Vorannahmen. Folglich eignet sich diese Forschungsmethode für Themen, zu denen es wenig theoretisches Wissen gibt.[176] In Abschnitt 3 wurde anhand eines umfassenden Literaturüberblicks gezeigt, dass für WM-Bedarf von GPs ein entsprechendes Defizit existiert.[177] Der Einsatz der Grounded Theory hat sich zudem bei Management- und Organisationsthemen bewährt, zu denen GPM und WM und damit der WM-Bedarf von GPs zählen.[178] Diese Anwendungsgebiete zeichnen sich durch Komplexität und praktische Relevanz aus. Die Komplexität ist neben den komplexen organisationalen Aspekten von GPM und WM auch der inhä-

[170] Vgl. Legewie 2006a, S. 1
[171] Glaser 1992, S. 16
[172] Vgl. Boehm 1994, S. 1
[173] Vgl. Creswell 2007, S. 64 ff., vgl. Locke 2000, S. 18 f. und vgl. Mello/Flint 2009, S. 108 f.
[174] Vgl. Charmaz 1990, S. 1162-1166
[175] Vgl. Tesch 1990, S. 63 f.
[176] Vgl. Fendt/Sachs 2008, S. 431, vgl. Locke 2000, S. 96 f., vgl. Mello/Flint 2009, S. 114 und vgl. Seidel/Recker 2009, S. 2
[177] Auf die Rolle der Literatur in der Grounded Theory wird in Abschnitt 4.2.2 eingegangen.
[178] Vgl. u.a. Browning/Beyer/Shetler 1995, Correia/Wilson 1997, Fuller/Lewis 2002, Goulding 2002, S. 9, Hunt/Ropo 1995, Inkpen/Dinur 1998, S. 458, Locke 2000, S. 93, Manning/Bearden/Rose 1998, Schroeder/Congden/Gopinath 1995, Wicki 2003 und Wolff 2005

renten Rolle des Faktors Mensch, seiner Handlungen und seiner Interaktionen geschuldet. Die praktische Relevanz von GPM und WM ergibt sich aus deren Fokus, die Wertschöpfung und Wettbewerbsfähigkeit von Organisationen zu unterstützen. Beide Aspekte, die Komplexität und die praktische Relevanz, sprechen für eine Anwendung der Grounded Theory auf die Untersuchung von WM-Bedarf von GPs.[179]

4.2 Grundlagen der Grounded Theory

Dieser Abschnitt enthält eine Beschreibung der Entstehung und Entwicklung der Grounded Theory, eine Diskussion über die Rolle der Literatur in dieser Methode und eine Vorstellung ihrer Elemente und Vorgehensweise.

4.2.1 Entstehung und Entwicklung der Grounded Theory

Anfang der 1960er Jahre beschäftigte sich der Wissenschaftler Strauss mit einer Studie über das Patientensterben in kalifornischen Krankenhäusern. Nachdem sich bei der Anwendung traditioneller Verfahren ein unerwartet hoher Aufwand und gleichzeitig geringer Erkenntnisgewinn abgezeichnet hatte, zog Strauss den Forscher Glaser hinzu. Zusammen entwickelten sie schrittweise theoretische Konzepte aus gesammelten Daten und näherten sich so der Wirklichkeit an. Bestandteil der Konzeptentwicklung war das kontinuierliche Verfassen von analytischen Memos während der Feldarbeit. Damit beruhte jede neue Datenerhebung auf vorangegangenen theoretischen Überlegungen. Im Buch „Awareness of Dying“ beschreiben Glaser und Strauss 1965 ihre aus den Daten gegründete (grounded) Theorie über den Einfluss der Bewusstheit, dass bestimmte Patienten sterben werden, auf den Umgang mit den Sterbenden. Betrachtungsgegenstand war die Interaktion zwischen sterbenden Patienten und Krankenhauspersonal. Im Verlauf dieser Studie wurde die Grounded Theory entwickelt und damit ein neuer Forschungsstil geschaffen.[180]

Die Grounded Theory wurde von Glaser und Strauss erstmals im Jahr 1967 im Werk „The discovery of grounded theory – strategies for qualitative research" beschrieben. Darin offenbarten sich die unterschiedlichen Denkweisen der beiden Autoren noch nicht.[181] Beide waren in unterschiedlichen Forschungstraditionen verankert. Glaser war in methodisch rigorosen, theoretisch-quantitativen Methoden geschult, während

[179] Vgl. Boehm 1994, S. 123, vgl. Corbin/Strauss 2008, S. 8, vgl. Locke 2000, S. 18 und 95 f., vgl. Paris/Hürzele 2008, S. 3 und vgl. Seidel/Recker 2009, S. 2, S. 4 und S. 9 f.

[180] Vgl. Fendt/Sachs 2008, S. 431, vgl. Legewie/Schervier-Legewie 2010, S. 71 f. und vgl. Glaser/Strauss 1967, S. vii

[181] Vgl. Glaser/Strauss 1967

Strauss ein Vertreter empirisch-qualitativer und weniger formalisierter Forschung war.[182] Nach dem Gründungswerk der Grounded Theory trennten sich ihre Wege. Glaser, der für sich die klassische Version der Grounded Theory in Anspruch nimmt, spricht sich in seinem im Jahr 1978 erschienenen Buch „Theoretical sensitivity“ für die orthodoxe Anwendung der Grounded Theory, also für die rein induktive und nicht durch Vorkenntnisse beeinflusste Form, aus.[183] Strauss beschäftigte sich hingegen zusammen mit Corbin mit der Weiterentwicklung des Kodierungssystems. Eine Veröffentlichung darüber erfolgte im Jahr 1990 mit dem Titel „Basics of qualitative research – Grounded theory procedures and techniques“[184]. Darin wird eine flexiblere und offenere Anwendung der Grounded Theory beschrieben. Glaser kritisiert diese Vorgehensweise stark in seinem im Jahr 1992 erschienen Buch „Basics of grounded theory analysis – Emergence vs forcing“[185]. Er unterstellt Strauss und Corbin „forcing“, weil sie den Daten durch vorgefertigte Konzepte Gewalt antäten, anstatt eine unverfälschte Theorieentdeckung aus den Daten zuzulassen („emergence“).[186] Beide Strömungen der Grounded Theory, die von Glaser sowie die von Strauss und Corbin haben überzeugte Anhänger. Eine ausführliche Diskussion und Gegenüberstellung dazu bietet bspw. der Beitrag „Grounded theory and management research: a lack of integrity?“ von Robert Jones und Gary Noble.[187] V.a. die offenere und flexiblere Form von Strauss und Corbin erfreut sich seit Jahren großer Beliebtheit und dient als Basis für die Entwicklung verschiedener Varianten.[188]

Die Rolle der Literatur in der Grounded Theory wird je nach Überzeugung der verschiedenen Vertreter unterschiedlich bewertet. Darauf wird im folgenden Abschnitt eingegangen.

4.2.2 Die Rolle der Literatur in der Grounded Theory

Bei der Grounded Theory handelt es sich um einen induktiven Forschungsansatz, anhand dessen eine Theorie aus Daten entwickelt werden kann.[189] Inwieweit die Datenerhebung und -auswertung bereits durch bestehende Literatur beeinflusst werden darf, ist eine umstrittene Frage, die in diesem Abschnitt diskutiert wird.

---

[182] Vgl. Paris/Hürzele 2008, S. 1
[183] Vgl. Glaser 1978
[184] Strauss/Corbin 1990
[185] Vgl. Glaser 1992
[186] Vgl. Glaser 1992, S. 123 und vgl. Legewie 2006b, S. 9 f.
[187] Vgl. Jones/Noble 2007
[188] Vgl. Fendt/Sachs 2008, S. 431 und 443 f., vgl. Goldkuhl/Cronholm 2010 und vgl. Vetterli/Nüesch 2010, S. 1 und 3 f.
[189] Vgl. u.a. Thomas/James 2006, S. 768, Goulding 2002, S. 53 und Goldkuhl/Cronholm 2010, S. 188

In ihrer ursprünglichen Form wird die Grounded Theory als rein induktiver Forschungsansatz propagiert, der nicht durch theoretisches Vorwissen beeinflusst und ggfs. verfälscht werden sollte.[190] Glaser vertritt auch später diese Denkweise. Er fordert weiterhin, die Literatur vor der Datenerhebung konsequent zu ignorieren und die Ergebnisse lediglich während der Datenauswertung mit der Literatur zu vergleichen.[191]

Dem gegenüber stehen Strauss und Corbin mit ihrer Proklamation, dass die Grounded Theory „[...] both a science and an art"[192] ist. Sie sind der Ansicht, dass „[..] these procedures were designed not to be followed dogmatically but rather to be used creatively and flexibly by researchers as they deem appropriate"[193]. Auch andere Autoren vertreten den Standpunkt, dass ein vollkommenes Ausblenden von Literatur und theoretischem Vorwissen nicht realistisch und nicht sinnvoll ist. Eine rein induktive Vorgehensweise sei für das Erkenntnisinteresse unhaltbar. Sie sei zudem in der Forschungspraxis nicht umsetzbar und wird sogar als „induktivistisches Selbstmissverständnis"[194] bezeichnet.[195] Es wird ein möglichst breit angelegter Umgang mit der Literatur empfohlen. Damit wirke dieser nicht erkenntnisdeterminierend, sondern unterstütze den Forscher vielmehr bei der Datenerhebung und -analyse.[196] Für eine Auseinandersetzung mit der Literatur durch den Forscher sprechen zusammenfassend folgende Aufgaben und Rollen der Literatur zu Beginn und während des Forschungsprozesses:[197]

- Literatur zur Identifikation der Forschungslücke
- Literatur als Hilfestellung bei der Generierung von Fragen
- Literatur zur Erhöhung der Sensibilität des Forschers
- Literatur als Quelle für Vergleiche
- Literatur als Quelle deskriptiver Daten ohne weiteren Interpretationsbedarf
- Literatur als Quelle von Anhaltspunkten für das Sampling
- Literatur als Quelle zur Widerlegung oder Bestätigung von Ergebnissen

---

[190] Vgl. Glaser/Strauss 1967, S. 37
[191] Vgl. Glaser 1992, S. 15
[192] Strauss/Corbin 1998, S. 13
[193] Strauss/Corbin 1998, S. 13
[194] Kelle 2007, S. 33
[195] Vgl. Fendt/Sachs 2008, S. 439 und vgl. Kelle 2007, S. 33 und S. 47 ff.
[196] Vgl. Strauss/Corbin 1990, S. 48 ff. und vgl. Suddaby 2006, S. 635
[197] Vgl. Corbin/Strauss 2008, S. 37

- Literatur als „Kunde“ von Ergebnissen, anhand derer eine Anpassung oder Erweiterung erfolgt

Ohne angemessene Vorbereitung des Interviewers besteht die Gefahr eines ineffektiven und ineffizienten Interviewverlaufs, weil sich der Fokus des Gesprächs nicht mit dem Erkenntnisinteresse deckt und das gemeinsame thematische Verständnis der Gesprächspartner fehlt. Insbesondere für den Fall, dass Experteninterviews die primäre Datenquelle darstellen, sollte der Interviewer die Literatur kennen. Nur so kann er dem Gesprächspartner als „Quasi-Experte“ auf dem Forschungsgebiet auf Augenhöhe begegnen und mit diesem diskutieren.[198]

Diese Arbeit folgt der aufgeführten Begründung gegen die orthodoxe und für die flexiblere, offenere und Literatur berücksichtigende Form der Grounded Theory. Es wurde eine breit angelegte Literaturanalyse zum WM-Bedarf von GPs durchgeführt (vgl. Abschnitt 3.1).

4.2.3 Elemente und Vorgehensweise der Grounded Theory

Die Logik der Grounded Theory basiert auf dem Phänomen-Indikator-Konzept-Modell, das in Abbildung 11 dargestellt ist.

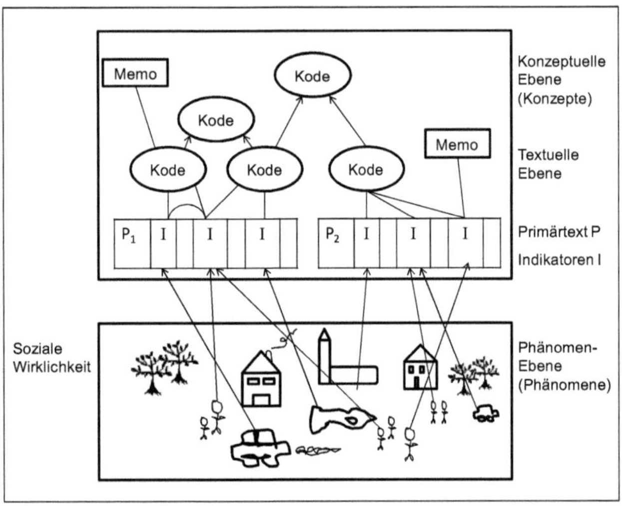

Abbildung 11: Phänomen-Indikator-Konzept-Modell[199]

[198] Vgl. Böger 2010, S. 47 f. und vgl. Pfadenhauer 2005, S. 120 f.
[199] Nach Legewie 2006a, S. 13

Erkenntnisse über die soziale Wirklichkeit können anhand von Dokumenten über die Phänomene in dieser Wirklichkeit gewonnen werden. Meistens handelt es sich dabei um Notizen zu Beobachtungen, transkribierte Interviews, Fragebogenergebnisse oder andere sprachliche Dokumente. Darin ist die Phänomenwelt erfasst, die für das Forschungsvorhaben von Interesse ist. In den Dokumenten gibt es Passagen, die sich auf bestimmte Phänomene beziehen. Diese Passagen sind damit selbst Indikatoren für die Phänomene. Im Zuge einer Grounded Theory werden aus diesen Indikatoren Konzepte gebildet, die für in den Daten enthaltene Ideen stehen und die miteinander zu einem Theoriekonstrukt vernetzt werden.[200]

Die Grundidee der Grounded Theory lässt sich als „constantly comparing, fractioning, coding, and analyzing observational and interview data until saturation is reached"[201] zusammenfassen. Laut Strauss zeichnet sich die Methode durch drei zentrale Aspekte aus, die Art der Datenerhebung (Theoretisches Sampling), das ständige Vergleichen der gebildeten Konzepte mit den Daten und die Art der Datenanalyse (Theoretisches Kodieren).[202] In diesem Abschnitt folgt eine allgemeine Erläuterung dieser drei Aspekte. In den Abschnitten 4.3 und 4.4 erfolgt eine Beschreibung der Umsetzung im Rahmen dieser Arbeit.

Im Gegensatz zu quantitativ orientierten Methoden mit Statistischem Sampling wird die Stichprobenziehung beim Theoretischen Sampling nicht nach dem Zufallsprinzip und nicht anhand des Kriteriums der Repräsentativität durchgeführt. Es werden hingegen gezielt Stichproben mit möglichst gegensätzlichen Ausprägungen im Rahmen der Fragestellung gezogen. Das ermöglicht eine umfassende Erforschung des Phänomens im Hinblick auf dessen Tiefe und Breite.[203] Eine Zusammenfassung der Hauptunterschiede zwischen Theoretischem und Statistischem Sampling bietet Tabelle 9.

Das Theoretische Sampling umfasst eine theoriegeleitete Erhebung von Daten. In der Grounded Theory ist die Nutzung von Interviews als Hauptdatenquelle verbreitet. Neuerhebungen von Daten werden durch gewonnene Erkenntnisse beeinflusst, weil sie auf theoretischen Überlegungen auf Basis von realisierten Datenerhebungen und

[200] Vgl. Legewie 2006a, S. 13 f.
[201] Fendt/Sachs 2008, S. 431
[202] Vgl. Legewie/Schervier-Legewie 2010, S. 74
[203] Vgl. Glaser/Strauss 1967, S. 45-60, vgl. Locke 2000, S. 54-58 und vgl. Strauss/Corbin 1990, S. 177 ff.

Tabelle 9: Theoretisches und Statistisches Sampling[204]

Theoretisches Sampling	Statistisches Sampling
Umfang der Grundgesamtheit ist vorab unbekannt	Umfang der Grundgesamtheit ist bekannt
Merkmale der Grundgesamtheit sind vorab nicht bekannt	Merkmalsverteilung in der Grundgesamtheit ist abschätzbar
Mehrmalige Ziehung von Stichprobenelementen nach jeweils neu festzulegenden Kriterien	Einmalige Ziehung einer Stichprobe nach einem vorab festgelegten Plan
Stichprobengröße vorab nicht definiert	Stichprobengröße vorab definiert
Sampling beendet, wenn theoretische Sättigung erreicht ist	Sampling beendet, wenn die gesamte Stichprobe untersucht ist

-analysen beruhen.[205] Die Auswertung der ersten Interviews beginnt direkt nach deren Durchführung. In einem ständigen Wechsel zwischen Datenerhebung und -analyse werden die vorläufig gebildeten Konzepte so lange mit neu erhobenen Daten aus dem Feld konfrontiert, bis sich daraus keine zusätzlichen wesentlichen Erkenntnisse mehr ziehen lassen. Dieses pragmatische Abbruchkriterium wird als Theoretische Sättigung bezeichnet.[206] Die damit erreichbare Aussagepräzision hängt von der Formulierung der Fragestellung und dem zur Beantwortung dieser Fragestellung vertretbaren Aufwand ab.[207]

Das Theoretische Kodieren ist das zentrale Element der Datenauswertung und charakteristisch für die Grounded Theory. Es geht über die reine Zuordnung eines Bezeichners (Kode) oder mehrerer Bezeichner (Kodes) zu einer Textstelle hinaus und beinhaltet neben der Benennung von Konzepten durch Kodes auch ihre Erläuterung und Diskussion. Text wird mittels Kodes in Konzepte abstrahiert, aufgespalten, kategorisiert, zu Theorien entwickelt und mit anderen Konzepten in Verbindung gebracht. Der kontinuierlich stattfindende Vergleich beruht auf anfangs erhobenen oder noch zu erhebenden Daten und bezieht später auch Ergebnisse existierender Literatur mit ein.[208] Dabei werden fortlaufend Memos verfasst, um Einfälle und Überlegungen zu den Kodes und zur sich entwickelnden Theorie festzuhalten. Im Verlauf der Untersuchung werden die Memos erweitert, verfeinert, sortiert und sie fließen selbst als Er-

[204] Wiedemann 1995, S. 441
[205] Vgl. Böhm/Legewie/Muhr 1992, S. 31, vgl. Paris/Hürzele 2008, S. 2 und vgl. Strauss 1998, S. 55
[206] Vgl. Charmaz 2006, S. 113 ff., vgl. Goulding 2002, S. 68 ff. und vgl. Lamnek 2010, S. 97
[207] Vgl. Legewie 2006a, S. 15
[208] Auf die Rolle der Literatur in der Grounded Theory wird in Abschnitt 4.2.2 eingegangen.

gebnisse in die Theorie mit ein. Das Ergebnis des Kodierens, als zugleich systematische und kreative Textinterpretation, ist schließlich eine Liste von Begriffen zusammen mit erläuterndem Text.[209] Das Theoretische Kodieren besteht aus drei aufeinander aufbauenden und zunehmend gezielter ablaufenden Stufen, dem offenen, dem axialen und dem selektiven Kodieren. Diese drei Stufen sind jedoch weder inhaltlich noch zeitlich voneinander getrennt. Im iterativen Prozess des Theoretischen Kodierens wird zwischen diesen Kodierstufen gesprungen und sie werden miteinander kombiniert.[210]

Die Datenauswertung beginnt mit offenem Kodieren. Eine schematische Darstellung dazu findet sich in Abbildung 12.

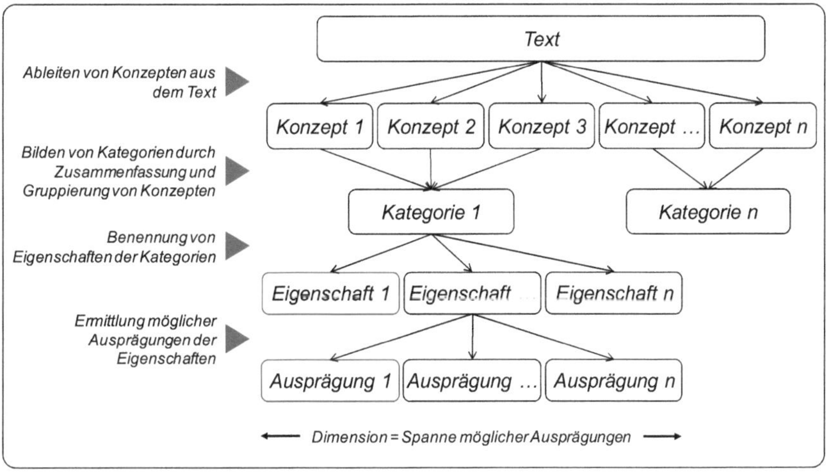

Abbildung 12: Offenes Kodieren[211]

Text wird Zeile für Zeile durchgearbeitet und in einzelne Sinneinheiten zerlegt. Die gebildeten Fragmente werden anhand von Kodes Konzepten zugeordnet. Diese Konzepte sind vorläufige Bausteine der zu entwickelnden Theorie. Werden Bezeichnungen direkt aus dem Text übernommen, spricht man von In-vivo-Kodes. Andernfalls handelt es sich um theoretische Kodes.[212] Durch Zusammenfassung und Gruppierung inhaltlich ähnlicher Konzepte entstehen Kategorien. Jede Kategorie zeichnet

[209] Vgl. Boehm 1994, S. 125, vgl. Legewie 2006a, S. 15, vgl. Paris/Hürzele 2008, S. 2 und vgl. Strauss/Corbin 1990, S. 197 ff.
[210] Vgl. Corbin/Strauss 2008, S. 117, vgl. Flick 1995, S. 197 und vgl. Strauss/Corbin 1990, S. 98
[211] In Anlehnung an Wolff 2005, S. 55
[212] Vgl. Boehm 1994, S. 127 ff., vgl. Goulding 2002, S. 75 ff. und vgl. Paris/Hürzele 2008, S. 2

sich durch Eigenschaften aus, die auf Basis des Textes und Hintergrundwissens des Forschers benannt werden. Durch sie erfolgt eine genauere Definition der gebildeten Kategorien. Die Spanne möglicher Ausprägungen einer Eigenschaft wird als Dimension bezeichnet, die für jede Eigenschaft zu ermitteln ist.[213]

Das axiale Kodieren baut auf dem Ergebnis des offenen Kodierens auf, also auf vorhandenen Kategorien. Diese Kategorien werden verfeinert, differenziert und neu zueinander in Beziehung gesetzt. Es werden schrittweise Zusammenhangsmodelle entwickelt, die wiederholt anhand neu erhobener sowie bereits analysierter Daten überprüft werden. Vergleiche werden sowohl innerhalb einer Datenquelle als auch zwischen verschiedenen Datenquellen gezogen.[214] Zur systematischen Untersuchung und In-Beziehung-Setzung eignet sich die Anwendung eines Kodierparadigmas. In der Forschungspraxis hat sich ein von Strauss und Corbin veröffentlichtes Kodierparadigma etabliert, das in Abbildung 13 dargestellt ist.[215]

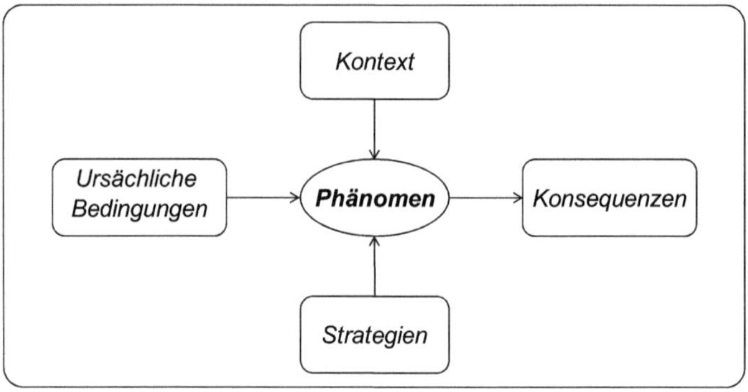

Abbildung 13: Kodierparadigma[216]

Im Mittelpunkt der Analyse steht ein Phänomen, also die zentrale Idee oder das zentrale Ereignis. Anhand der Daten wird ermittelt, welches seine ursächlichen Bedingungen (Ereignisse oder Bedingungen, die zum Auftreten des Phänomens beitragen) und sein Kontext (spezifische Eigenschaften des Phänomens) sind. Außerdem werden anhand der Daten Strategien des Umgangs und der Handlungen im Zusammenhang mit dem Phänomen (sie beziehen sich nicht direkt auf das Phänomen, sondern

[213] Vgl. Böhm/Legewie/Muhr 1992, S. 33-39, vgl. Strauss/Corbin 1990, S. 61-72 und vgl. Corbin/Strauss 2008, S. 45 f.
[214] Vgl. Boehm 1994, S. 130 f., vgl. Corbin/Strauss 2008, S. 77 f., vgl. Locke 2000, S. 73 f. und vgl. Vetterli/Nüesch 2010, S. 2
[215] Vgl. Legewie 2006a, S. 17
[216] In Anlehnung an Strauss/Corbin 1990, S. 99

auf dessen Umwelt) sowie Konsequenzen des Auftretens bzw. der Variation des Phänomens untersucht.[217]

Glaser übt am Kodierparadigma von Strauss und Corbin Kritik. Den Daten würden damit a priori festgelegte theoretische Kategorien aufgezwungen und es behindere die Entstehung von Beziehungen zwischen den Kategorien aus den Daten selbst.[218] Befürworter argumentieren, dass es als Hilfsmittel zur Unterstützung der Analyse dient, alle theoretisch relevanten Kodes in eine der Kategorien passen und die Kategorien außerdem immer durch die Daten selbst bestätigt werden müssen.[219] Von Glaser selbst stammen 18 sich gegenseitig ergänzende Kodierfamilien.[220] Nach Kelle handelt es sich dabei um in Zusammenhang stehende Begriffe aus verschiedenen theoretischen Kontexten, die zu losen Familien zusammengefügt sind. Er bezeichnet die 18 Kodierfamilien von Glaser als unsystematische Aufzählung und kritisiert die mangelnde Hilfestellung für deren konkrete Nutzung.[221] Trotz der geübten Kritik von Glaser am Kodierparadigma von Strauss und Corbin ähneln sich eine seiner Kodierfamilien, die sog. C-Familie (Causes, Context, Contingencies, Consequences, Covariances und Conditions), und das Kodierparadigma von Strauss und Corbin in weiten Teilen.[222]

In der dritten Kodierstufe, dem selektiven Kodieren, wird eine Kernkategorie ausgewählt. Sie ist das zentrale Phänomen für den Geltungsbereich der Theorie, sie ist oftmals eine bereits während des axialen Kodierens festgelegte Kategorie und auf sie lassen sich alle anderen Kategorien direkt oder indirekt beziehen. Es ist möglich, dass die Kernkategorie bereits in der Fragestellung der Untersuchung enthalten ist. Jedoch ist es ebenso möglich, dass im Verlauf der Untersuchung nicht das in der Fragestellung enthaltene Phänomen, sondern ein anderes als ursprünglich angenommen an Bedeutung gewinnt und zur Kernkategorie wird. Das selektive und das axiale Kodieren sind sich in ihrer Vorgehensweise sehr ähnlich. Im Unterschied zum

[217] Vgl. Böhm/Legewie/Muhr 1992, S 55 ff., vgl. Corbin/Strauss 2008, S. 88 ff. und vgl. Strauss/Corbin 1990, S. 99-107

[218] Vgl. Glaser 1978, S. 78 und vgl. dazu auch die Diskussion über die beiden Strömungen der Grounded Theory in Abschnitt 4.2.1.

[219] Vgl. Strauss/Corbin 1990, S. 99, vgl. Legewie 2006a, S. 17 und vgl. Mello/Flint 2009, S. 117

[220] Vgl. Glaser 1978, S. 72 ff.

[221] Vgl. Kelle 2007, S. 40 ff.

[222] Vgl. Boehm 1994, S. 133 und vgl. Glaser 1978, S. 74

axialen Kodieren erfolgt das selektive Kodieren jedoch auf einer höheren analytischen Abstraktionsebene.[223]

Die mit der Grounded Theory erzielbare Qualität der Ergebnisse hängt auch von der theoretischen Sensitivität des Forschers ab. Er muss in der Lage sein, die Daten zu verstehen, zwischen Relevantem und weniger Relevantem zu unterscheiden, indirekte Hinweise zu deuten und Bedeutungsnuancen zu erkennen. Diese Fähigkeiten sind Voraussetzungen für die Entwicklung einer gegenstandverankerten Theorie, die der Vielschichtigkeit der Realität ausreichend gerecht wird. Die Sensitivität des Forschers ist wiederum selbst durch seine Erfahrungen und sein theoretisches Vorwissen geprägt.[224]

4.3 Datenerhebung

Die Datenerhebung im Rahmen dieser Arbeit wurde, einem zentralen Element der Grounded Theory entsprechend, nach den Regeln des Theoretischen Samplings durchgeführt (vgl. Abschnitt 4.2.3). In diesem Abschnitt wird zuerst auf das Sampling und die Durchführung der Interviews eingegangen. Danach folgt eine Erläuterung weiterer genutzter Datenquellen.

4.3.1 Interviews als primäre Datenquelle

Die primäre Datenquelle dieser Arbeit sind Interviews mit Experten[225] für verschiedene GPs. Experteninterviews zeichnen sich dadurch aus, dass „nicht der zu Befragende im Vordergrund des Erkenntnisinteresses [steht], sondern seine Erfahrungen und Interpretationen im Hinblick auf das Forschungsthema“[226].

4.3.1.1 Sampling

Dem Vorgehen der Grounded Theory entsprechend, wurden die Datenerhebung und die Datenanalyse parallel durchgeführt. Die Datenerhebung erfolgte nach den Grundsätzen des Theoretischen Samplings, nach denen die Stichprobenziehung

[223] Vgl. Böhm/Legewie/Muhr 1992, S. 61-67, vgl. Goulding 2002, S. 77 f. und S. 88 f., vgl. Locke 2000, S. 79 f. und vgl. Strauss/Corbin 1990, S. 116-142

[224] Vgl. Böger 2010, S. 89, vgl. Carvalho/Scott/Jeffery 2003, S. 13, vgl. Charmaz 2006, S. 127, vgl. Corbin 1998, S. 123, vgl. Goulding 2002, S. 70 ff. und vgl. Strauss/Corbin 1990, S. 41-47

[225] „Der Experte verfügt über technisches, [sic!] Prozess- und Deutungswissen, das sich auf ein spezifisches Handlungsfeld bezieht, in dem er in relevanter Weise agiert (etwa in einem bestimmten organisationalen oder seinem professionellen Tätigkeitsbereich).“ (Bogner/Menz 2009, S. 73)

[226] Borchardt/Göthlich 2009, S. 38

nicht auf Repräsentativität, sondern auf das Ziel der Theoriebildung hin ausgerichtet ist.[227]

Begonnen wurde mit wenigen Interviews über einen GP und die erste Datenanalyse begann parallel zur ersten Erhebung. Die Interviewpartner wurden schrittweise auf der Grundlage der gewonnenen Erkenntnisse und des sog. Schneeballprinzips ausgewählt, demzufolge Befragte weitere Ansprechpartner empfehlen.[228] Außerdem bestand die Anforderung, dass die Interviewkandidaten zur Bildung, Ergänzung und/oder Vertiefung der Theorie beitragen können.[229] Es wurden jeweils mehrere Personen aus einem GP interviewt, die sich im Hinblick auf die Art und den Umfang ihrer Aufgaben- und Verantwortungsbereiche unterschieden. Demnach wurden Prozessverantwortliche, Mitarbeiter mit planenden und steuernden Aufgaben sowie Mitarbeiter in operativen und ausführenden Funktionen befragt. Damit wurde das Ziel verfolgt, verschiedene Perspektiven zu berücksichtigen und somit vollständige und umfassende Informationen über einen GP zu erhalten. Es wurden sowohl sehr ähnliche als auch sehr unterschiedliche GPs untersucht und verglichen.[230] Anhand dieses Vorgehens ließen sich Unterschiede und Ähnlichkeiten zwischen GPs herausarbeiten.[231]

Die Daten wurden durch die Durchführung von Interviews mit insgesamt 24 Experten erhoben. Mit 14 Experten wurden Einzelinterviews geführt und mit zehn Experten Gruppeninterviews[232], bei denen jeweils zwei Interviewte teilnahmen. Die Interviews beziehen sich auf neun verschiedene Geschäftsprozesse aus acht Unternehmen und einer öffentlichen Einrichtung. Tabelle 10 bietet eine Übersicht über das Interview-Sample.

Die Übersicht über das Interview-Sample verdeutlicht, dass die Stichprobenziehung auf das Ziel der Bildung einer substantiven Theorie hin ausgerichtet ist; d.h., der GP ist der Kontext, auf den sich der Betrachtungsgegenstand WM-Bedarf bezieht (vgl. Abschnitt 1.2). Je umfassender der Kontext durch eine Theorie abgedeckt wird, desto

[227] Vgl. Glaser/Strauss 1967, S. 45-60, vgl. Locke 2000, S. 54-58 und vgl. Strauss/Corbin 1990, S. 177 ff.
[228] Vgl. Przyborski/Wohlrab-Sahr 2010, S. 180 f.
[229] Vgl. Strauss/Corbin 1990, S. 177 ff.
[230] Vgl. Wiedemann 1995, S. 443
[231] Vgl. Eisenhardt 1989, S. 540 und vgl. Glaser/Strauss 1967, S. 45-60
[232] Vgl. Borchardt/Göthlich 2009, S. 38 ff. und vgl. Flick 2010, S. 249 f.

Tabelle 10: Interview-Sample

Experte	Geschäftsprozess	Branche	Experten-Funktion/-Position	Art des Interviews
1	A_Kommissionierung	Logistikdienstleistung	Logistikplaner	Einzelinterview
2	A_Kommissionierung	Logistikdienstleistung	Schichtführer	Einzelinterview
3	A_Kommissionierung	Logistikdienstleistung	Leitstandmitarbeiter	Einzelinterview
4	B_Flugwetterberatung	Öffentlicher Dienst	Flugwetterberater	Einzelinterview
5	B_Flugwetterberatung	Öffentlicher Dienst	Dienststellenleiter	Einzelinterview
6	B_Flugwetterberatung	Öffentlicher Dienst	Qualitätsmanagement-Auditor	Gruppeninterview
7	B_Flugwetterberatung	Öffentlicher Dienst	Qualitätsmanagement-Auditor	Gruppeninterview
8	C_Messgerätefertigung und -montage	Elektro- und Messtechnik	Leiter Supply Chain Management	Gruppeninterview
9	C_Messgerätefertigung und -montage	Elektro- und Messtechnik	Leiter Prozessoptimierung und Reengineering	Gruppeninterview
10	D_Skifertigung und -montage	Konsumgüter	Vice President Sourcing and Manufacturing	Gruppeninterview
11	D_Skifertigung und -montage	Konsumgüter	Global Process Expert	Gruppeninterview
12	E_Sondermaschinenfertigung und -montage	Maschinen- und Anlagenbau	Prokurist	Gruppeninterview
13	E_Sondermaschinenfertigung und -montage	Maschinen- und Anlagenbau	Projektleiter	Gruppeninterview
14	E_Sondermaschinenfertigung und -montage	Maschinen- und Anlagenbau	Arbeitsvorbereiter	Einzelinterview
15	F_Dachrelingfertigung und -montage	Automobilzulieferung	Werker	Einzelinterview
16	F_Dachrelingfertigung und -montage	Automobilzulieferung	Mitarbeiter SAP-Unterstützung	Einzelinterview
17	F_Dachrelingfertigung und -montage	Automobilzulieferung	Fertigungssteuerer	Einzelinterview
18	G_Pharmaherstellung	Pharma	Meister Herstellung	Gruppeninterview
19	G_Pharmaherstellung	Pharma	Meister Verpackung	Gruppeninterview
20	H_Materialversorgung Automobilproduktion	Automobilbau	Meister Materialversorgung	Einzelinterview
21	H_Materialversorgung Automobilproduktion	Automobilbau	Leiter Versorgungsplanung Montage	Einzelinterview
22	I_Maschinenfertigung und -montage	Maschinen- und Anlagenbau	Fertigungsleiter Endmontage und Elektrofertigung	Einzelinterview
23	I_Maschinenfertigung und -montage	Maschinen- und Anlagenbau	Meister Fertigung und Montage	Einzelinterview
24	I_Maschinenfertigung und -montage	Maschinen- und Anlagenbau	Mitarbeiter Endmontage	Einzelinterview

höher sind die Reichweite und damit der Geltungsbereich der Theorie.[233] Einerseits erlaubt die Betrachtung eines einzelnen Falls noch keine Übertragbarkeit der daraus abgeleiteten Erkenntnisse. Andererseits kann die Betrachtung eines sehr weit gefassten Bereichs eine abstrakte Theorie zum Ergebnis haben, die kaum auf die Pra-

[233] Vgl. Alisch 1982, S. 52 ff., vgl. Aretz 2007, S. 38 und vgl. Dann 1992, S. 8

xis übertragbar ist und demzufolge einen begrenzten Aussagegehalt hat. Zudem wird mit dem Umfang des Betrachtungsbereichs auch der Umfang des Erhebungs- und Auswertungsaufwands festgelegt. Folglich ist bei der Datenerhebung das richtige Maß zwischen ausreichend breiter Exploration des Feldes und notwendiger Fokussierung zu finden.[234] In der vorliegenden Arbeit wurde das gewählte Maß nicht vorab festgelegt, sondern es ist das Ergebnis einer Entscheidung, die im Rahmen der Datenerhebung und -auswertung auf Basis der gewonnenen Erkenntnisse getroffen wurde.

Es wurde mit Interviews über den WM-Bedarf von GPs aus dem Bereich Operations begonnen. Operations ist ein aus dem Angelsächsischen stammender Überbegriff für die Transformation von Inputs in Produkte und Dienstleistungen für interne und externe Kunden.[235] Traditionell werden für Operations auch die Bezeichnungen Bau, Betrieb, Fertigung, Herstellung, Produktion und Logistik verwendet, wobei die GPs aus dem Bereich Operations Informationen aus und Abstimmungen mit anderen Funktionalbereichen erfordern.[236] In der vorliegenden Arbeit bezieht sich Operations auf das Produktionsumfeld von Gütern und Dienstleistungen unter Berücksichtigung der angrenzenden funktionalen Bereiche. Die Entscheidung, mit Interviews über den WM-Bedarf von GPs aus dem Bereich Operations zu beginnen, beruht darauf, dass Operations ein zentraler wertschöpfender Bereich vieler Organisationen ist, es sich damit um einen vielversprechenden Bereich für die Anwendung von WM handelt und Zugang zum Feld bestand.

Im Zuge der Erhebung und Auswertung der ersten Interviews über den WM-Bedarf von GPs aus dem Bereich Operations zeichnete sich eine Variantenvielfalt ab, die einerseits die Bildung einer aussagekräftigen Theorie über den WM-Bedarf von GPs erlaubt sowie andererseits mit einem beherrschbaren Erhebungs- und Auswertungsaufwand verbunden ist. Aus diesen Gründen erfolgte in der vorliegenden Arbeit eine Konzentration der Datenerhebung auf Interviews mit Experten für GPs aus dem Bereich Operations, ohne dass eine Erweiterung vorgenommen wurde. Die Reichweite und damit der Geltungsbereich der daraus gebildeten Theorie umfassen folglich nicht

[234] Vgl. Aretz 2007, S. 40 f., vgl. Lampert 2005, S. 518, vgl. Merton/Meja/Stehr 1995, S. 3-8, vgl. Shaha/Käppeli/Schnepp 2013, S. 5 und S. 9 ff. und vgl. Schwarzer/Schwarzer 1982, S. 69 f.
[235] Vgl. Grabner 2012, S. 1 und S. 3 f. und vgl. Krajewski/Ritzman 2005, S. 10 f.
[236] Vgl. Grabner 2012, S. 2 und vgl. Thonemann 2005, S. 1 f.

bedingungslos den WM-Bedarf aller GPs, sondern gezielt den WM-Bedarf von GPs aus dem Bereich Operations.

Die Durchführung der Interviews wurde mit Eintritt der Theoretischen Sättigung beendet. Bei den letzten Erhebungen entstanden keine signifikanten neuen Informationen mehr, die zu einer Veränderung oder Entwicklung der Theorie beitrugen.[237] Insbesondere gingen aus der Analyse der letzten Interviews keine neuen Kategorien hervor. Mit einer Anzahl von 24 interviewten Experten liegt der Umfang der durchgeführten Datenerhebung in der von Creswell empfohlenen Spanne von 20 bis 30, damit bei Anwendung der Grounded Theory Theoretische Sättigung erreicht und eine Theorie mit ausreichender Tiefe entwickelt werden kann.[238]

4.3.1.2 Durchführung der Interviews

Die Interviews wurden zwischen Oktober 2012 und Februar 2013 durchgeführt. Alle Interviews fanden bei den Interviewpartnern vor Ort statt.[239] Die Interviews wurden auf Deutsch, der Muttersprache der Interviewten, geführt. Ihre Dauer variierte zwischen knapp 15 und über 70 Minuten und lag im Durschnitt bei ungefähr 40 Minuten. Jedem Gesprächspartner wurde bereits bei der Interviewanfrage oder zu Beginn des Interviews Anonymität zugesichert. Zur Transkription der Interviews wurde um die Erlaubnis gebeten, die Gespräche digital aufzeichnen zu dürfen. In einem Fall wurde dafür keine Zustimmung gegeben. Stattdessen wurden Unterlagen überreicht, die während des Interviews gemeinsam ergänzt und angepasst wurden sowie wesentliche Ergebnisse des Gesprächs beinhalten. Die ausgewerteten Interviewunterlagen umfassen zusammen ungefähr 280 DIN A 4 Seiten Text.

Es wurden leitfadengestützte Interviews mit offenen Fragestellungen geführt. Der Leitfaden bietet ein geeignetes Gerüst zur Datenerhebung und -analyse. Er erleichtert die Vorbereitung und Durchführung der Interviews. Gleichzeitig ermöglicht er die Vergleichbarkeit der Ergebnisse, eine Fokussierung des Gesprächs und er bietet Unterstützung, um eine Abdeckung der Befragung im Hinblick auf verschiedene Themengebiete zu gewährleisten. Die Formulierung und die Reihenfolge der Fragen sind nicht festgelegt. Dieser Aspekt zielt auf einen möglichst natürlichen Gesprächsverlauf ab. Die inhaltlichen Schwerpunkte bilden sich während des Gesprächsverlaufs und

[237] Vgl. Glaser/Strauss 1967, S. 61 f. und S. 111 f., vgl. Locke 2000, S. 53 f. und vgl. Wiedemann 1995, S. 441
[238] Vgl. Böger 2010, S. 90 f. und vgl. Creswell 2007, S. 121
[239] Vgl. Gläser/Laudel 2010 S. 153-157

die Fragen werden ad-hoc formuliert. Während des Interviews bleibt genügend Spielraum zur thematischen Erweiterung des Leitfadens, ohne bei der Auswertung die Möglichkeit zu verlieren, Themen herauszufiltern, die bei der Konzeption des Leitfadens noch nicht antizipiert wurden.[240]

Die Erstellung des genutzten Leitfadens beruht auf der durchgeführten Literaturrecherche und der Praxiserfahrung des Autors. Er zielt auf die Erfassung von Kontextinformationen, prozessualen Aspekten, Wissen, WM und Einflussfaktoren ab, um neben der Gewinnung von Einzelinformationen auch Zusammenhänge aufzudecken. Der angewandte Leitfaden ist in Abbildung 14 dargestellt.

Einführung	▪ Begrüßung ▪ Vorstellung des Forschungsprojekts ▪ Abstimmung des Vorgehens und der Rahmenbedingungen
Grundlagen des betrachteten Geschäftsprozesses	▪ Inhalt und Reihenfolge der Prozessschritte ▪ Prozessschnittstellen ▪ Varianten des Geschäftsprozesses
Wissen und WM im betrachteten Geschäftsprozess	▪ Informationsquellen und Kommunikation ▪ Wissen und Umgang mit Wissen
WM-Maßnahmen, -Methoden und -Tools	▪ Eingesetzte Maßnahmen, Methoden und Tools ▪ Bewährte Maßnahmen, Methoden und Tools ▪ Wünschenswerte Maßnahmen, Methoden und Tools
Einflussfaktoren auf den betrachteten Geschäftsprozess	▪ Erfolgsfaktoren ▪ Barrieren
Schluss	▪ Nicht berücksichtigte Punkte ▪ Verabschiedung

Abbildung 14: Interviewleitfaden

Auf Wunsch der Interviewpartner wurde diesen der Leitfaden vorab zugeschickt. Er gliedert sich in sechs thematische Blöcke, zwischen denen im Verlauf der Interviews gesprungen wurde. Einige Teile der Themenblöcke waren von Beginn an Bestandteil der Interviews. Andere Teile der Themenblöcke sowie insbesondere die Gewichtung

[240] Vgl. Allan 2003, S. 8, vgl. Bortz/Döring 2006, S. 314, vgl. Charmaz 2006, S. 20 f., vgl. Corbin/Strauss 2008, S 152 f. und vgl. Gläser/Laudel 2010, S. 42

und Formulierung der entsprechenden Fragen wurden während der Erhebungs- und Auswertungsphase immer wieder angepasst und erweitert. Auf diese Art und Weise wurden die bis dahin gewonnenen Erkenntnisse berücksichtigt.

Der erste Themenblock enthält das gegenseitige Vorstellen der am Interview beteiligten Personen sowie eine kurze Vorstellung der Organisation, aus der der betrachtete Geschäftsprozess stammt. Außerdem werden das Forschungsprojekt erläutert und das Vorgehen und die Rahmenbedingungen für das Interview abgestimmt. Im zweiten Themenblock geht es um den Inhalt des betrachteten GP, die Reihenfolge seiner Prozessschritte, seine Schnittstellen zu anderen GPs sowie ggfs. um seine Varianten. Die für den betrachteten GP relevanten Informationsquellen (bspw. Dokumente oder IT-Systeme), die erforderliche Kommunikation (bspw. zwischen einzelnen Personen oder Bereichen, GP-intern oder -übergreifend), das notwendige Wissen und der Umgang damit sind Gegenstand des dritten Themenblocks. Im Rahmen des vierten Themenblocks wird darauf eingegangen, welche WM-Maßnahmen, -Methoden und -Tools aktuell eingesetzt werden, welche sich bewährt haben und welche darüber hinaus wünschenswert wären, weil sie eine geeignete GP-Unterstützung versprechen. Die Beschreibung und die Auswirkungen von Erfolgsfaktoren und Barrieren für den betrachteten GP werden im fünften Themenblock behandelt. Im sechsten Themenblock besteht vor der Verabschiedung die Möglichkeit, bis dahin nicht angesprochene Punkte aufzugreifen, auf Aspekte einzugehen, die aus Sicht des Interviewpartners besonders relevant sind, und seine Fragen zu klären.

Bei der Datenerhebung gilt es, den Soll-Zustand des WM-Bedarfs des betrachteten GP zu erheben. Dieser Soll-Zustand wird ermittelt, indem der Ist-Zustand des jeweiligen GP von den interviewten Experten abgefragt wird. Zudem werden konkrete Störgrößen aufgenommen sowie allgemeine Erfolgsfaktoren und Barrieren abgefragt. Die allgemeinen Erfolgsfaktoren und Barrieren müssen dabei nicht zwingend einen direkten WM-Bezug haben, sondern sie umfassen grundsätzliche Aspekte, die von den befragten Experten für das Gelingen und Scheitern des betrachteten GP als wesentlich angesehen werden. Aus der Summe des ermittelten Ist-Zustands und des identifizierten Verbesserungspotentials ergibt sich schließlich der Soll-Zustand des WM-Bedarfs des betrachteten GP.

Der Interviewleitfaden wurde vor seinem Einsatz in Bezug auf seine Eignung zur Erreichung der formulierten Zielsetzung mit vier Wissenschaftlern aus den Bereichen

Betriebswirtschaftslehre, Ingenieurswesen, Pädagogik und Soziologie diskutiert. Die abgeleiteten inhaltlichen und strukturellen Verbesserungen wurden berücksichtigt.

4.3.2 Weitere Datenquellen

Das Einbeziehen und die Kombination verschiedener Datenquellen sind Bestandteil der sog. Triangulation. Das Ziel ist eine Verringerung von Wahrnehmungsverzerrungen und damit ein valideres Ergebnis. Zudem trägt die Triangulation zu einer Anreicherung und Vervollständigung von Erkenntnissen bei.[241] Der Begriff und die Idee der Triangulation stammen aus der Trigonometrie. Die unbekannte Größe wird zu ihrer genaueren Bestimmung von unterschiedlichen Messpunkten aus untersucht. Außerdem wird der Messvorgang variiert, um den Einfluss der gewählten Methode auf das zu Messende zu berücksichtigen.[242] Nach Denzin lassen sich vier Arten der Triangulation – die Daten-, die Forscher-, die Theorien- und die Methodentriangulation – unterscheiden.[243]

Datentriangulation erfolgt mit der Nutzung verschiedener Datenquellen in der Analyse sowie mit der Datenerhebung zu verschiedenen Zeitpunkten und an verschiedenen Orten oder Personen.[244] Dieses Vorgehen deckt sich mit der von Glaser und Strauss für das Theoretische Sampling empfohlenen Vorgehensweise, die in der vorliegenden Arbeit im Rahmen der Grounded Theory durchgeführt wurde.[245] Es wurden verschiedene Personen, an verschiedenen Orten und zu verschiedenen Zeitpunkten befragt. Zudem wurden als weitere Datenquellen Unterlagen ausgewertet, die von den Befragten vor, während oder nach den Interviews zur Verfügung gestellt wurden. Dabei handelte es sich bspw. um Checklisten, Dokumentenvorlagen und Prozessbeschreibungen und -modelle.

Methodentriangulation ist eine geeignete Möglichkeit zur Generierung von Daten. Dabei werden Variationen derselben Methode angewandt oder verschiedene Methoden kombiniert.[246] In der vorliegenden Grounded Theory Studie wurden mit Einzel- und Gruppeninterviews Variationen von Interviews durchgeführt.[247] Zudem wurden

[241] Vgl. Flick 2010, S. 520
[242] Vgl. Lamnek 2010, S. 141
[243] Vgl. Denzin 1970, S. 301-313
[244] Vgl. Denzin 1970, S. 301-307 und vgl. Lamnek 2010, S. 142
[245] Vgl. Glaser/Strauss 1967, S. 65
[246] Vgl. Denzin 1970, S. 307 f. und vgl. Lamnek 2010, S. 142
[247] Vgl. Borchardt/Göthlich 2009, S. 38 ff. und vgl. Flick 2010, S. 249 f.

alle Interviews, mit Ausnahme eines Gruppeninterviews über einen GP, mit Vor-Ort-Beobachtungen der entsprechenden GPs kombiniert.[248]

4.4 Datenanalyse

Die Datenanalyse wurde, zwei zentralen Elementen der Grounded Theory entsprechend, anhand von ständigen Vergleichen der gebildeten Konzepte mit den Daten und nach den Regeln des Theoretischen Kodierens durchgeführt (vgl. Abschnitt 4.2.3). Dabei wurde gemäß der von Strauss und Corbin vertretenen offeneren und flexibleren Form der Grounded Theory verfahren (vgl. Abschnitt 4.2).

Das offene Kodieren verlief in zwei Phasen. In der ersten Phase wurden die transkribierten Interviews, zusammen mit zur Verfügung gestellten Unterlagen, initial kodiert, indem sie nacheinander durchgearbeitet wurden. Sie wurden Wort für Wort, Zeile für Zeile bzw. Absatz für Absatz kodiert. So entstanden erste Bausteine der Theorie. Der Detaillierungsgrad beim Kodieren wurde während des Kodierens und in Abhängigkeit vom Inhalt und der Relevanz der kodierten Textpassage festgelegt. Je mehr ein bestimmter Textteil zur Bildung und Erweiterung der Theorie beitragen konnte, desto detaillierter wurde dieser kodiert.[249] Zur Veranschaulichung des Kodierens zeigt Abbildung 15 einen Auszug aus einem offen kodierten Interviewtranskript.

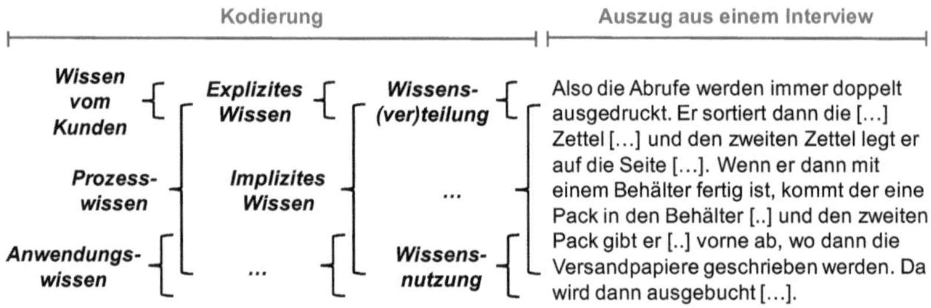

Abbildung 15: Auszug aus einem offen kodierten Interviewtranskript

In der zweiten Phase des offenen Kodierens wurde fokussierter kodiert. Insbesondere bei der Ausgestaltung der Kategorien und ihrer Eigenschaften und Dimensionen lag der Schwerpunkt auf ausgewählten Kategorien und den zugehörigen Textpassagen. Es wurden die Textpassagen aus allen Interviews analysiert und verglichen, die mit einem bestimmten Kode versehen waren und damit thematisch zusammenhin-

[248] Vgl. Borchardt/Göthlich 2009, S. 40 ff., vgl. Flick 2010, S. 281 ff. und vgl. Kaya 2009, S. 56 f.
[249] Vgl. Charmaz 2006, S. 47-57

gen. Dabei wurden große Datenmengen thematisch gefiltert.[250] Beim offenen Kodieren wurde damit begonnen, Kategorien durch die Gruppierung und Zusammenfassung von Konzepten zu bilden. Es fand eine ständige Rückkopplung zwischen der ersten und der zweiten Phase statt. Einige Kategorien ergaben sich aus den ersten Interviews. Zum Teil ließen sich diese durch die Analyse weiterer Interviews detaillieren. Andere Kategorien gingen erst aus der Analyse späterer Interviews hervor. Daraufhin wurden auch die bereits kodierten Interviews erneut im Hinblick auf diese Kategorien untersucht und kodiert.

Mit dem Übergang zum axialen und selektiven Kodieren wurden alle Kategorien mit ihren Eigenschaften und Dimensionen sowie mit ihren Verbindungen zu anderen Kategorien in Diagrammen abgebildet. Die Diagramme wurden schrittweise kombiniert und verbunden. Zur Schließung von Lücken wurde das Datenmaterial erneut analysiert und zum Teil wurde Literatur herangezogen. Zur Unterstützung der systematischen Untersuchung und In-Beziehung-Setzung wurde das Kodierparadigma von Strauss und Corbin genutzt (vgl. Abschnitt 4.2.3). Es konnte eine Kernkategorie identifiziert werden, auf die sich alle anderen Kategorien direkt oder indirekt beziehen. Bis zum Eintritt der Theoretischen Sättigung wurden die Diagramme im Rahmen der Datenanalyse auf einer zunehmend abstrakteren Ebene weiterentwickelt.

Zur Vereinfachung der Datenanalyse bietet sich die Nutzung bestimmter Software an. In der qualitativen Forschungspraxis hat die sog. Computer Assisted Qualitative Data Analysis Software (CAQDAS) Einzug gehalten. Diese Programme ermöglichen keine automatisierte Durchführung qualitativer Forschung, aber mit ihnen lassen sich verschiedene Schritte vereinfachen und beschleunigen. Insbesondere die Organisation und Strukturierung großer Datenmengen wird erleichtert. Zugleich eröffnen sie andere Möglichkeiten der Darstellung und sie stellen ein kognitives Werkzeug dar.[251] Auf dem Markt sind einige Softwareprodukte verfügbar, die sich allerdings in ihren Grundfunktionen kaum unterscheiden.[252] Eine systematische Auswahl lässt sich anhand bestimmter Leitfragen unterstützen.[253] Nach einem Vergleich verschiedener Programme wurde für die vorliegende Arbeit die Software MAXQDA (Version 10) ausgewählt und verwendet. Ausschlaggebend für diese Entscheidung waren neben

[250] Vgl. Böger 2010, S. 97 f. und vgl. Charmaz 2006, S. 57-60
[251] Vgl. Fitzgerald/Kelly/Cernusca 2003, S. 36 f., vgl. Flick 2010, S. 451 ff. und vgl. Kelle 2008, S. 500
[252] Vgl. Böger 2010, S. 99, vgl. Flick 2010, S. 462-465 und vgl. Kelle 2008, S. 486 f.
[253] Vgl. Flick 2010, S. 459-462

der Erfüllung der funktionalen Anforderungen insbesondere die Benutzerfreundlichkeit und der bewährte Einsatz der Software bei der Durchführung der Grounded Theory.[254]

Es wurden v.a. die folgenden Programmfunktionen genutzt:[255]

- Kodierung der Texte
- Textretrieval; d.h. Anzeigen von Textstellen, die mit einem bestimmten Kode kodiert wurden
- Erstellung von Memos
- Organisation und Sortierung von Kodes, Memos, usw.
- Diagrammdarstellung zur Visualisierung von Beziehungen zwischen Kodes
- Kode-Relations-Browser zur Darstellung der Überschneidungshäufigkeiten bestimmter Kodes in einer Textpassage
- Suche nach bestimmten Begriffen im Text

4.5 Forschungsgüte

Die Forschungsgüte ist ein Maßstab für die Beurteilung der Forschungsqualität. Zur Ermittlung der Güte werden in der qualitativen Forschung Kriterien der Reliabilität (Zuverlässigkeit) und Validität (Gültigkeit) herangezogen.[256] Reliabilität liegt vor, wenn die Messergebnisse bei wiederholter Messung reproduzierbar sind. Validität bezeichnet die tatsächliche Messung dessen, was gemessen werden soll. Beide Konzepte stammen aus dem naturwissenschaftlichen Bereich.[257] Sie sind für eine Anwendung auf qualitative Forschung zu adaptieren und angemessen zu (re-) formulieren.[258] Die Kriterien der Reliabilität und Validität hängen von der Forschungsdisziplin, dem Zweck der Forschung und dem Forscher selbst ab.[259] Es gibt für die Bewertung qualitativer Forschung keine allgemein etablierte Vorgehensweise mit einer pauschal geeigneten Kriteriensammlung.[260] Nach Glaser und Strauss wird die Güte der Theorie insbesondere durch die Art und Weise ihrer Generierung und den Forschungsprozess beeinflusst.[261] Dieser Meinung folgend, werden zur Bewer-

[254] Vgl. Böger 2010, S. 99 und vgl. Ritchie/Lewis 2003, S. 207
[255] Vgl. Böger 2010, S. 99 f. und vgl. Mayring 2002, S. 137 f.
[256] Vgl. Flick 2010, S. 499 f. und vgl. Mayring 2002, S. 140
[257] Vgl. Ritchie/Lewis 2003, S. 270-275
[258] Vgl. Flick 2010, S. 489 und vgl. Mayring 2002, S. 142
[259] Vgl. Charmaz 2006, S. 182 und vgl. Corbin/Strauss 2008, S. 305
[260] Vgl. Flick 2010, S. 487
[261] Vgl. Glaser/Strauss 1967, S. 5

tung der vorliegenden Grounded Theory Studie zunächst sechs allgemeine Gütekriterien der qualitativen Forschung herangezogen, die sich auf den Forschungsprozess beziehen.[262] Zudem werden vier Gütekriterien genutzt, die für die Grounded Theory genannt werden und sich auf das Forschungsergebnis, also die Theorie selbst, beziehen.[263] In Tabelle 11 sind die ausgewählten Gütekriterien zusammen mit einer kurzen Erläuterung den entsprechenden und im Verlauf der Studie getroffenen Maßnahmen gegenübergestellt.[264]

Eine Berücksichtigung der aufgeführten Kriterien trägt zur Erzielung einer hohen Forschungsgüte bei. In der vorliegenden Arbeit werden alle aufgeführten Kriterien adressiert und erfüllt.

[262] Vgl. Mayring 2002, S. 144-148
[263] Vgl. Glaser 1978, S. 4 ff.
[264] Vgl. Böger 2010, S. 100

Tabelle 11: Kriterien zur Bewertung der Forschungsgüte[265]

	Kriterien	*Maßnahmen*
Forschungsprozess	**Verfahrensdokumentation** Detaillierte Beschreibung des Forschungsprozesses	• Detaillierte Dokumentation der Datenerhebung, Auswertung und Entwicklung der Theorie in der Arbeit • Transparenz über den Forschungsprozess mit Hilfe der Software MAXQDA
	Argumentative Interpretationsabsicherung Begründung statt reiner Nennung von Interpretationen	• Dokumentation und Begründung von Interpretationen • Belege anhand der Daten • Einbeziehung von Negativfällen (Gegenbeispiele)
	Regelgeleitetheit Systematisches Vorgehen	• Nutzung des Instrumentariums der Grounded Theory (Theoretisches Sampling, offenes, axiales und selektives Kodieren, usw.) • Sequentielles Vorgehen mit Rückkopplungen
	Nähe zum Gegenstand Forschung möglichst nah an der Alltagswelt des Forschungsobjekts	• Führung der Interviews am Arbeitsort der Interviewpartner • Einbeziehung von Dokumenten und Unterlagen, die in den Unternehmen bzw. Organisationen verwendet werden
	Kommunikative Validierung Diskussion der Ergebnisse mit den Befragten	• Aufgreifen und Diskussion von Ergebnissen aus früheren Interviews in späteren Interviews
	Triangulation Kombination verschiedener Analysegänge	• Nutzung verschiedener Methoden (Einzel- und Gruppeninterviews, Beobachtungen) • Nutzung verschiedener Datenquellen (Interviewtranskripte, Checklisten, Dokumentenvorlagen,Prozessbeschreibungen und -modelle, usw.)
Forschungsergebnis	**Passung (Fit)** Kategorien der Theorie müssen den Daten und dem realen Phänomen entsprechen	• Entstehung der Kategorien aus den Daten • Kontinuierliche Überprüfung und Überarbeitung der Kategorien während des Forschungsprozesses • Vergleich und Ergänzung der Kategorien mit Inhalten aus der Literatur
	Relevanz Adressierung von Problemen, mit denen Praktiker in ihrem Alltag zu tun haben	• Diskussion der Relevanz der Fragestellungen mit Interviewpartnern und Bestätigung der Relevanz der Fragestellungen durch die Interviewpartner • Entstehung der Kategorien aus den Daten
	Funktionalität Erklärung, Vorhersage und Interpretation eines realen Phänomens/Sachverhalts	• Überprüfung erster Erkenntnisse anhand weiterer Interviews • Diskussion von Ergebnissen und Interpretationen mit Interviewpartnern
	Modifizierbarkeit Erweiterbarkeit und Anpassung der Ergebnisse	• Kontinuierliche Veränderung der Theorie während des Forschungsprozesses • Erweiter- und Modifizierbarkeit bspw. im Hinblick auf andere Bereiche und GPs möglich

[265] Nach Böger 2010, S. 101 f., vgl. Glaser 1978, S. 4 ff. und vgl. Mayring 2002, S. 144-148

5 Auswertung und Ergebnisse der empirischen Erhebung

Im Folgenden werden die wichtigsten Ergebnisse der durchgeführten Grounded Theory Studie vorgestellt und nach Bedarf mit Erkenntnissen aus der Literatur verglichen. Die gewonnenen Erkenntnisse, die aus der Datenerhebung und -auswertung sowie aus dem anschließenden Vergleich mit der Literatur stammen, fließen in ein Modell[266] ein. Es folgen allgemeine Vorbemerkungen zur Studie und dem entwickelten WM-Bedarfs-Modell. Daraufhin wird ein Überblick über das Modell gegeben. Die Modellelemente werden beschrieben, bei denen es sich um gebildete Kategorien, Unterkategorien und Eigenschaften handelt, und es wird auf den Zusammenhang der Modellelemente eingegangen.

In diesem Abschnitt werden die Forschungsfragen II und III beantwortet: Wie lässt sich WM-Bedarf von GPs operationalisieren? Welche Faktoren beeinflussen den WM-Bedarf verschiedener GPs und wie beeinflussen diese Faktoren den WM-Bedarf?

5.1 Allgemeine Vorbemerkungen

Es wurde bereits zu Beginn der Arbeit mit der Beschreibung der Ausgangssituation (vgl. Abschnitt 1.1) sowie im weiteren Verlauf der Arbeit mit der Ableitung der Forschungslücke (vgl. Abschnitt 3.2) auf die Relevanz des Themas WM-Bedarf von GPs eingegangen. Aussagen verschiedener Gesprächspartner aus den geführten Interviews unterstreichen das.[267] Ein Experte spricht bspw. den erforderlichen Einsatz von Maßnahmen, Methoden und Tools sowie das damit verbundene Verbesserungspotenzial an.

> *"... Wir werden uns immer wieder bestimmter Hilfsmittel bedienen müssen [...] ich glaube, dass wir das bei uns ganz gut hinkriegen, [..] [aber trotzdem] immer noch jede Menge Potenzial [..] zum Verbessern [besteht] ..." (Experte 22)*

Ein weiterer Experte hebt die Notwendigkeit eines am Bedarf von GPs orientierten Einsatzes von WM und entsprechender WM-Maßnahmen, -Methoden und -Tools hervor.

> *"In meiner jahrelangen Prozessmanagement und Lean Management Praxis hat sich gezeigt, dass das prozessspezifische Ableiten von Anforderungen*

---

266 „Ein Modell stellt eine vereinfachte Abbildung der Realität dar." (Peters/Brühl/Stelling 2005, S. 12)
267 Eine Übersicht über die geführten Interviews findet sich in Tabelle 10 in Abschnitt 4.3.1.1.

> *sinnvoll und notwendig ist. Die Einführung von Lean Management unterscheidet sich stark, je nachdem um welchen Prozess es geht und was für Bedarfe an Lösungen im betrieblichen Umfeld bestehen. Das Gleiche gilt für Wissensmanagement. Prozesse unterscheiden sich in ihrem Bedarf an Wissensmanagement. Zuerst muss festgestellt werden, was wirklich gebraucht wird. Dann erst lassen sich wirkungsvolle Lösungen entwickeln und einführen." (Experte 9)*

Beim Kodieren der geführten Interviews wurden über 6.300 Kodes vergeben; d.h., diese Anzahl an einzelnen Textstellen wurde mit Kodes versehen. Diese Kodes sind die Grundlage für die gebildete Theorie und damit das WM-Bedarfs-Modell. Im Verlauf des Forschungsprozesses steigt das Abstraktionsniveau bei der schrittweisen Zusammensetzung, Kategorisierung und In-Beziehung-Setzung der Fragmente. Für eine verständliche und nachvollziehbare Erläuterung der Ergebnisse bietet sich hingegen die umgekehrte Reihenfolge an. Im Folgenden wird zunächst allgemein und überblicksartig auf die vorliegende Untersuchung und das WM-Bedarfs-Modell eingegangen, bevor daraufhin die einzelnen Modellelemente in zunehmendem Detailgrad beschrieben werden.

5.2 Überblick über das Wissensmanagement-Bedarfs-Modell

Den Ausgangspunkt für die Untersuchung und damit die Entwicklung des WM-Bedarfs-Modells stellt die in Abschnitt 2.6 vorgestellte Definition von WM-Bedarf von GPs dar. Demnach handelt es sich beim WM-Bedarf von GPs um die Antwort auf die Frage, mit welchem Wissen was passieren muss, damit die Ausführung von GPs möglich ist und eine systematische und zielgerichtete Unterstützung von GPs erfolgt. Aus der empirischen Untersuchung geht hervor, dass sich die Antwort auf diese Frage auf ein komplexes und vielschichtiges Phänomen bezieht, das aus unterschiedlichen Elementen besteht und verschiedene Zusammenhänge aufweist.

Im Zuge der Datenauswertung mit der verwendeten Software wurden die zahlreichen einzelnen Kodes in einem Kode-System organisiert, das über 220 Kodes umfasst. Das Kode-System weist eine Baumstruktur auf, in der die Kodes in Kategorien und Unterkategorien zusammengefasst sind. Auf der höchsten Ebene beinhaltet das Kode-System fünf Kategorien. Es ist in Abbildung 16 dargestellt.

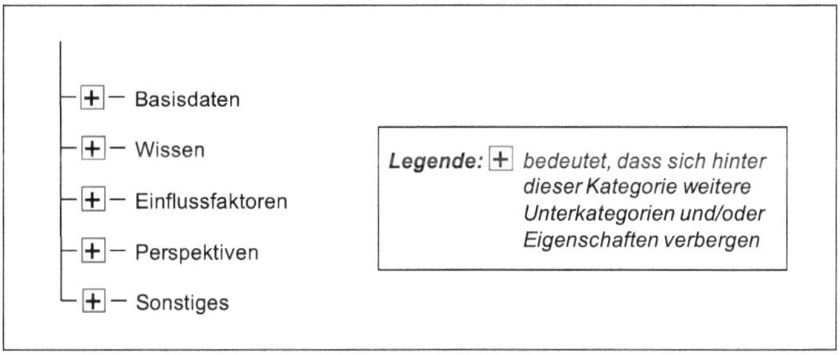

Abbildung 16: Übersicht über das Kode-System

Die Basisdaten enthalten allgemeine Informationen zur Organisation aus der der betrachtete GP stammt, zum GP und zu den befragten Experten. Beispielhafte Informationen sind die Branche des Unternehmens, der Name des GP, Erfolgsfaktoren und Barrieren des GP, beteiligte Rollen, die Funktion bzw. Position der befragten Experten und ihr beruflicher Werdegang. Zum Wissen gehören alle Kodes, die sich zur Operationalisierung von Wissen eignen. Die Kategorie Einflussfaktoren deckt alle identifizierten Faktoren ab, die auf den WM-Bedarf der betrachteten GPs einwirken und mit entsprechenden Kodes versehen sind. Die Kategorie Perspektiven enthält eine Unterteilungs- und Strukturierungsmöglichkeit für den WM-Bedarf von GPs. Und Sonstiges umfasst schließlich alle anderen Kodes, die im Verlauf der Auswertung als potentiell relevant eingeschätzt wurden und dennoch keinem anderen Bereich des Kode-Systems zuzuordnen waren.

Zur Unterstützung der systematischen Untersuchung und In-Beziehung-Setzung beim axialen und selektiven Kodieren wurde das von Strauss und Corbin veröffentlichte, in der Praxis bewährte und in Abbildung 13 dargestellte Kodierparadigma angewendet (vgl. Abschnitt 4.2.3). Die Kategorien und Unterkategorien wurden zunehmend und auf einer immer höheren Abstraktionsebene miteinander vernetzt. Die Inhalte der einzelnen Kategorien sind dynamisch. Das Modell und seine Abhängigkeiten unterliegen dieser Dynamik bspw. bei Veränderungen im Zeitablauf. Wird ein GPs jetzt und im Abstand von einem Jahr erneut betrachtet, ist davon auszugehen, dass sich für diesen GP die Ausprägungen der Modellelemente verändert haben. Aus dieser Dynamik entsteht ein fortlaufender Prozess, dessen Charakter dem Prozesscharakter des angewendeten Kodierparadigmas entspricht.[268] Abbildung 17

[268] Vgl. Böger 2010, S. 108 und S. 179 und vgl. Strauss/Corbin 1990, S. 143-157 und S. 256

zeigt eine Übersicht über die Elemente des gebildeten WM-Bedarfs-Modells und ihre Zusammenhänge.

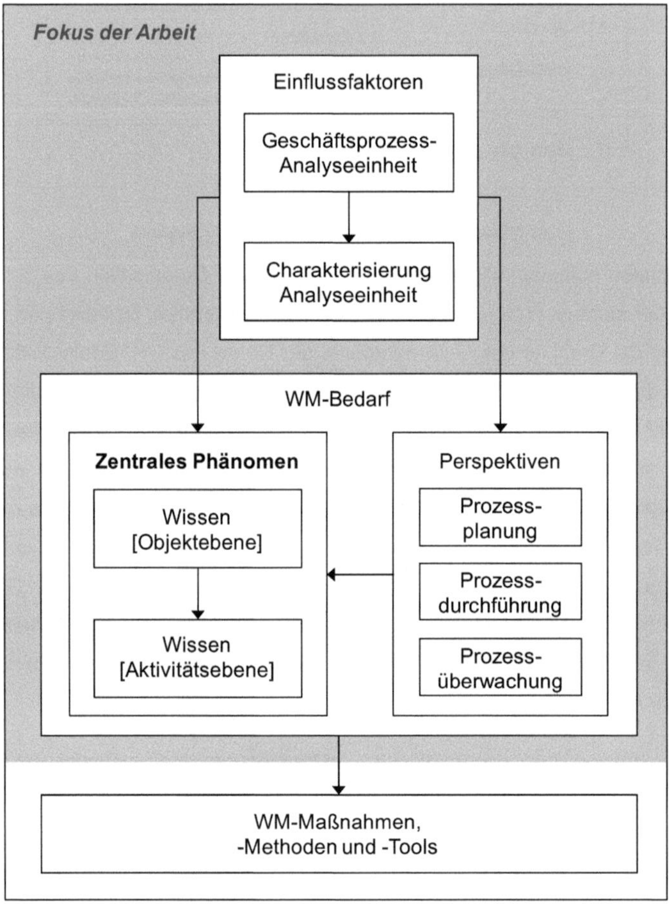

Abbildung 17: Übersicht über das WM-Bedarfs-Modell

Wissen wurde als zentrales Phänomen des WM-Bedarfs von GPs ausgewählt. Darauf beziehen sich alle anderen Kategorien direkt oder indirekt. Das zentrale Phänomen besteht aus den Kategorien Wissen auf Objektebene und Wissen auf Aktivitätsebene. Sowohl das Wissen auf Objektebene als auch das Wissen auf Aktivitätsebene lassen sich durch weitere Unterkategorien beschreiben. Die Beschreibung des zentralen Phänomens Wissen hängt insofern von der Kategorie Perspektiven ab, als sich der WM-Bedarf von GPs nach der Kategorie Perspektiven unterteilen und strukturieren lässt. Welcher GP welchen WM-Bedarf hat, hängt hingegen von der Kategorie Einflussfaktoren ab. Auf Basis des WM-Bedarfs von GPs lässt sich schließlich eine systematische Auswahl von WM-Maßnahmen, -Methoden und -Tools treffen. Die Operationalisierung des WM-Bedarfs in der vorliegenden Arbeit berücksichtigt die Auswahl von WM-Maßnahmen, -Methoden und -Tools insoweit, als sie Unterstützung in Form von Auswahlmechanismen bietet. Die Maßnahmen, Methoden und Tools selbst sind nicht im Fokus des WM-Bedarfs-Modells. In Auszügen wird auf sie später in Abschnitt 6.6 eingegangen.

Die folgenden Abschnitte konzentrieren sich auf die Beschreibung der Modellelemente Wissen, Perspektiven und Einflussfaktoren. Sie werden weiter detailliert und ihre Interdependenzen werden diskutiert. Dazu werden Zitate aus den geführten Interviews genutzt und es wird Literatur herangezogen. Gemäß der Vorgehensweise der Grounded Theory werden die Erkenntnisse aus den Interviews erläutert, indem die Kategorien anhand ihrer Eigenschaften und Dimensionen herausgearbeitet werden (vgl. Abschnitt 4). Es erfolgt eine Integration der Ergebnisse aus der Datenanalyse mit Theorien und Erkenntnissen aus der Literatur.[269]

Der gewählte Detaillierungsgrad bis zu dem die Elemente des WM-Bedarfs-Modells heruntergebrochen und beschrieben werden, ist als Kompromiss zu verstehen. Er wurde mit dem Ziel festgelegt, die Bandbreiten der Kategorien, Unterkategorien und Eigenschaften systematisch und möglichst vollständig abzudecken sowie zugleich eine Konzentration auf Einzelfälle zu vermeiden. Die Ausprägungen der Eigenschaften werden spezifisch und sprechend benannt. Des Öfteren sind die möglichen Ausprägungen „ist relevant" und „ist nicht relevant"; d.h., in diesen Fällen spielt das entsprechende Wissen eine Rolle.

5.3 Das zentrale Phänomen Wissen

In diesem Abschnitt wird das Modellelement Wissen erläutert, das zugleich das zentrale Phänomen des WM-Bedarfs-Modells darstellt. Auf Basis der Interviewdaten und unter Nutzung von Erkenntnissen aus der Literatur werden Kriterien zur Beschreibung von Wissen vorgestellt. Dabei werden zwei Kategorien unterschieden, die sich aus den Interviews ergeben haben. Diese Kategorien sind das Wissen auf Objektebene und das Wissen auf Aktivitätsebene. Abbildung 18 bietet eine Übersicht über das zentrale Phänomen Wissen, seine Unter-/Kategorien und Eigenschaften.

[269] Vgl. Strauss/Corbin 1990, S. 9 und vgl. Glaser/Strauss 1967, S. 167 ff.

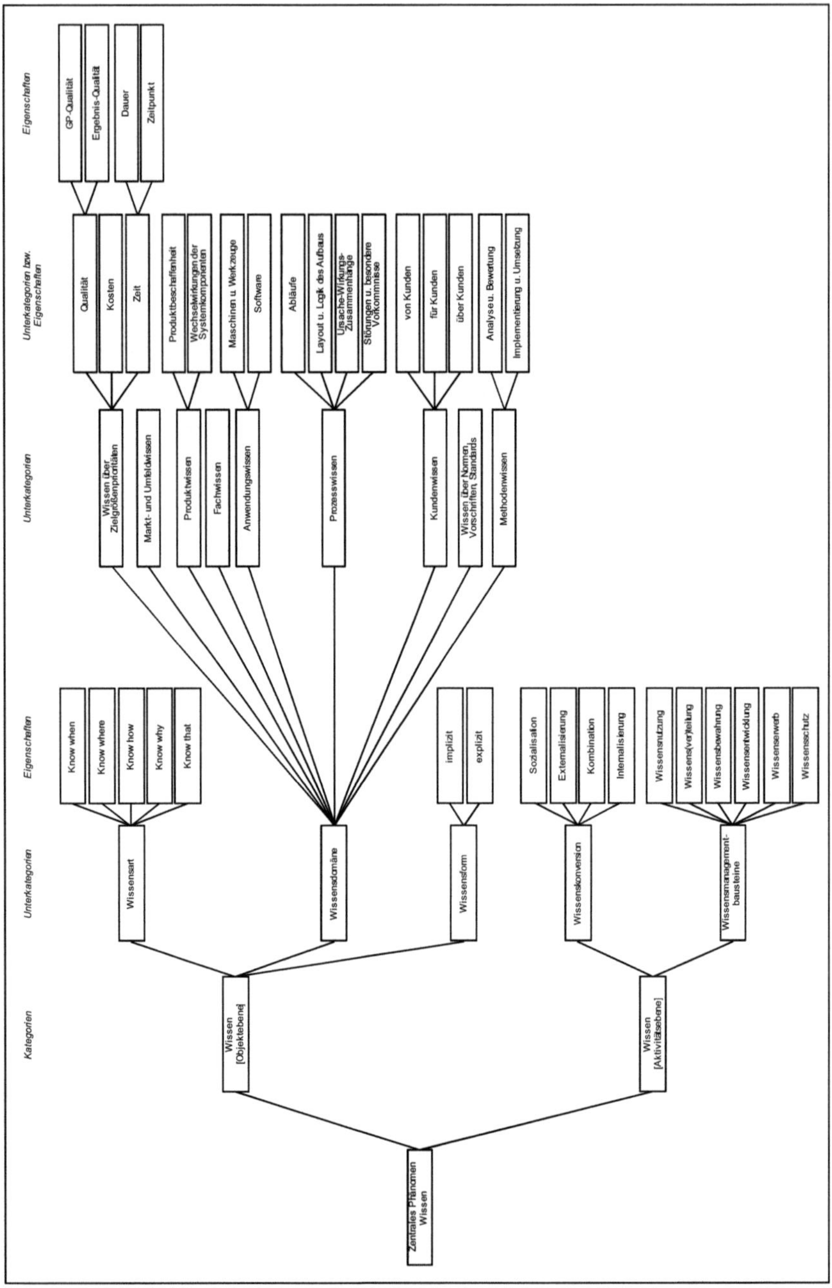

Abbildung 18: Übersicht über das zentrale Phänomen Wissen

Beide Kategorien, sowohl Wissen auf Objektebene als auch Wissen auf Aktivitätsebene, spiegeln sich in den zwei Denktraditionen aus der Literatur wider, nach denen Wissen sowohl als Objekt als auch als Prozess zu verstehen ist. Aus der objektorientierten Sicht wird Wissen v.a. als Substantiv und als etwas Gegebenes verstanden, auf das zugegriffen werden kann. Aus der prozessorientierten Sicht gilt Wissen hingegen als etwas Konstruiertes, also als etwas, das in Verbindung mit Aktion steht, das erst im Aufgabenlösungsprozess entsteht und das mit dem Prozess selbst identisch ist.[270]

In den folgenden Abschnitten wird näher auf die Möglichkeiten zur Beschreibung von Wissen eingegangen. Der nächste Abschnitt bezieht sich auf Wissen auf Objektebene und der darauffolgende Abschnitt auf Wissen auf Aktivitätsebene. Es werden jeweils die Unterkategorien, Eigenschaften und Dimensionen erläutert. Damit steigt der Detaillierungsgrad innerhalb der Abschnitte.

5.3.1 Wissen auf Objektebene

Für die Kategorie Wissen auf Objektebene hat sich aus den Daten ein Spektrum von drei Unterkategorien ergeben, bestehend aus der Wissensart, der Wissensdomäne und der Wissensform. Diese Unterkategorien sind in Abbildung 19 dargestellt. Sie enthalten weitere Unterkategorien und Eigenschaften.

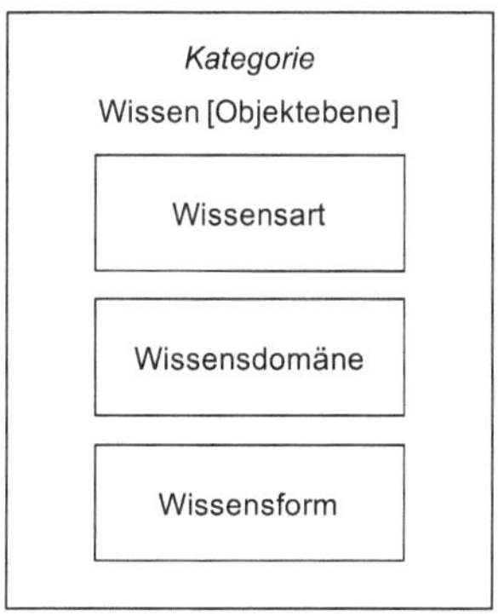

Abbildung 19: Wissen auf Objektebene

Im Folgenden wird auf jede dieser drei Unterkategorien in einem separaten Abschnitt eingegangen.

[270] Vgl. Lehner 2008, S. 46, vgl. Reinmann-Rothmeier 2001, S. 13 ff. und vgl. Schneider 1996, S. 17-20

5.3.1.1 Wissensart

Im Rahmen des Kodierens und Auswertens haben sich für die Unterkategorie Wissensart insgesamt fünf Eigenschaften ergeben. In Abbildung 20 sind diese Eigenschaften dargestellt.

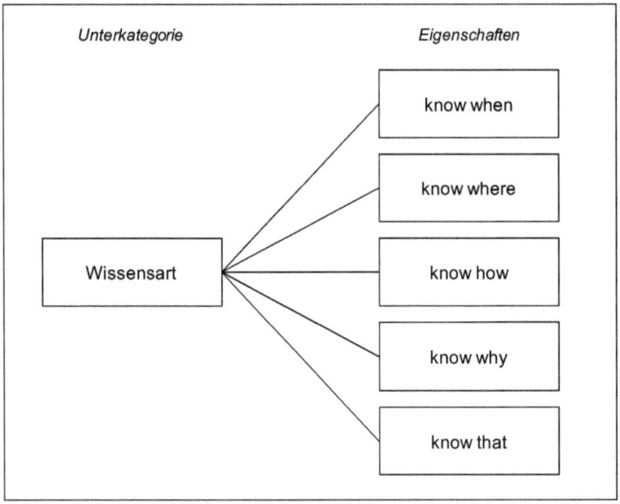

Abbildung 20: Wissensart

Know when wurde von den Gesprächspartnern v.a. im Zusammenhang mit dem Wissen über einen Startzeitpunkt eines GP genannt. Der Startzeitpunkt kann im Auftrag von Kunden enthalten sein oder auf dieser Grundlage errechnet werden.

> *„.. der Auftrag wird erteilt und [der Mitarbeiter] erstellt auf Grundlage dieser Informationen [..] zum richtigen Zeitpunkt das Produkt …“ (Experte 5)*

> *„… irgendwann kommt der [Zeit-]Punkt des Liefertermins. [..] dieser Liefertermin [..] wird [..] von SAP […] in der Kommissionsliste [..] hervorgehoben […]. Dann kriegt der Mitarbeiter […] im Versand […] eine Kommissionsliste über sämtliche auszuführenden Versandumfänge, die […] zu dem [entsprechenden] Auslieferungstermin […] zu [ver-]schicken [sind] …“ (Experte 8)*

> *„Der Startschuss [..] der Produktion […] ist [..] die Aktivierung der Aufträge für die einzelnen Geräte und Maschinen in der Arbeitsvorbereitung. Dann beginnt die Produktion.“ (Experte 22)*

Know when hat sich aus den Daten ergeben. Zudem findet es sich in der Literatur (vgl. Abschnitt 2.1). Know when ist in der von Capurro und in der von Spinner veröffentlichten Wissensartenunterteilung aufgeführt. Es stellt einen Bestandteil des Quellenwissens dar und ist dessen zeitliche Komponente.[271]

Eine weitere aus den Daten hervorgegangene und in Abbildung 20 dargestellte Eigenschaft der Unterkategorie Wissensart ist know where. Diese Eigenschaft bildet die räumliche Komponente des Quellenwissens ab und sie ist ebenfalls Bestandteil der von Capurro und der von Spinner vorgestellten Wissensartenunterteilung. Es handelt sich um Wissen über Fundstellen, Standorte und Zugänge.[272] Mit know where wurden Textstellen der Interviews kodiert, die sich auf Bezugsquellen von Information im Zusammenhang mit der Suche in Medien und dem Zurückgreifen auf Experten beziehen.

> *„… Das könnte aber auch eine ganz andere Quelle sein, zum Beispiel der Verkehrsfunk im Radio. […] dann habe ich eine Wetterinformation, die ich aus einer [..] externen Quelle bekomme, aber die in dem Fall [..] relevant ist …“ (Experte 4)*

> *„… jede Dienststelle hat Besonderheiten. Wo kriege ich die Informationen her, wo wurde [..] wieder [etwas] [..] abgespeichert […] [und] wie ist es hier organisiert? …“ (Experte 5)*

> *„… wenn wir die Qualität bestimmen [und] [..] das [Produkt] zu trocken ist, muss ich es [..] nachfeuchten. Dafür gibt es [..] auch [..] eine extra Vorschrift. Oder falls [..] irgendetwas Technisches mit dem Gerät ist, dann [..] gibt das die Bedienungsanleitung des Granuliergeräts vor, was man machen kann …“ (Experte 19)*

> *„… Wir haben bei uns einen Ansprechpartner. [..] der gibt das gesammelt auf und dem schicke ich […] eine Email [..] [in der ich] schreibe: Das und das Teil nochmal auf den und den Auftrag nachfertigen. Und er gibt das [..] gesammelt nach oben weiter. Wenn ich Informationen brauche, [bspw.] wie seid ihr mit dem und dem Auftrag bei diesen Rollen [umgegangen] […], dann rufe ich [..] oben [..] an und frage …“ (Experte 23)*

[271] Vgl. Boppert 2008, S. 26, vgl. Capurro 2003, S. 78 und vgl. Spinner 2002, S. 45
[272] Vgl. Boppert 2008, S. 26 f., vgl. Capurro 2003, S. 78 und vgl. Spinner 2002, S. 45

Know how gehört auch zu den beiden zuvor angesprochenen und in der Literatur veröffentlichten Wissensartenunterteilungen.[273] Es bezeichnet Handlungswissen, das sich in Fertigkeiten oder sog. Skills manifestiert und in direktem Zusammenhang mit seiner Anwendung steht.[274] Know how spielte in den Interviews insbesondere für die Ausführung der GPs eine Rolle. Es wird bspw. dazu genutzt Maschinen, Software und Werkzeuge zu bedienen und es wirkt sich zum Teil positiv auf die Effizienz aus.

> *„... er kennt ja irgendwann auch die Stellplätze, [..] auf welchem Stellplatz ist welche Sachnummer [usw.] [...] die Mitarbeiter [..] schauen dann nicht mehr auf das Layout [und] [...] sind in erster Linie [..] um einiges schneller.“ (Experte 1)*

> *„... Das ist klar, wer das jahrelang macht, der läuft in Automatismen ab [und] [...] der braucht jetzt nicht überlegen, [...] was brauche ich noch [und] was muss ich da reinschreiben ...“ (Experte 5)*

> *„Er schaut schon auch noch nach, nur ist er erheblich schneller und gezielter. Er muss nicht so lange suchen. Er weiß genau, worauf er zu achten hat. Ein [...] Jüngerer muss [..] erst überlegen, was brauche ich jetzt [...] und ein Erfahrener [..] hat einen schnelleren Blick dafür ...“ (Experte 5)*

> *„... er hebt eine Münze auf und solche Sachen. Er kann das. Aber sicherlich muss [..] dem Mitarbeiter Zeit dafür gegeben werden, [...] dass er [so gut] [..] Stapler fahren kann ...“ (Experte 20)*

Know how fand sich zudem im Kontext der Fehlersuche und -identifikation.

> *„... man hat [..] auch [..] ein Gehör, [...] wenn man immer an dieser Maschine ist, [..] [für] die Geräusche, die sie macht und falls die dann mal ein Kratzen drin hat ...“ (Experte 18)*

> *„... man hatte [..] das Problem [..] schon einmal vor eineinhalb Jahren in einer ähnlichen Form. [Das Wissen,] wie man das damals [...] gelöst hat, das bringt [...] Sicherheit hinein ...“ (Experte 21)*

Unter der Eigenschaft know why wird Erklärungswissen verstanden. Wie die bislang in diesem Abschnitt angesprochenen Wissensarten gehört auch know why zu den

[273] Vgl. Boppert 2008, S. 26, vgl. Capurro 2003, S. 75 und vgl. Spinner 2002, S. 45
[274] Vgl. Capurro 2003, S. 75, vgl. Rumpfhuber 2004, S. 138 und vgl. Spinner 2002, S. 23

Wissensartenunterteilungen von Capurro und von Spinner.[275] Es umfasst die Bedingungen für die Existenz, die Eigenschaften und die ursächlichen Wirkungsmechanismen des Sachverhalts, auf den es sich bezieht.[276] In den Interviews wurden damit Textstellen kodiert, in denen es um die Ursache- und Wirkungsmechanismen eines Sachverhalts ging. Dabei handelt es sich um Aussagen im Zusammenhang mit der Ausführung und Gestaltung der betrachteten GPs und um Aussagen, die sich auf das Produkt beziehen.

> *„.. er muss wissen, wie entsteht Gewitter und warum entsteht Gewitter, […] warum regnet es überhaupt, was passiert [..] mit den Luftmassen, wenn es zum Regnen kommt, wie entsteht ein Sturm [und] welche Voraussetzungen braucht [es] [..] dafür. Das ist zum Verständnis […] wichtig …“ (Experte 5)*

> *„… diese Bustechnik hat […] [Einfluss] auf irgendwelche Frequenzumrichter [oder] auf irgendwelche Bauteile in dieser Anlage. Und dann verändert sich auf Bauteilebene wieder das Thema im Projektverlauf …“ (Experte 12)*

> *„… flexibel sagt [..] genau gar nichts. […] man kann es [..] darauf reduzieren, [dass] ich [..] schneller sein [muss]. Wenn ich die Durchlaufzeit herunterbekomme, dann bin ich automatisch flexibel ...“ (Experte 10)*

> *„… wo gibt es Potenzial, das man herausziehen kann, […] weil wir zum Beispiel am Laser keine Programmierung mehr brauchen [oder] weil man dieselben Teile wiederverwenden kann …“ (Experte 22)*

Zudem betrifft die Eigenschaft know why Interviewaussagen über Problemlösung, Ursachenermittlung und Fehlerprävention.

> *„Falls es ein Fehler im System ist, dass [der Kunde] genau die Differenz hat, die uns abgeht, […] dann passt es [..] wieder. Falls […] [er im System] keine Differenz [..] [hat], dann muss der Fehler bei uns aufgetreten sein. Und dann wird [..] das auch gebucht …“ (Experte 2)*

> *„… ein guter Mitarbeiter ist auch [einer], […] [der] nicht nur die Maschine bedienen kann, sondern auch versteht, was dabei passiert […]. Das macht es [..] auch einfacher für ihn [..] auf eine Störung zu reagieren. Wenn er weiß, beim*

[275] Vgl. Boppert 2008, S. 26, vgl. Capurro 2003, S. 75 und vgl. Spinner 2002, S. 45
[276] Vgl. Boppert 2008, S. 26, vgl. Spinner 2002, S. 45 und vgl. Zahn/Foschiani/Tilebein 2000, S. 246 ff.

> *Tablettieren gibt es […] [das] Phänomen, falls die Presskraft zu hoch ist, [werden] die Tabletten [...] nicht mehr härter. Die werden dann auf einmal wieder weicher, aus diversen Gründen. Falls Mitarbeiter so etwas wissen und so etwas verstanden haben, […] [hilft das] eine Störung zu beheben oder […], dass erst gar keine Störung aufkommt ..." (Experte 19)*

Die letzte in Abbildung 20 aufgeführte und aus den Daten hervorgegangene Eigenschaft ist know that. Know that wird als Faktenwissen und als Orientierungswissen bezeichnet. Es ist Bestandteil der von Spinner publizierten Wissensartenunterteilung. Know that ist erforderlich, um sich in einer Situation zurechtzufinden und sich mit den entsprechenden Sachverhalten, auf denen diese Situation beruht, auszukennen. Es ist eine Voraussetzung dafür, tätig zu werden.[277] Mit know that wurden Interviewstellen kodiert, in denen es allgemein um Handlungsbereitschaft und auch um eine gemeinsame Sprache im Unternehmen geht.

> *„… Datenauswertung macht man immer mit allen Daten, die man kriegt, weil man nie weiß, welche Frage demnächst kommt …" (Experte 4)*

> *„… ab einem bestimmten Zeitpunkt hat man festgestellt, diese Liste macht überhaupt keinen Sinn mehr. […] wir müssen […] ein Tool schaffen, bei dem der Projektleiter nicht seine Phantasie spielen lassen kann, indem er […] Prosa reinschreibt, sondern wirklich geführt sagt: Was gibt es? Und was gibt es nicht? So dass man eine Unternehmenssprache […] entwickelt, die auch jeder versteht. […] Zudem wurde in einer mühevollen Kleinarbeit untersucht, welche Informationen welche Abteilung zu welchem Zeitpunkt braucht. Die Daten, die dort eingetragen werden, […] sind [..] [bspw.] für den Projektleiter [und] für den Elektrotechniker wichtig, aber [..] nicht für den Konstrukteur. […] was kann ich dem Kunden mit meiner Mannschaft [..] zusagen und was [..] nicht? Und was ist machbar und was [..] nicht? Das ist [..] ein ganz wichtiges Thema." (Experte 12)*

> *„… rot bedeutet stehenbleiben. […] es wird gelb […], da weiß er [..] jetzt muss ich gleich losfahren und dann wird es grün und dann hat er [..] sechs bis zehn Minuten Zeit …" (Experte 20)*

[277] Vgl. Klabunde 2003, S. 88, vgl. Rumpfhuber 2004, S. 136 f. und vgl. Spinner 2002, S. 45

Jede der fünf erläuterten Eigenschaften der Unterkategorie Wissensart stellt ein Kriterium dar, mit dem sich Wissen beschreiben lässt. Jedes dieser Kriterien hat die möglichen Ausprägungen „ist relevant" und „ist nicht relevant".

5.3.1.2 Wissensdomäne

Das Kodieren und Auswerten der Interviews brachten für die Unterkategorie Wissensdomäne zahlreiche Unterkategorien und Eigenschaften hervor. Abbildung 21 bietet eine Übersicht über die im ersten Schritt zur weiteren Unterteilung der Wissensdomäne genutzten Unterkategorien.

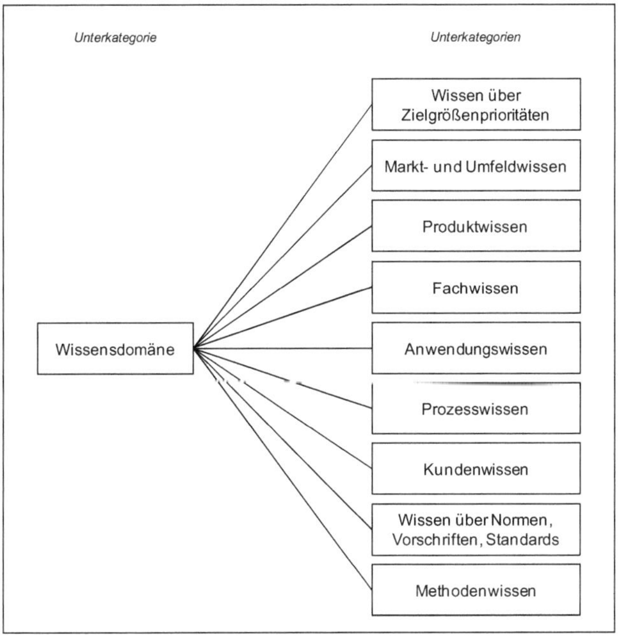

Abbildung 21: Wissensdomäne

Die Unterkategorien beziehen sich auf neun Wissensgebiete. Der Detaillierungsgrad und der inhaltliche Bezug dieser Wissensgebiete haben sich im Verlauf der Auswertung ergeben. In Summe decken sie das in den Interviews über die GPs aus dem Bereich Operations angesprochene Wissen thematisch ab.

Die Erläuterung der Unterkategorien und Eigenschaften erfolgt in den folgenden Abschnitten und sie orientiert sich an deren strukturellen Aufbau. Für die Beschreibung werden Zitate aus den geführten Interviews genutzt und es werden Erkenntnisse aus der Literatur herangezogen.

5.3.1.2.1 Wissen über Zielgrößenprioritäten

Die Unterkategorie Wissen über Zielgrößenprioritäten beinhaltet in der ersten Untergliederungsebene zwei Unterkategorien und eine Eigenschaft. Dabei handelt es sich um die Formalziele Qualität, Kosten und Zeit, die in der Literatur zu finden sind.[278] Die zwei Unterkategorien Qualität und Zeit besitzen jeweils zwei Eigenschaften. Kosten ist hingegen selbst eine Eigenschaft von Wissen über Zielgrößenprioritäten. Abbildung 22 zeigt die Unterkategorie Wissen über Zielgrößenprioritäten, ihre Unterkategorien und ihre Eigenschaften.

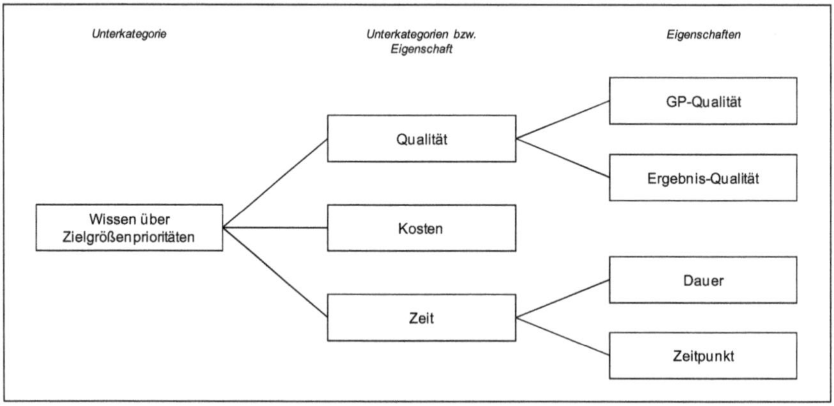

Abbildung 22: Wissen über Zielgrößenprioritäten

Durch Qualität, Kosten und Zeit lässt sich das Leistungsniveau von GPs beschreiben. Qualität wird gemäß der DIN EN ISO 9000:2005 als der „Grad, in dem ein Satz inhärenter Merkmale Anforderungen erfüllt", definiert.[279] Sowohl die Qualität der GPs als auch die Qualität der damit erstellten Ergebnisse sind Aspekte der Leistung von GPs.[280] Diese beiden Aspekte sind zugleich die beiden Eigenschaften der Unterkategorie Qualität. Kosten, als Eigenschaft von Wissen über Zielgrößenprioritäten, umfasst die monetäre Betrachtung des Ressourcenverbrauchs von GPs.[281] Die Unterkategorie Zeit beinhaltet die beiden Eigenschaften Dauer der Ausführung von GPs und

[278] Vgl. Gaitanides 2012, S. 207 f.
[279] DIN EN ISO 9000:2005 (D/E/F), Abschnitt 3.1.1, S. 18
[280] Vgl. Schmelzer/Sesselmann 2010, S. 260 f. und vgl. Zink 2004, S. 48
[281] Vgl. Wilhelm 2007, S. 81

Zeitpunkt der Leistungserbringung.[282] Der Zusammenhang von Qualität, Kosten und Zeit wird in der Literatur durch das sog. magische Dreieck illustriert.[283] Abbildung 23 zeigt das Dreieck und den Zusammenhang einmal aus traditioneller Sicht und einmal aus neuerer Sicht.

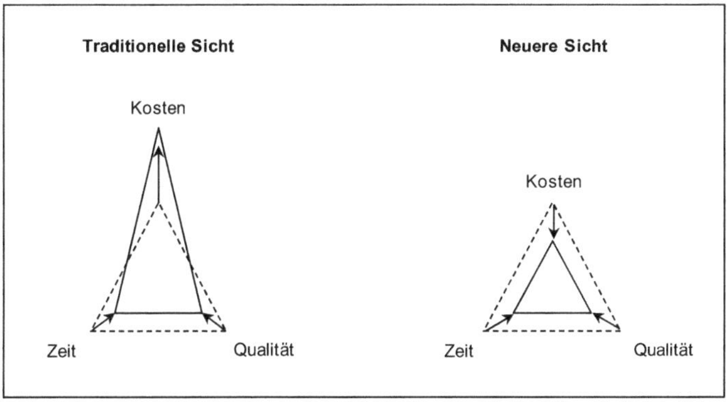

Abbildung 23: Das magische Dreieck aus traditioneller und aus neuerer Sicht[284]

In der linken Darstellung ist die traditionelle Sicht abgebildet. Zentraler Aspekt dieser Sicht sind Zielkonflikte. Danach ist eine Optimierung der zeitlichen und qualitativen Aspekte nur in Verbindung mit höheren Kosten erreichbar; diese Aussage gilt vice versa. Nach der neueren Sicht, die auf der rechten Seite der Abbildung veranschaulicht ist, gilt das nicht mehr. Danach lassen sich Zeit- und Qualitätsvorteile zumindest mit gleichbleibenden oder sogar mit geringeren Kosten erzielen. Ein Beispiel dafür ist eine niedrigere Fehlerquote in der Produktion, welche die Nacharbeitszeit und somit die Kosten reduziert. Trotz einer ggfs. erforderlichen Anfangsinvestition, bspw. für proaktive Fehlervermeidung, ist insgesamt betrachtet eine Verbesserung in Bezug auf Qualität, Kosten und Zeit realisierbar.[285]

Einige Autoren erweitern das Dreieck zu einem Vier- oder Vieleck, indem zusätzliche Formalziele, wie bspw. Flexibilität, einbezogen werden.[286] In dieser Arbeit erfolgt keine Erweiterung des Dreiecks, weil insbesondere die Qualität ausreichend Raum und Möglichkeiten zur Abdeckung relevanter Aspekte bietet.

[282] Vgl. Wilhelm 2007, S. 80
[283] Vgl. u.a. Braun 2002, S. 6 f. und Keßler/Winkelhofer 2002, S. 55 f.
[284] Nach Kramp 2011, S. 41, die sich auf Kamiske/Brauer 2011 bezieht
[285] Vgl. Crosby 1979, S. 119-126, vgl. Kramp 2011, S. 41 und vgl. Vahs 2009, S. 243
[286] Vgl. Schmidt 1997, S. 4 f., vgl. Kramp 2011, S. 42 und vgl. Vahs 2009, S. 235-243

Bei den betrachteten GPs unterschied sich die Schwerpunktsetzung der Interviewaussagen hinsichtlich Qualität, Kosten und Zeit. Es gab Aussagen, die sich rein auf die Ergebnis-Qualität der GPs beziehen.

> *„... für so einen manuellen Prozess [...] sind wir relativ gut [...] wir haben [...] maximal zwei Fehler pro Woche. Wir sprechen [..] hier täglich von 800 Kleinladungsträgern, die [..] kommissioniert werden ...“ (Experte 1)*

> *„... wir haben auch Grenzmuster [...] die hängen in der Montage [..], damit die [dortigen Mitarbeiter] bestimmte Fehlerarten [...] gegenchecken können. [..] wenn das so aussieht, [...] [laut Kunden-] [..]Qualitätsbeauftragtem, dann darf ich die ausliefern.“ (Experte 17)*

Andere Aussagen beziehen die Qualität der Ausführung der GPs, eine monetäre Betrachtung und die Dauer und den Zeitpunkt der Leistungserbringung mit ein. An einigen Stellen wird zudem auf den Zusammenhang zwischen den Formalzielen eingegangen.

> *„... Die [neue Aufgabe] setze ich [...] in Form einer [..] Weisung [um] [...]. Da sind alle Schritte einzeln aufgelistet, wann was zu tun ist, wie es auszusehen hat und wie der Endkunde das haben möchte.“ (Experte 5)*

> *„... die andere Flexibilität [...] ist [...] zusätzliche ungenutzte Kapazitäten und [..] Materialien vor[zuhalten]. Das macht [aber] wirtschaftlich keinen Sinn.“ (Experte 10)*

> *"... da geht es um das Geld, [also darum,] welche Qualität wir zu welchem Preis ausliefern ..." (Experte 17)*

> *„.. der Fertigungsauftrag [..] hat [...] einen Bedarfstermin und je nach Durchlaufzeit in der Produktion wird [...] ein [entsprechender] Starttermin errechnet ...“ (Experte 9)*

Jede der in diesem Abschnitt erläuterten Eigenschaften hat die möglichen Ausprägungen „ist relevant“ und „ist nicht relevant“. Damit lässt sich die Unterkategorie Wissen über Zielgrößenprioritäten beschreiben.

5.3.1.2.2 Markt- und Umfeldwissen

Das Markt- und Umfeldwissen stellt eine Eigenschaft der Unterkategorie Wissensdomäne dar und beinhaltet somit keine weiteren Unterkategorien. Es bezieht sich auf das externe Umfeld des betrachteten GP und der Organisation. Das umfasst Lieferanten, Märkte, Partner, Trends, Wettbewerber, usw. In der Literatur werden ähnliche Domänen genannt, wie bspw. Wissen über Märkte und Wettbewerber oder Wissen über Partner.[287]

Die Interviewaussagen enthalten viele Varianten dieser Eigenschaft. Ausgewählte Beispiele betreffen das Thema Handelsware und Branchenkenntnisse.

> *„... Es gibt Themen die [..] projektübergreifend wichtig sind, [...] wenn wir [bspw.] [...] unsere Eigenprodukte [zusammen] mit [...] Handelsware [...] in ein Gesamtsystem [einbinden]. [...] der Projektleiter muss in jedem Fall Branchenkenntnisse haben. Das ist zwingend erforderlich.“ (Experte 12)*

Andere Beispiele beziehen sich auf Vor- und Nachteile verschiedener Produktionsstandorte, die Chancen auf einen Neuauftrag oder ganz allgemein auf kulturelle Aspekte.

> *„... wir machen uns auch durch Verlagerung bestimmte Preisvorteile zu Nutzen, [und] auch Zeitvorteile. Unser Werk in China ist [..] so groß wie [das Werk] hier [...]. Das ist eine der ganz, ganz wichtigen Sachen, gleich am Anfang zuzuweisen, wer was macht [...]. Diese anstehenden Projekte, [...] die kriegen einen Status. Und dieser Status hat ein bestimmtes Level. Wenn das [entsprechende] Level erreicht ist, dann nennen wir es ein "Hot Project". Und dieses "Hot Project" kommt mit einer bestimmten Wahrscheinlichkeit. Das ist eine Einschätzung vom Vertrieb [...] Auch andere Länder, andere Sitten, wie man so schön sagt. Es gibt Dinge, die sind woanders eben anders als bei uns in Deutschland oder in Europa.“ (Experte 22)*

Die Eigenschaft Markt- und Umfeldwissen hat die möglichen Ausprägungen „ist relevant“ und „ist nicht relevant“.

[287] Vgl. Mertins/Seidel 2009, Anhang, S. 291

5.3.1.2.3 Produktwissen

Im Gegensatz zum Markt- und Umfeldwissen ist Produktwissen[288] keine direkte Eigenschaft der Unterkategorie Wissensdomäne. Produktwissen ist eine Unterkategorie, es besteht aus zwei Eigenschaften und ist in Abbildung 24 dargestellt.

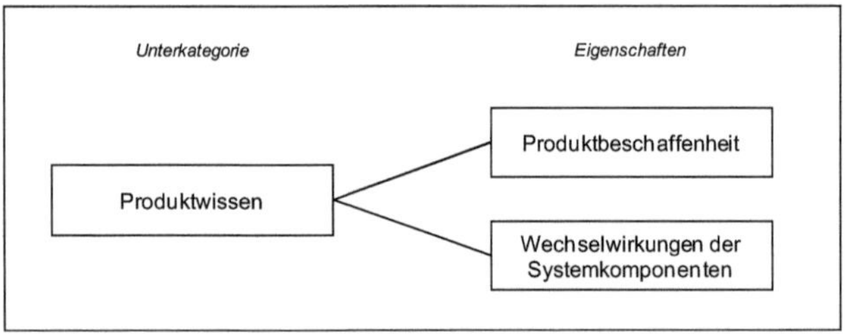

Abbildung 24: Produktwissen

Aus der Datenanalyse haben sich für das Produktwissen die Eigenschaften Produktbeschaffenheit und Wechselwirkungen von Systemkomponenten ergeben. In der Literatur gibt es ähnlich gefasste Wissensdomänen, wie bspw. Wissen über Produkte. Damit wird Wissen über Eigenschaften und Funktionalitäten von materiellen Produkten und Dienstleistungen benannt.[289] Auch die Gesprächspartner aus den Interviews machten Aussagen über Eigenschaften und Funktionalitäten von materiellen Produkten und Dienstleistungen; d.h., sie sprachen über die Produktbeschaffenheit.

> *„.. ein dünner Stapel Papier. Der wird in der Regel gefaxt; das heißt, sie haben alles als Schwarz-Weiß-Hardcopy und das ist vorgeschrieben, dass der Pilot das Papier vor seinem Flug für seine Flugvorbereitung empfangen hat und uns telefonisch zurückruft. […] damit ich ihn auf […] die markantesten Sachen hinweisen kann …“ (Experte 4)*

> *„… Materialfehler können passieren […], [dass] [..] das Teil auch ein bisschen kürzer oder länger ist, kann [..] passieren oder die Löcher nicht richtig gefräst oder gebohrt worden sind. […] [Der] Unterschied ist, [dass] ein alter Hase, der diese Teile wahrscheinlich schon monate- oder jahrelang in der Hand hatte, mit den Teilen schon so vertraut [ist] oder sich mit den Teilen so auskennt, [dass er] [..] sieht wo, ein Fehler ist. Das sieht man. Da braucht man nicht zu suchen …“ (Experte 15)*

[288] Wird in der vorliegenden Arbeit von Produktwissen gesprochen, bezieht sich dieses Wissen auf ein materielles Produkt.

[289] Vgl. Mertins/Seidel 2009, Anhang, S. 290

Während sich ein Teil der Aussagen auf die Produktbeschaffenheit einzelner Zwischenergebnisse, Bauteile, Produkte oder Dienstleistungen bezieht, gab es auch Aussagen über ganze Systeme und Anlagen, in denen insbesondere die Wechselwirkungen der Systemkomponenten eine Rolle spielen.

> *„... und auch [...] [wissen], worauf kommt es bei [der Zusammenstellung] so einer Anlage [..] an? ...“ (Experte 12)*

> *„... Was eher ein Problem ist, das ist die Thematik mit technischen Problemen. Also [...] dadurch, dass man so viele verschiedene Optionen einbauen kann, gibt es immer wieder mal das Problem, dass eine Komponente für sich innerhalb der Spezifikation ist, wenn ich aber viele solche Unterkomponenten einbaue, [die] im worst-case-Fall [...] nicht miteinander [funktionieren] ...“ (Experte 9)*

Beide Eigenschaften, die Produktbeschaffenheit und die Wechselwirkungen von Systemkomponenten, haben jeweils die möglichen Ausprägungen „ist relevant“ und „ist nicht relevant“. Damit lässt sich die Unterkategorie Produktwissen darstellen.

5.3.1.2.4 Fachwissen

Aus der Datenanalyse hat sich das Fachwissen als eine Eigenschaft der Unterkategorie Wissensdomäne ergeben. Im vorgestellten WM-Bedarfs-Modell beinhaltet es keine weiteren Unterkategorien. In der Literatur wird Fachwissen durch seinen fachspezifischen und theoretischen Bezug, seinen fachlichen Aussageinhalt und dadurch, dass es insbesondere durch Ausbildungen wie bspw. ein Studium vermittelt wird, charakterisiert.[290] Diese Merkmale werden durch Interviewaussagen bestätigt. Darin geht es um Fachwissen im Zusammenhang mit dem Lesen und Verstehen von Unterlagen und Informationen, um Fachwissen, das durch Ausbildung vermittelt wird, und um den konkreten fachlichen Bezug dieses Wissens.

> *„... die fachliche Ausbildung [...], das ist [...] ein Bachelorstudium [...] mit naturwissenschaftlicher Prägung: Mathematik, Physik, die Prozesse in der Atmosphäre, [usw.] ...“ (Experte 5)*

> *„... ein guter Industriemechaniker ist der typische Mitarbeiter bei uns in der Werkstatt, [also ein] [...] Facharbeiter. [...], worum es [fachlich] in dieser Bran-*

[290] Vgl. Badke-Schaub/Frankenberger 2004, S. 255, vgl. Brommer 1992, S. 48, vgl. Richter 1995, S. 33 und vgl. Wiegand 1994, S. 106

> *che [und] bei diesen Maschinen geht [...] ist [...] nicht nur [..] Mechanik [...], sondern auch [..] Elektrik ..." (Experte 12)*

> *„Das sind komplexe Maschinen. [...] da brauchen wir schon Leute, die wirklich Fachwissen vorweisen ..." (Experte 17)*

> *„Das ist Teil der Ausbildung. [...] jeder [muss] die Zeichnung lesen können ..." (Experte 24)*

Trotz einer Konzentration auf GPs aus dem Bereich Operations beinhalten die geführten Interviews ein breites Spektrum an Aussagen zu Fachwissen, die sich im Detail von GP zu GP unterscheiden. Die große Bandbreite von Fachwissen ergibt sich aus der Fülle an möglichen Fachbezügen von GPs. Für das WM-Bedarfs-Modell ist keine weitere Unterteilung sinnvoll. Als mögliche Ausprägungen von Fachwissen wird deshalb „ist relevant" und „ist nicht relevant" festgelegt.

5.3.1.2.5 Anwendungswissen

Die Unterkategorie Anwendungswissen beinhaltet zwei Eigenschaften, die Eigenschaft Maschinen und Werkzeuge und die Eigenschaft Software. Abbildung 25 zeigt diese Unterteilung.

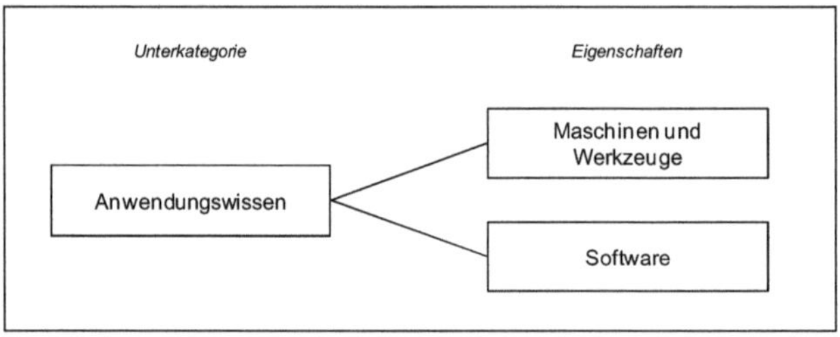

Abbildung 25: Anwendungswissen

In der Literatur wird Anwendungswissen als handlungsorientiertes Technologiewissen bezeichnet, das zur zielorientierten Nutzung von Technologie notwendig ist.[291] Dieses Verständnis deckt sich mit den beiden aus den Daten gebildeten Eigenschaften. Es gibt zahlreiche Interviewzitate, die sich auf den Umgang mit Maschinen und Werkzeugen beziehen.

[291] Vgl. Danzinger 2010, S. 338, vgl. Friederici 2000, S. 162 und vgl. Hansen 2009, S. 174

„… einen Facharbeiter, […] der fähig ist, […] mit dem Maschinenpark ein Bauteil zu fertigen [und] […] Maschinen oder Baugruppen zu montieren …“ (Experte 12)

„… der Staplerfahrer lädt ab, […] das Material wird [..] in die Bereiche aufgeteilt [und] […] in die Bereiche gefahren …“ (Experte 20)

„… die Arbeit [..] [findet] in der Zerspanung, in der Schweißerei […] und in der Endmontage [statt]…“ (Experte 23)

Zudem werden auch Aussagen über den Umgang mit Software gemacht.

„… Der nächste Arbeitsgang wäre dann, er würde zum Leitstand gehen [und] er würde [..] in SAP noch mal nachschauen, ob [...] eine Fehlbuchung drin ist …“ (Experte 2)

„Er quittiert seine Arbeitsschritte […] elektronisch [..] in SAP …“ (Experte 8)

„Wir haben […] das Zeichnungsverwaltungssystem Speedy und darin […] ist [..] jede Zeichnung einem Projekt zugeordnet […] wir haben [..] auch 3D-Modelle für Maschinen als Konstruktionszeichnungen selbst zu fertigen.“ (Experte 14)

Mit ihren möglichen Ausprägungen „ist relevant“ und „ist nicht relevant“ erlauben die Eigenschaft Maschinen und Werkzeuge und die Eigenschaft Software eine Beschreibung der Unterkategorie Anwendungswissen.

5.3.1.2.6 Prozesswissen

Das Prozesswissen ist eine Unterkategorie der Unterkategorie Wissensdomäne. Es beinhaltet vier Eigenschaften, die Eigenschaft Abläufe, die Eigenschaft Layout und Logik des Aufbaus, die Eigenschaft Ursache-Wirkungs-Zusammenhänge und die Eigenschaft Störungen und besondere Vorkommnisse. Abbildung 26 bietet hierzu eine Übersicht.

In der Literatur werden unter Prozesswissen Kenntnisse über ablauforganisatorische Aspekte und Zusammenhänge verstanden. Auch die Bezeichnung Wissen über

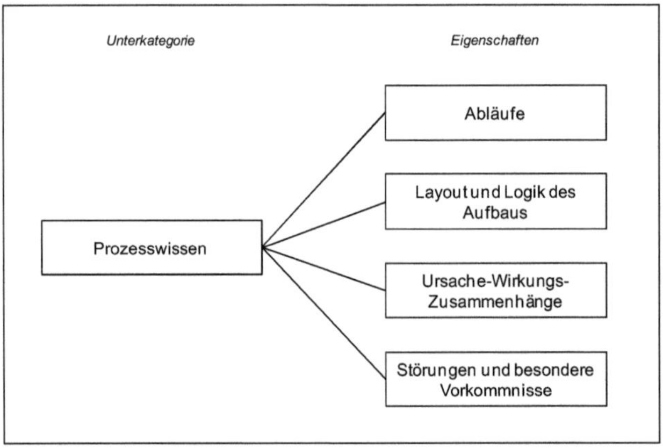

Abbildung 26: Prozesswissen

Prozesse ist verbreitet.[292] Dieses Verständnis wird durch die abgebildeten und aus den Daten gebildeten Eigenschaften abgedeckt. Die Aussagen der Interviewpartner umfassen ein breites Spektrum von Prozesswissen. Sie beziehen sich bspw. auf den Ablauf der Leistungserstellungsprozesse und adressieren dabei auch Abstimmungsprozesse.

> *„... diesen Pulk, den der Mitarbeiter am Band bestellt, damit er gesammelt wird [und] [..] in unsere Reihenfolge umsortiert wird, so dass [..] die Abrufe [..] in der richtigen Reihenfolge herauskommen. Die Mitarbeiter bestellen in irgendeiner Reihenfolge, die nicht unserer Reihenfolge entspricht. Das System übersetzt das, sagt [..], hier im Lager ist es diese Reihenfolge und genau in dieser Reihenfolge kommen die Ausdrucke." (Experte 1)*

> *„... das Ordertracking ist bei uns [..] über die ganze Kette [..] der [..] Produktion [...] beteiligt [...] [es] klärt [..] den Liefertermin [...] mit der [..] Auftragserfassungsstelle ab, von wo aus dann [..] die Rückmeldung an den Kunden mit der Lieferterminbestätigung kommt ..." (Experte 8)*

> *„... er muss auch [...] mit den Gedanken [..] einen Schritt weiter gehen. Es gibt [..] Baugruppen, bei denen es unsinnig ist, wenn man sie vorher anfängt und [..] zum Schluss hat man nur angefangene Baugruppen, [die nicht] [..] mitei-*

[292] Vgl. Hrastnik/Rollet/Strohmaier 2004, S. 41, vgl. Lehner 2006, S.160, vgl. Mertins/Seidel 2009, Anhang, S. 290, vgl. Remus 2002, S. 148-152 und vgl. Schaal 2010, S. 70

> *nander funktionieren […]. Er muss […] wissen [..] auf was es ankommt." (Experte 14)*

Neben Beschreibungen von Abläufen wurden auch Aussagen über das Layout und den logischen Aufbau von Bereichen gemacht.

> *„… die komplette Ware, die hier ist, ist [..] auf den Rollenbahnen. Das hat [..] Gründe, […] wir haben [so] komplette Bestandstransparenz […] der Bereich […] ist immer von der kleinsten zur größten Nummer aufsteigend [sortiert] […]. Das ist auf den Rollenbahnen so und das ist im Durchlaufregal so. […] Das ist die Logik." (Experte 1)*

> *„… das kann jeder sofort verstehen. Das ist in Koordinaten aufgeteilt, von A1 bis Z20 […] und es gibt Farben, Rot, Gelb, [..] Blau und so weiter …" (Experte 20)*

Andere Aussagen betreffen Ursache-Wirkungs-Zusammenhänge von GPs. Dabei spielt, im Sinne von Best-Practices, auch Wissen über vergleichbare und übertragbare GPs eine Rolle.

> *„… Wir versuchen eine Taktung hineinzubringen, damit [..] nicht immer, sobald [..] die [nächste] [..]-Ausführung [..] kommt, […] schnell […] umgeräumt werden [muss]. Das kostet ja auch Zeit. […] wir haben Wertströme gebildet, […] damit man [..] als Wertstromleiter von Anfang an bis zum Ausliefern zuständig ist. […] Man hat weniger zu kommunizieren und man kennt [..] auch die Abhängigkeiten. […] Man kann die Zusammenhänge besser erkennen und diese dementsprechend optimieren." (Experte 17)*

> *„… wir haben [..] diese Kontrollverwiegung bei der Einlage. Die gab es früher nicht […]. Sie wurde eingeführt, weil wir [..] öfter [..] festgestellt haben, […] dass unsere Ausbeute nicht stimmte …" (Experte 19)*

> *„… dann muss ich [..] Line-back vom Verbauort schauen, kriege ich die Kiste hingestellt. Falls nein, wie kann ich die Teile dann anders darstellen, zum Beispiel über eine Sequenzierung oder vielleicht eine Portionierung. [..] sind die Fahrwege breit genug, dass ich [..] diese Größe von Bremsleitung an das Band fahren kann? Reichen mir die Aufzüge? […] Falls die [..] Bremsleitung*

deutlich länger ist als die jetzige, passst sie vielleicht nicht mehr in den Aufzug ..“ (Experte 21)

Von verschiedenen Experten wurden zudem der Umgang mit Störungen und besonderen Vorkommnissen sowie Szenarien für Störungen und besondere Vorkommnisse thematisiert.

„... um das [...] zu beleuchten, wie die Mitarbeiter beziehungsweise alle Bereiche mit Fehlern und mit Störungen umgehen. Es gibt bei uns sogenannte Abweichungsports [...]. Fehler [...] [werden] gemonitort [...], sind es immer wiederkehrende Fehler, [..] so werden sie [...] systematisch und strukturiert [...] bearbeitet. Also man sagt, wir haben immer wieder den gleichen Fehler, da müssen wir [...] nachhaken, um das [..] abzustellen.“ (Experte 8)

„... bei Bedarf wird [...] die Baugruppe zurückgezogen [...] sie wird [zwar] [...] laufen gelassen, aber nicht primär verfolgt.“ (Experte 14)

„[...] da [...] kommt [...] ein Problem auf und [man] muss das lösen. [...] im Endeffekt muss [...] die Konstruktion [...] klären [...], was [...] zu ändern ist. [...] Wobei diese Meldung zusätzlich [...] an die Designlenkung gehen [muss] [...], damit die Designlenkung auch Schwesterteile, [...] [bei denen] auch etwas nicht passen könnte, abfängt.“ (Experte 23)

Jede der in diesem Abschnitt erläuterten Eigenschaften hat die möglichen Ausprägungen „ist relevant“ und „ist nicht relevant“. Damit lässt sich die Unterkategorie Prozesswissen beschreiben.

5.3.1.2.7 Kundenwissen

Das Kundenwissen als Unterkategorie der Unterkategorie Wissensdomäne beinhaltet drei Eigenschaften. Abbildung 27 stellt eine Übersicht über das Kundenwissen und dessen Eigenschaften dar.

In der Literatur ist die Unterscheidung des Kundenwissens in Wissen von Kunden, Wissen für Kunden und Wissen über Kunden verbreitet.[293] Diese Unterscheidung hat sich auch im Rahmen der Datenanalyse für die Bildung von Eigenschaften

[293] Vgl. Nohr 2003, S. 17 ff., vgl. Schaschke 2010, S. 20-24 und vgl. Schnauffer/Voigt/Staiger 2004, S. 204

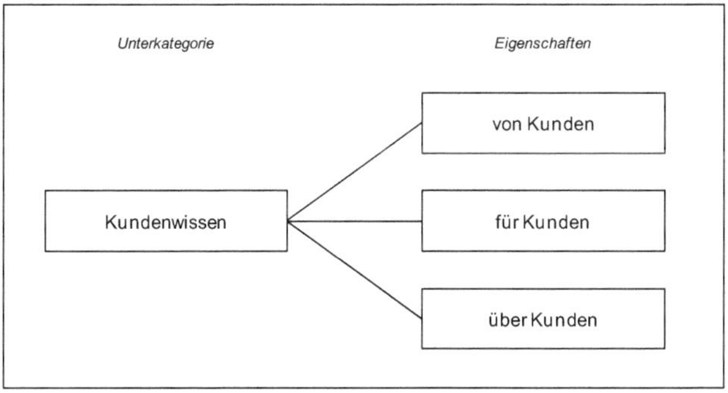

Abbildung 27: Kundenwissen

angeboten. Die Interviewpartner haben verschiedene Aussagen zu Kundenwissen gemacht. Darin betrifft Wissen von Kunden bspw. Kritik, Fehlermeldungen, Kundenaufträge und Anforderungen an das Produkt oder die Dienstleistung.

> *„… was will der Pilot, muss [..] [man] erst einmal wissen. Was hat er [..] vor? Danach richtet sich auch der Inhalt der Beratung. Ist das ein Tiefflug, ein High-Level-Flug oder was ist das Ziel, wo will er hin? …“ (Experte 5)*

> *„… Wer ist der Kunde, wann ist der Bedarfstermin, […] was hat der Kunde bestellt, und vor allem das Thema Konfiguration, das ist auf dem Auftrag […] genau enthalten …“ (Experte 9)*

> *„In der Regel sagt der Kunde, ich habe diese Flaschensorten [und] diese Gewindesorten. […] [dann] sagt der Kunde, ich will mehr Platz da oder mehr Platz da […]. Da entwickelt der Kunde […] mit …“ (Experte 13)*

Verschiedene Aussagen, bspw. über das Kommunizieren von Problemen, über Empfehlungen und über zusätzliche Angaben zu einem Produkt, lassen sich der Eigenschaft Wissen für Kunden zuordnen.

> *„… Andererseits haben wir dieses [..] Problem an [..] [den Kunden] gemeldet und es wird zu den wöchentlichen Runden [..] mitgenommen. […] der [Kunde] kommt dann [..] zu wöchentlichen Gesprächen zu uns …“ (Experte 1)*

> *„… Wenn man Gefahrensituationen sieht, dann beschreibt man sie. Und wenn man sie beschrieben hat, kann man noch empfehlen die Gefahrensituationen zu umgehen, indem ich vielleicht [..] zeitlich anpasse [und] den Start eine*

> *Stunde früher oder […] später [vorschlage]. [Ein weiterer Vorschlag wäre,] fliege von deiner geplanten Route eine gewisse Abweichung, dann umfliegst du [..] ein bestimmtes Gefahrengebiet …" (Experte 4)*

> *„Er hat […] ein Prüfprogramm […] laufen und das komplette Gerät [wird] hinsichtlich seiner Spezifikationen, hinsichtlich seiner Toleranzen […] [und hinsichtlich seiner] Leistungsfähigkeit […] gemessen. Messprotokolle werden [..] erstellt und manche Kunden wollen [...] diese [Protokolle] [..] haben …" (Experte 8)*

Anderen Interviewaussagen, wie bspw. Aussagen über die Einschätzung von Kunden, gehören zur Eigenschaft Wissen über Kunden.

> *„… neu ausgebildete Flugwetterberater auf einen Flugplatz kommen und dort vor Ort die Sorgen und Nöte der Piloten persönlich erfahren …" (Experte 4)*

> *„… Das ist eine Einschätzung […] der Liquidität. Wenn Sie [als Kunde] zu uns kommen, dann würde sich [unser zuständiger Mitarbeiter] […] erkundigen, ob Sie in der Lage sind, 200 Millionen zu investieren ..." (Experte 22)*

Die aufgeführten Eigenschaften haben die möglichen Ausprägungen „ist relevant" und „ist nicht relevant". Damit lässt sich die Unterkategorie Kundenwissen beschreiben.

5.3.1.2.8 Wissen über Normen, Vorschriften, Standards

Das Wissen über Normen, Vorschriften, Standards ist eine Eigenschaft der Unterkategorie Wissensdomäne und somit beinhaltet es keine weiteren Unterkategorien. Es bezieht sich auf rechtlich bindende Vorgaben, die Organisationen von außen auferlegt sind, und auf rechtlich nicht bindende Vorgaben, die sich Organisationen freiwillig auferlegen. In der Literatur finden sich thematisch ähnliche Wissensdomänen, die hinsichtlich ihres inhaltlichen Bezugs enger oder weiter gefasst sind. Beispiele hierfür sind Wissen über die eigene Organisation, Wissen über Normen und Gesetze oder Wissen über Patente.[294] Verschiedene Teile dieser beispielhaft aus der Literatur aufgeführten Wissensdomänen entsprechen der aus den Daten gebildeten Eigenschaft Wissen über Normen, Vorschriften, Standards. Ein Bezug zu gesetzlichen und organisationsinternen Regeln und Vorschriften zeigt sich bspw. in den Unterlagen, die

[294] Vgl. Mertins/Seidel 2009, Anhang, S. 290 f.

von den interviewten Experten 6 und 7 zur Verfügung gestellt wurden. In dem Fragenkatalog wird neben jeder darin aufgeführten Audit-Frage direkt auf die zu Grunde liegende Regel und Vorschrift verwiesen. Aussagen aus anderen Interviews beziehen sich bspw. auf sicherheitsrelevante Aspekte oder auf Ergonomie am Arbeitsplatz.

> *„... zu 99 Prozent sind diese ganzen Informationen in der Vorschrift. [..] jedes Luftfahrzeugmuster hat [...] vorgegebene Kriterien, die [zu] beachten[..] sind." (Experte 4)*

> *„... die [Mitarbeiter] werden grundsätzlich alle nach der Norm geschult ..." (Experte 17)*

> *„... Kernoutput [...] von meinen Leuten ist am Ende ein Layout, in dem alle Teile, die man integrieren muss, [...] eingezeichnet sind [und] die so versorgbar [sind] und so von der Fertigung auch akzeptiert [...] [werden], weil ich [...] [nichts] unergonomisch hinstelle. Ich muss die Bauteile in Kniehöhe herausnehmen [können] ..." (Experte 21)*

Die Eigenschaft Wissen über Normen, Vorschriften, Standards hat die möglichen Ausprägungen „ist relevant" und „ist nicht relevant".

5.3.1.2.9 Methodenwissen

Im WM-Bedarfs-Modell, das in der vorliegenden Arbeit beschrieben wird, ist Methodenwissen die letzte Unterkategorie der Unterkategorie Wissensdomäne. Diese Unterkategorie teilt sich in zwei Eigenschaften auf. Abbildung 28 bietet dazu eine Übersicht.

Nach verschiedenen Aussagen in der Literatur lässt sich Methodenwissen als das Wissen über Verfahrensweisen und objektiv erlernbare Techniken zusammenfassen, das seinen personellen Träger zu deren Einsatz, Entwicklung und Evaluation befähigt.[295] Die von den Gesprächspartnern in den Interviews genannten Verfahrensweisen und Techniken dienen der Analyse und Bewertung von Situationen und sie werden implementiert und umgesetzt. Ausgewählte Beispiele, die sich auf die Analyse

[295] Vgl. Merkt/Schulmeister 2004, S. 115, vgl. Mertins/Seidel 2009, Anhang, S. 290 und vgl. Schreiber 2010, S. 59

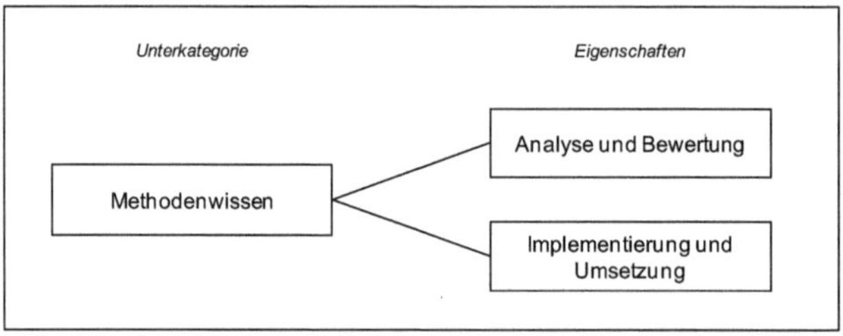

Abbildung 28: Methodenwissen

und Bewertung beziehen, sind die ABC-Analyse, die Durchlaufzeitenberechnung und die Durchführung von Lessons Learned.

> *„... Ringsherum sind [..] Rollenbahnen. Da [..] [werden] von Schnell- und Mitteldrehern ganze Paletten auf diese Palettenrollenbahnen aufgesetzt. [...] Das ist [eine] Festplatzzuordnung und in der Mitte ist dann für langsam drehende Ware ein Durchlaufregal." (Experte 1)*

> *„... die reine [...] Durchlaufzeit sind [...] drei [bis] vier Wochen, weil sie natürlich die Verkettungen haben; das heißt, ich plane die Pressen und [...] zwei Wochen vorher geht der Alarm zum Beispiel bei den Druckern los, damit die [..] für den Ski [..] die entsprechenden Oberflächen drucken." (Experte 11)*

> *„... einmal am Tag [..] im Teammeeting [...] [wird] darüber gesprochen [..], welche Fehler [..] entdeckt worden [..] [sind]. Diese werden [...] dokumentiert, einmal im Informationssystem und einmal [...] von Hand an einem Board [...]. Dann [wird] darüber gesprochen [..], was [..] wir [..] tun, um [..] die Fehler nachhaltig abzustellen ..." (Experte 9)*

Beispielhafte Interviewaussagen zur Implementierung und Umsetzung betreffen das Einrichten eines Konsignationslagers oder umgesetzte Lean Management Methoden wie Kanban und Poka Yoke.

> *"... dann richten wir bei uns ein Konsignationslager ein; das heißt, [...] wir bezahlen [...] nur das, was wir aus dem Konsignationslager entnommen haben ..." (Experte 17)*

> *„.. Die Presse ist der Taktgeber [...] und [...] immer mehr Materialien sind [...] Kanban[-gesteuert] ..." (Experte 11)*

„.. es geht […] nach den Prinzipien von Poka Yoke […] um Fehlervermeidung […]. [Der Ablauf] ist schon so vorgeplant und so gesteuert, dass [..] [der Mitarbeiter] gar nicht anders kann. Er kann das Blech nur so anschrauben und er kann die Platine nur so hineinstecken ...“ (Experte 8)

Beide in diesem Abschnitt erläuterten Eigenschaften haben die möglichen Ausprägungen „ist relevant“ und „ist nicht relevant“. Damit lässt sich die Unterkategorie Methodenwissen beschreiben.

5.3.1.3 Wissensform

Die Wissensform ist die letzte Unterkategorie der Kategorie Wissen auf Objektebene. Diese Unterkategorie besteht aus zwei Eigenschaften, dem impliziten Wissen und dem expliziten Wissen. Abbildung 29 enthält die Wissensform und die beiden Eigenschaften.

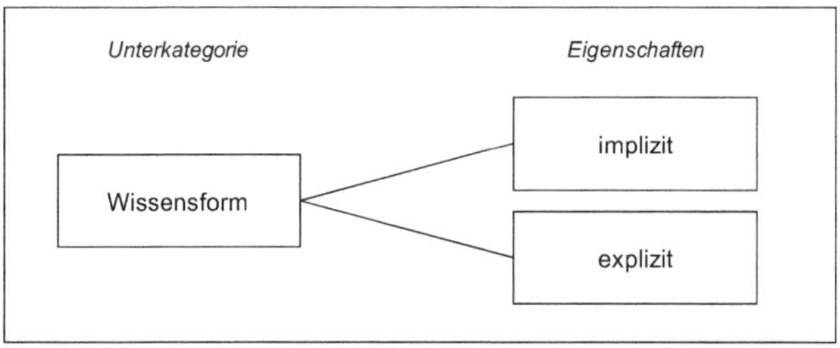

Abbildung 29: Wissensform

Im Grundlagenteil dieser Arbeit wurden implizites Wissen und explizites Wissen definiert (vgl. Abschnitt 2.1). Beide Wissensformen sind in der Literatur weit verbreitet und werden darin häufig als Unterteilungsmöglichkeit für Wissen aufgeführt.[296] Im Zuge der Datenanalyse und -auswertung hat sich herausgestellt, dass sich die Mehrheit der entsprechenden Interviewtextstellen sowohl auf implizites Wissen als auch auf explizites Wissen bezieht. Eine reine Unterscheidung von implizitem Wissen und explizitem Wissen hat demnach wenig Aussagegehalt im Hinblick auf WM. Vielmehr stellt diese Unterscheidung die Grundlage für Wissenskonversion dar, die eine Unterkategorie der Kategorie Wissen auf Aktivitätsebene und damit Gegenstand des folgenden Abschnitts ist. Zudem hat insbesondere die aus der Analyse und Auswertung der Interviews hervorgegangene Dimension des impliziten Wissens weiteren

[296] Vgl. Schmid/Kern 2013b

Aussagegehalt im Hinblick auf WM. Die Eigenschaft implizites Wissen hat die möglichen Ausprägungen „Routine" und „keine Routine". Um welche Ausprägung es sich handelt, richtet sich danach, ob sich das implizite Wissen in Handlungen und Routinen manifestiert hat oder nicht. Im Grundlagenteil dieser Arbeit wird Routine bereits definiert (vgl. Abschnitt 2.1). Danach lässt sich Routine als das prozedurale Gedächtnis einer Organisation bezeichnen.[297] Es werden darunter „all regular and predictable behavioral patterns of firms"[298] verstanden. Beim Vorliegen von Routine muss nicht jeder Handgriff überlegt und erlernt werden. Es ist nicht erst erforderlich, jede arbeitsteilige Handlungsabfolge neu auszuhandeln. Vielmehr ist jeder Handgriff festgelegt und sitzt. Alle Beteiligten kennen die Übergabepunkte.[299] In den Interviews finden sich sowohl Aussagen zu Routinen, die diese direkt bezeichnen, als auch Aussagen zu Routinen, die diese umschreiben.

> *„... der Routineablauf wird wahrscheinlich abgehen ..." (Experte 2)*

> *„.. gerade neue Mitarbeiter lesen viel in den Anweisungen [...]. Jemand, der das schon 10 Jahre [...] macht, muss [...] nicht mehr hineinschauen." (Experte 18)*

> *„Schwieriger ist [...] so etwas wie Stapler fahren, weil man einfach die Routine nicht hat [...]. Man muss das [...] können, wie Autofahren zum Beispiel." (Experte 20)*

Die Eigenschaft explizites Wissen hat hingegen die möglichen Ausprägungen „ist relevant" und „ist nicht relevant". Die Datenanalyse und -auswertung haben gezeigt, dass für den vorliegenden Fall die Ausweitung des Routineaspekts auf die Eigenschaft explizites Wissen keinen Sinn macht. Dieses Vorgehen würde der neueren Routineforschung entsprechen, worin der Bedeutung von Artefakten, wie beispielsweise Prozessmodellen, ein besonderer Stellenwert zugesprochen wird.[300] Mit den vorgestellten Dimensionen der beiden Eigenschaften implizites Wissen und explizites Wissen lässt sich die Unterkategorie Wissensform beschreiben.

[297] Vgl. Cohen/Bacdayan 1994
[298] Nelson/Winter 1982, S. 14
[299] Vgl. Kaiser/Kozica 2013, S. 15
[300] Vgl. D'Adderio 2011, S. 197 f. und vgl. Kaiser/Kozica 2013, S. 17

5.3.2 Wissen auf Aktivitätsebene

Für die Kategorie Wissen auf Aktivitätsebene hat sich aus den Daten ein Spektrum von zwei Unterkategorien ergeben, die Wissenskonversion und die WM-Bausteine. Abbildung 30 zeigt diese Unterkategorien.

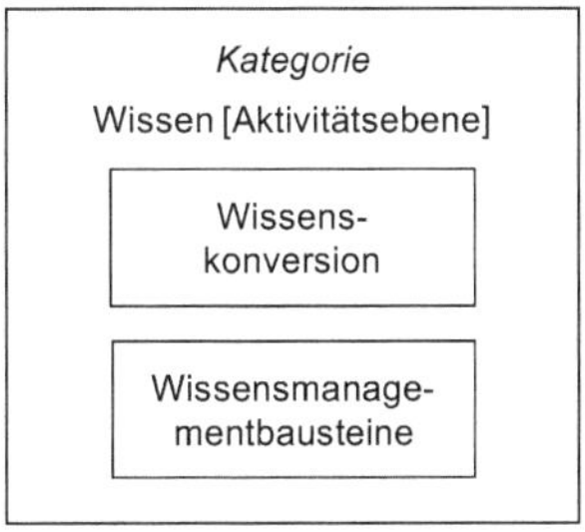

Abbildung 30: Wissen auf Aktivitätsebene

Im Folgenden wird auf jede dieser beiden Unterkategorien in einem separaten Abschnitt eingegangen.

5.3.2.1 Wissenskonversion

Im Rahmen des Kodierens und Auswertens wurden für die Unterkategorie Wissenskonversion insgesamt vier Eigenschaften gebildet. In Abbildung 31 sind diese Unterkategorie und ihre Eigenschaften dargestellt.

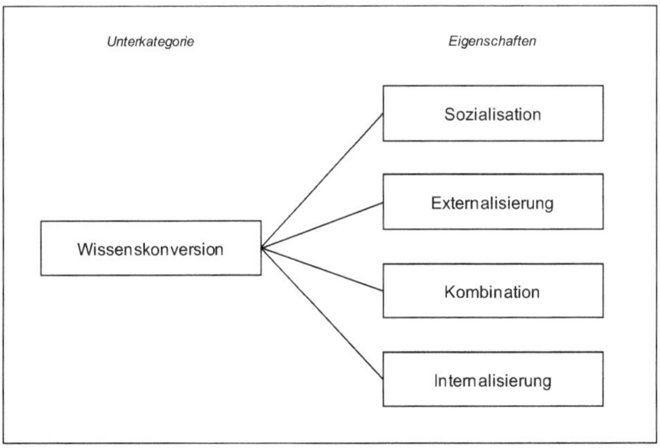

Abbildung 31: Wissenskonversion

Die vier Eigenschaften Sozialisation, Externalisierung, Kombination und Internalisierung finden sich im sog. SECI-Modell (vgl. Abbildung 4) und sie sind im Grundlagenteil dieser Arbeit beschrieben (vgl. Abschnitt 2.2.1). Die analysierten Textpassagen der Interviews unterscheiden sich hinsichtlich ihres Schwerpunkts in Bezug auf diese Eigenschaften. Ein Interviewpartner spricht davon, dass Dokumente mit Datensätzen aus Daten und Informationen zusammengestellt werden. Diese Dokumente werden von einer anderen Person gelesen. Danach dienen sie der Unterstützung einer persönlichen Abstimmung zwischen dem Ersteller und dem Empfänger der Dokumente. Dabei wird neues explizites Wissen erzeugt (Kombination), explizites Wissen wird verinnerlicht (Internalisierung) und schließlich wird implizites Wissen ausgetauscht (Sozialisation).

> *„... der [Pilot] wird mit einem Formblatt beraten, auf dem alle Werte aufgelistet werden, die ihn interessieren. [..] dieses Blatt wird alle drei Stunden aktualisiert und diese Aktualisierung erfolgt durch einen Telefonanruf. Alle drei Stunden ruft der Pilot an, fragt, gelten die Daten noch, die auf dem Blatt stehen, oder gibt es Änderungen? Dann spricht man das ab […] und dann hat er für die nächsten Stunden wieder ein gültiges Flugwetter […]. Wir stellen, um [eine] Wetterberatung zu erstellen, den Datensatz für den Piloten zusammen und wir interpretieren ihn [..] mit dem Piloten." (Experte 4)*

Bei anderen Aussagen geht es um die Niederschrift von Vorkommnissen. Dabei steht die Umwandlung von implizitem Wissen in explizites Wissen (Externalisierung) im Vordergrund.

> *„Das Logbuch der Maschine ist eigentlich wie in der Schifffahrt […]. Der Kapitän muss ein Logbuch für sein Schiff führen und das Logbuch der Maschine soll den kompletten Lebenszyklus der Maschine widerspiegeln; von der Anschaffung über die Qualifizierung, über jeden Produktionsschritt, der dort gemacht wurde, jede Charge, die [..] darüber lief, über jede Wartung, Reparatur und technische Störung, die es jemals [..] gab. [Das] wird dort chronologisch und lückenlos gesammelt." (Experte 18)*

Jede der vier aufgeführten Eigenschaften hat die möglichen Ausprägungen „ist relevant" und „ist nicht relevant". Damit lässt sich die Unterkategorie Wissenskonversion beschreiben.

5.3.2.2 Wissensmanagementbausteine

Im Zuge der Datenanalyse haben sich für die Unterkategorie WM-Bausteine der Kategorie Wissen auf Aktivitätsebene sechs Eigenschaften ergeben. In Abbildung 32 sind diese Unterkategorie und ihre Eigenschaften dargestellt.

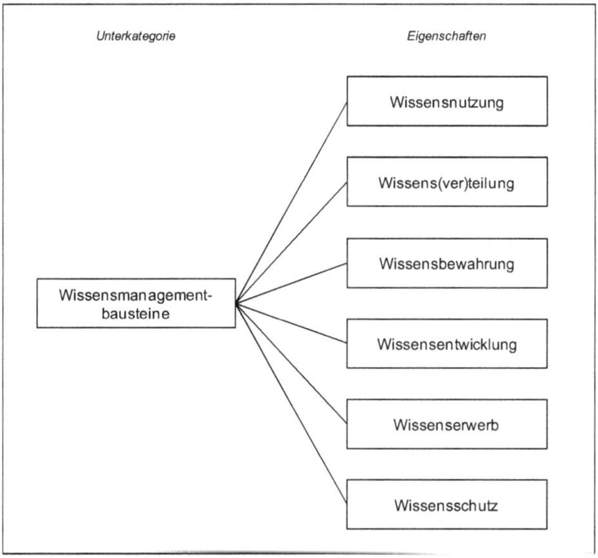

Abbildung 32: WM-Bausteine

Die ersten fünf abgebildeten Eigenschaften, also alle Eigenschaften mit Ausnahme des Wissensschutzes, stimmen hinsichtlich ihrer Benennung und hinsichtlich des Inhalts, den sie umfassen, mit den entsprechenden WM-Bausteinen aus dem WM-Modell von Probst et al. überein (vgl. Abschnitt 2.2.2). Für die beiden strategischen WM-Bausteine Wissensziele und Wissensbewertung sowie den operativen WM-Baustein Wissensidentifikation aus dem WM-Modell von Probst et al. konnte hingegen im erhobenen Datenmaterial kein bedeutender Bezug festgestellt werden. Ein Grund für den fehlenden Bezug zu Wissenszielen und Wissensbewertung dürfte der Fokus der Auswahl der betrachteten GPs sein. Diese stammen aus dem Bereich Operations und demnach stehen darin keine strategischen, sondern operative Aspekte im Vordergrund. Als weiterer Grund, der auch eine mögliche Begründung für den fehlenden Bezug zur Wissensidentifikation darstellt, erscheint plausibel, dass kein Experte über die Einführung oder den bewussten Betrieb eines WM-Systems im betrachteten GP gesprochen hat. WM wurde in einigen Fällen zwar thematisiert, jedoch wurde es unbewusst und/oder in einzelnen Aspekten verfolgt. Interviewpartner sprachen die Wissensnutzung an, die bspw. im Rahmen der Durchführung der GPs stattfindet, oder sie äußerten sich zur Wissensentwicklung, die bspw. auf die Unterstützung der Leistungsverbesserung im Zeitverlauf abzielt.

> *„… deshalb […] sortiert er [..] [die Pick-Aufträge] anfangs einmal in der Reihenfolge, in der er [..] durch den Arbeitsbereich geht." (Experte 1)*

> *„… wenn wir eine [..] Limousine vor eineinhalb Jahren haben anlaufen lassen [und] es sind bestimmte Sachen schief gegangen, dann […] setzen wir uns mit allen Prozesspartnern oder […] auch intern zusammen und [..] [besprechen], was waren [..] die Ursachen, warum wir in manchen Phasen sehr viel Stress hatten [..] [und] wir manche Themen drei Mal machen mussten. Damit wir das […] bei dem nächsten Anlauf, der ein halbes Jahr später kommt, nicht noch mal haben." (Experte 21)*

Die Interviews enthalten auch Aussagen über Wissens(ver)teilung, bspw. im Kontext aufgetretener Fehler, oder über Wissensbewahrung, wenn bspw. Erfahrungen aus Vorkommnissen und Störungen in Vorschriften einfließen.

> *„… mit dem Mitarbeiter findet nochmal ein Gespräch statt […], damit er auch weiß, was er falsch gemacht hat [und] damit er [...] den Fehler abstellen kann und das Wiederauftreten verhindert wird." (Experte 1)*

> *„… Diese Vorschriften [..] leben und wachsen [..] mit den ganzen Problemen und Störungen." (Experte 19)*

Die WM-Bausteine Wissensnutzung, Wissens(ver)teilung, Wissensbewahrung und Wissensentwicklung decken sich inhaltlich mit den WM-Bausteinen Wissen anwenden, Wissen verteilen, Wissen speichern und Wissen erzeugen, die in der Literatur als Bestandteil des sog. GPO-WM©-Referenzmodells zu finden sind.[301] Die Konzentration auf diese WM-Bausteine rechtfertigt Heisig mit dem Ergebnis einer empirischen Befragung, aus dem hervorgeht, dass die Befragten diese vier Bausteine als die Wichtigsten einschätzen.[302] Wenn auch mit einer bedeutend geringeren Häufigkeit, wurden in den Interviews im Rahmen der vorliegenden Arbeit auch Aussagen zum WM-Baustein Wissenserwerb gemacht. Dabei handelt es sich um Interviewpas-

[301] Vgl. Heisig 2005b, S. 52-55 und S. 63
[302] Vgl. Heisig 2005b, S. 60 ff.

sagen, in denen es bspw. um organisationsexterne Expertise und Informationen geht.

> *„.. wir haben [..] eine Hotline, die man anruft, um ein Ticket aufzugeben ...“ (Experte 3)*

> *„.. Wir haben den Deutschen Wetterdienst als Datenquelle. Er stellt uns Landewetter, also aktuelle Wetterbeobachtung und Wettervorhersagen, [zur Verfügung] …“ (Experte 4)*

> *„… Fehler gefunden, [..] Teil ausgetauscht oder Maschine durch den Hersteller nachjustiert.“ (Experte 19)*

Ein Interviewpartner ging zudem auf Wissensschutz ein. Seit dem Jahr 2010 zeichnet sich hierfür ein zunehmendes Interesse in der Literatur ab.[303] Die geringe Häufigkeit, mit der dieses Thema durch lediglich einen Interviewpartner angesprochen wurde, deutet darauf hin, dass Wissensschutz in der Praxis bislang kaum als Aufgabe und Herausforderung des Bereichs Operations begriffen wird.[304] Es wurden Aussagen gemacht, in denen es entweder um die Geheimhaltung des für den Kunden bestimmten Produkts geht oder in denen ein geheimes Produkt des Kunden zur Erstellung des für den Kunden bestimmten Produkts erforderlich ist.

> *"... Wir haben zum Teil [..] auch Aufträge, [...] bei denen der Kunde [...] will, dass das, was wir für den Kunden machen, [...] ein [..]Geheimnis [ist]. […] zum Testen hat man Teile [..] [vom Kunden] gebraucht. Das war [..] sehr geheim. Da mussten […] alle, die an dem Projekt gearbeitet haben, zusätzlich eine Geheimhaltungsverpflichtung unterschreiben ..." (Experte 23)*

Alle fünf aufgeführten Eigenschaften haben die möglichen Ausprägungen „ist relevant“ und „ist nicht relevant“. Das ermöglicht eine Beschreibung der Unterkategorie WM-Bausteine.

In diesem Abschnitt wurde das zentrale Phänomen Wissen, das aus den Kategorien Wissen auf Objektebene und Wissen auf Aktivitätsebene besteht und auf das sich alle anderen Kategorien des WM-Bedarfs-Modells beziehen, beschrieben und erläu-

---

[303] Vgl. Schmid/Kern 2013b

[304] Einen aktuellen und umfassenden Überblick zum Thema Wissensschutz bietet Lindemann 2012.

tert. Der nächste Abschnitt behandelt eine weitere in Abbildung 17 dargestellte Kategorie, die Kategorie Perspektiven.

5.4 Perspektiven

Die Kategorie Perspektiven eignet sich zur Unterteilung und Strukturierung des WM-Bedarfs von GPs. Sie teilt sich in drei Eigenschaften, in die Prozessplanung, in die Prozessdurchführung und in die Prozessüberwachung, auf und ist in Abbildung 33 dargestellt.

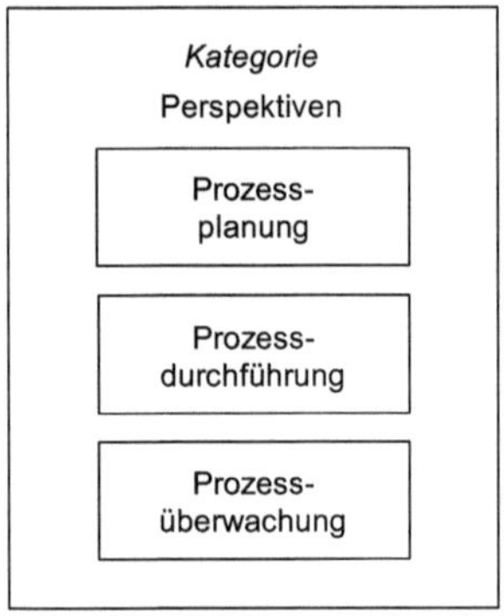

Abbildung 33: Perspektiven

Bei der Analyse der erhobenen Daten hat sich gezeigt, dass sich die im Zusammenhang mit dem betrachteten GP erforderlichen Aufgaben und darauf aufbauend der daraus abgeleitete WM-Bedarf unterscheiden. Es besteht die Möglichkeit einer Dreiteilung der aus Aufgabensicht eingenommenen Perspektive in die Eigenschaften Prozessplanung, Prozessdurchführung und Prozessüberwachung. Diese Eigenschaften entsprechen dem Charakter der jeweils zugeordneten Aufgaben. Die Eigenschaft Prozessplanung trifft auf Aufgaben und deren WM-Bedarf zu, die noch nicht zur Ausführung eines betrachteten GP zählen, sondern vorab anfallen. Darunter sind operative Planungsaufgaben zu verstehen, wie bspw. die Gestaltung eines konkreten Soll-Zustands für einen GP.

> *"... Herstelldokumentation und -anweisung […] werden zu jedem Produktionsauftrag […] ausgedruckt. Das ist [..] im System hinterlegt […]. Die ganzen Schritte, die man zu beachten hat […]. Die ganzen Parameter beim Mischen und beim Sieben […], das steht dort drin ..." (Experte 19)*

".. das sind [...] drei Ergebnisse. Einmal [das] Layout, [..] [das Planungstoolergebnis] auf Teilefamilienebene und [..] eine große Excel-Liste, die im Grunde genommen die Verfeinerung [...] [der Planungstoolergebnisse] ist. [..] diese Excel-Liste wird letztendlich später in SAP eingespielt." (Experte 21)

Strategische Planungsaufgaben, wie bspw. eine grundsätzliche Ausrichtung eines GP oder eines WM, sind nicht im Fokus des Bereichs Operations und liegen außerhalb des Betrachtungsbereichs der vorliegenden Arbeit.

Der Eigenschaft Prozessdurchführung sind alle Aufgaben mit dem entsprechenden WM-Bedarf zuzurechnen, die sich direkt auf die Realisierung und damit die Ausführung des betrachteten GP beziehen. Das umfasst sowohl die Ausführung von GPs zur Erstellung von materiellen Produkten als auch die Ausführung von GPs zur Erstellung von Dienstleistungen.

"... die Teile [..] werden gebogen, auch zurechtgeschnitten [und] Löcher werden gemacht [...]. Die Teile werden teilweise nachpoliert [...]. Die Teile werden [...] kontrolliert auf diverse Fehler, minimal kleine Fehler [...]. Und die Teile haben bestimmte Vorrichtungen und daran werden [...] um die 30 Kleinteile montiert ..." (Experte 15)

„... direkt an den Arbeitsplatz, an dem das Material [..] sequenziert [..] [oder] portioniert wird [...]. Die Mitarbeiter [...] sequenzieren das Material laut einer ausgedruckten Liste in Sequenzwägen ..." (Experte 20)

Die Eigenschaft Prozessüberwachung trifft auf die Aufgaben und deren WM-Bedarf zu, die sich mit dem Umgang mit Abweichungen befassen und bei denen es sich um Ad-hoc-Entscheidungen und Eingriffe während der Ausführung des GP handelt. Darunter sind bspw. die Ursachenermittlung von Störungen, der Umgang damit oder die Freigabe und Organisation einzelner Arbeitspakete zu verstehen.

„... die Fehler werden durch [..] [den] Bereichsleiter kontrolliert [...], er kennt es aus dem täglichen Doing [...] und der Schichtführer geht [...] mit seinen Bereichsleitern im Vorgespräch nochmal die Fehler durch. Sie werden analysiert. [...] die Nachforschungsarbeit liegt [...] bei uns." (Experte 1)

> *"... [eine] Abweichung [...] ist [...], wenn [...] Material [..] fehlen sollte, weil Lieferanten irgendwo ein Problem hatten. [..] die [Meister klären] das untereinander ..." (Experte 11)*

> *"... laut Zeichnung, [...] dass das in der Theorie schon geht, aber in der Praxis geht es [..] nicht. [..] das gibt es [..] oft und dann gehe ich [...] zu meinem Vorarbeiter. Entweder entscheidet er es, falls es etwas Kleines ist. Und falls nicht, ruft er den Meister an und holt ihn ..." (Experte 24)*

Der WM-Bedarf eines GP lässt sich jeweils aus der Perspektive mit der Eigenschaft Prozessplanung, aus der Perspektive mit der Eigenschaft Prozessdurchführung und aus der Perspektive mit der Eigenschaft Prozessüberwachung formulieren. Die Summe der WM-Bedarfe aus der Prozessplanungs-, Prozessdurchführungs- und Prozessüberwachungsperspektive stellt den WM-Bedarf des betrachteten GP dar.

Jede der in diesem Abschnitt erläuterten Eigenschaften hat die möglichen Ausprägungen „trifft zu" und „trifft nicht zu". Damit lässt sich die Kategorie Perspektiven beschreiben.

5.5 Einflussfaktoren

Die Kategorie Einflussfaktoren bestimmt den WM-Bedarf von GPs. Aus der Analyse der erhobenen Daten haben sich für diese Kategorie zwei Unterkategorien herausgebildet, die in Abbildung 34 dargestellt sind.

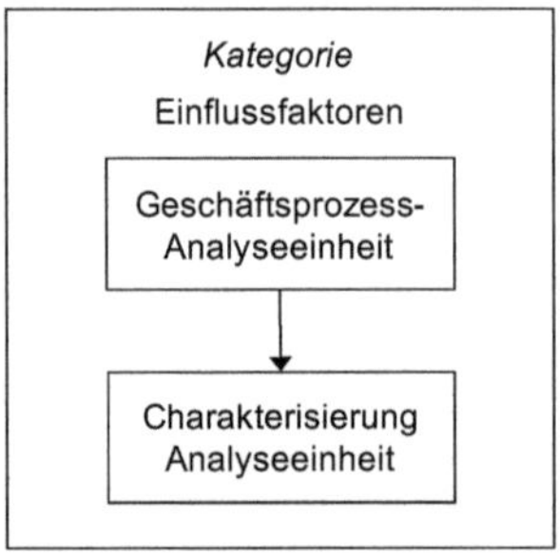

Abbildung 34: Einflussfaktoren

Im Folgenden werden die beiden Unterkategorien der Kategorie Einflussfaktoren, nämlich die GP-Analyseeinheit und die Charakterisierung Analyseeinheit, in einem jeweils separaten Abschnitt vorgestellt.

5.5.1 Geschäftsprozess-Analyseeinheit

Die Analyse und Auswertung der Daten haben ergeben, dass die Unterkategorie GP-Analyseeinheit zwei Eigenschaften beinhaltet, die Eigenschaft Auftragsannahme und die Eigenschaft Auftragsabwicklung. Eine Übersicht hierzu bietet Abbildung 35.

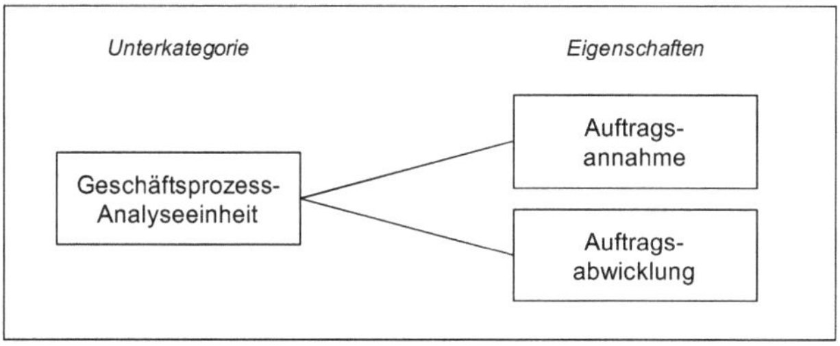

Abbildung 35: Geschäftsprozess-Analyseeinheit

In der Literatur sind Ansätze und Aussagen über WM-Unterstützung verbreitet, die sich auf die Gesamtprozessorganisation, auf mehrere GPs oder auf einzelne GPs beziehen (vgl. Abschnitt 3.2). Die Ergebnisse der Datenanalyse und -auswertung der vorliegenden Arbeit haben gezeigt, dass zur Betrachtung und Bestimmung des WM-Bedarfs von GPs eine Unterteilung der GPs in geeignete Analyseeinheiten sinnvoll und notwendig ist. Zu diesem Zweck lassen sich alle betrachteten GPs aus dem Bereich Operations in die beiden Analyseeinheiten Auftragsannahme und Auftragsabwicklung unterteilen, die die Eigenschaften der Unterkategorie GP-Analyseeinheit darstellen. Während sich die Auftragsabwicklung für alle betrachteten GPs als relevant und ergiebig für die Ableitung von WM-Bedarf gezeigt hat, gilt das für die Auftragsannahme nicht uneingeschränkt. Es wurden sowohl GPs betrachtet, bei denen die Auftragsannahme im Hinblick auf den WM-Bedarf interessant ist, als auch GPs, bei denen WM-Bedarf für die Auftragsannahme eine untergeordnete und zu vernachlässigende Rolle spielt. Letzteres gilt für die GPs Kommissionierung, Skifertigung und -montage, Dachrelingfertigung und -montage, Pharmaherstellung und Materialversorgung Automobilproduktion. In diesen Fällen stellt die Auftragsannahme aus WM-Sicht keine Herausforderung dar. Sie besteht im Wesentlichen aus einem explizit formulierten Auftrag, der per Datenfernübertragung übermittelt wird und keinen weiteren Abstimmungs- und Anpassungsbedarf erfordert. Von WM-Aktivitäten sollte hier bewusst abgesehen werden.

Die beiden Eigenschaften Auftragsannahme und Auftragsabwicklung haben die möglichen Ausprägungen „ist relevant" und „ist nicht relevant". Damit lässt sich die Unterkategorie GP-Analyseeinheit beschreiben. Für die GP-Analyseeinheiten, die aus WM-Sicht interessant sind und deren Eigenschaften demnach die Ausprägung „ist relevant" haben, macht eine Charakterisierung Sinn, die Gegenstand des folgenden Abschnitts ist.

5.5.2 Charakterisierung Analyseeinheit

Im Zuge der Datenauswertung und -analyse hat sich eine weitere Unterkategorie der Kategorie Einflussfaktoren herausgebildet, die Charakterisierung der Analyseeinheit. Diese Unterkategorie beinhaltet zwei Eigenschaften mit jeweils vier möglichen Ausprägungen. Eine Übersicht hierzu bietet Abbildung 36.

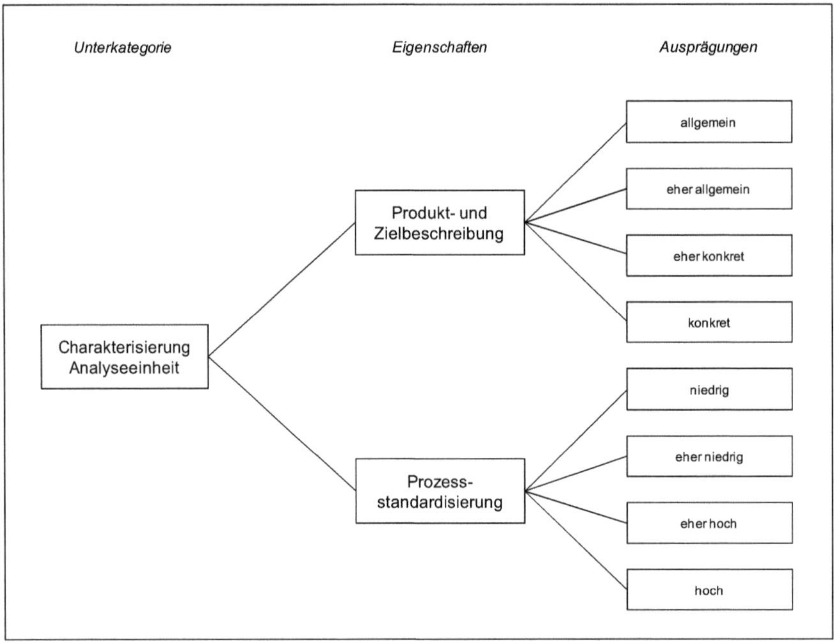

Abbildung 36: Charakterisierung Analyseeinheit

Pauschalaussagen über die grundsätzliche Relevanz von WM-Unterstützung bieten weder Anhaltspunkte dafür, welche GPs Unterstützung brauchen, noch lassen sich daraus Rückschlüsse ziehen, wie eine geeignete WM-Unterstützung auszusehen hat. In diesem Zusammenhang sind in der Literatur Veröffentlichungen verbreitet, in denen die WM-Unterstützung von GPs mit der sog. Wissensintensität begründet und gerechtfertigt wird.[305] Es wird argumentiert, dass die Leistungserstellung eines wissensintensiven GP besonders stark auf Wissen beruht und deshalb dort der Einsatz von WM sinnvoll ist.[306] Es werden zahlreiche Merkmale aufgeführt, die als Indikatoren für die Beurteilung der Wissensintensität gelten (vgl. Tabelle 2). Demnach ist ein GP umso wissensintensiver, je mehr dieser Indikatoren auf ihn zutreffen (vgl. Abschnitt 2.5). Das Ergebnis dieser auf Wissensintensität beruhenden Argumentation sind Tendenzaussagen über die Sinnhaftigkeit des Einsatzes von WM in GPs. Eine differenzierte Betrachtung, welcher GP welchen WM-Bedarf hat, erfolgt nicht.

Bei der Datenerhebung wurden GP-Analyseeinheiten einbezogen, die sich durch verschiedene Kriterien unterscheiden. Im Zuge der Auswertung hat sich gezeigt, dass der WM-Bedarf von Analyseeinheiten und damit von GPs durch die Eigenschaft Produkt- und Zielbeschreibung und die Eigenschaft Prozessstandardisierung beeinflusst wird. Die Produkt- und Zielbeschreibung bezieht sich darauf, inwieweit sich vor Beginn der betrachteten GP-Analyseeinheit deren Ziel, also das Ergebnis in Form eines materiellen Produkts oder einer Dienstleistung, beschreiben und festlegen lässt. Bei der Prozessstandardisierung geht es darum, wie kleinteilig der GP beschrieben und in seinem Ablauf und seinen Varianten festgelegt wird. Der vorliegende Grad an Prozessstandardisierung entspricht nicht notwendigerweise dem maximalen Grad, der möglich ist, sondern er beruht vielmehr auf Überlegungen zum Kosten-Nutzen-Verhältnis. Ein Interviewpartner macht das an einem Beispiel im Umgang mit Fehlern deutlich.

> *„Das kommt auch wieder auf den Grad [..] an. Ich meine […] [in der] Linie, […] [in der wir] im Zwölf-Minuten-Takt fahren, [..] sind auch die Testsysteme [..] mit sehr viel mehr Aufwand [..] konfektioniert. Man kann [..] fast nichts mehr falsch […] [machen]. Es gibt [..] einen Adapter, [..] man drückt irgendeinen Knopf und dann […] läuft das. Wenn es ein Problem gibt, [..] geht eine rote Lampe an und der Spezialist kommt. […] [Beim] Bereich, [..] [über den] wir uns [..] gerade [..] unterhalten haben, reden wir von ungefähr 14 Geräten pro Tag, die herauskommen. […] da hat man [...] nicht so [..] [viel] Perfektion in die […] Prüf-*

305 Vgl. u.a. Gronau 2009, S. 1, Heisig 2005b, S. 81, Kern et al. 2011, S. 497, Neumann 2004, S. 95 und Remus 2002, S. 108 und S. 117

306 Vgl. Allweyer 1998, S. 44, vgl. Goesmann 2002, S. 62, vgl. Gronau 2009, S. 57 und vgl. Neumann 2004, S. 91 f.

systeme gesteckt, sondern [..] mehr in das know how der Prüfmitarbeiter. Das ist [..] eine Abwägungen […] [der] Total Cost of Ownership ...“ (Experte 9)

Die beiden Eigenschaften, die Produkt- und Zielbeschreibung und die Prozessstandardisierung, finden sich so oder so ähnlich auch als typische Wissensintensitätsmerkmale in der Literatur. Die Vielzahl an zusätzlichen in der Literatur aufgeführten Merkmalen bezieht sich zum Teil auf eine andere Ebene als die genannten Eigenschaften. Sie lassen sich auf diese beiden Eigenschaften zurückführen, sie sind eine Konsequenz aus diesen beiden Eigenschaften oder sie stellen lediglich ein Handlungsfeld des WM dar. Eine entsprechende Ergänzung oder Erweiterung der Kategorie Charakterisierung Analyseeinheit verspricht im Hinblick auf die Beantwortung der Forschungsfragen keinen Mehrwert.

Sowohl die Eigenschaft Produkt- und Zielbeschreibung als auch die Eigenschaft Prozessstandardisierung haben jeweils vier mögliche Ausprägungen. Die möglichen Ausprägungen der Produkt- und Zielbeschreibung reichen von „allgemein“ und „eher allgemein“, über „eher konkret“ bis hin zu „konkret“. Die möglichen Ausprägungen der Prozessstandardisierung reichen von „niedrig“ und „eher niedrig“, über „eher hoch“ bis hin zu „hoch“. Dieses Spektrum an möglichen Eigenschaftsausprägungen hat sich aus den verschiedenen Varianten von GPs ergeben, die im Rahmen der vorliegenden Arbeit untersucht wurden. Vermutlich aufgrund dessen, dass sich die Erhebung auf GPs aus dem Bereich Operations konzentriert, wiesen die betrachteten GPs keine Kombinationen aus „allgemein“ oder „eher allgemein“ mit „niedrig“ oder „eher niedrig“ auf. Es ist anzunehmen, dass sich diese Kombinationen von Ausprägungsvarianten weniger in GPs aus dem Bereich Operations finden als bspw. vielmehr in GPs aus den Bereichen Grundlagenforschung oder Innovation.

Mit den möglichen Ausprägungen der beiden Eigenschaften Produkt- und Zielbeschreibung und Prozessstandardisierung lässt sich die Unterkategorie Charakterisierung Analyseeinheit beschreiben.

5.6 Zusammenfassende Modelldarstellung

Das Ziel des Abschnitts 5 ist die Beantwortung der beiden Forschungsfragen II und III. Hierzu wurde das gebildete und in Abbildung 17 dargestellte WM-Bedarfs-Modell vorgestellt, in dem die einzelnen Elemente erläutert wurden. In diesem letzten Unterabschnitt des Abschnitts 5 folgen nun eine Zusammenfassung wesentlicher Erkenntnisse aus der empirischen Erhebung und Auswertung sowie eine Erläuterung der Dynamik und Interdependenzen des WM-Bedarfs-Modells.

Der WM-Bedarf eines betrachteten GP setzt sich aus der Summe der einzelnen WM-Bedarfe der für diesen GP jeweils relevanten Analyseeinheiten zusammen. Für jeden betrachteten GP konnte ein WM-Bedarf bestimmt und formuliert werden. Hierfür wurde ermittelt, was mit welchem Wissen passieren muss, damit die Ausführung der jeweiligen GP-Analyseeinheit bzw. GP-Analyseeinheiten möglich ist, damit eine systematische und zielgerichtete Unterstützung dieser Analyseeinheit bzw. Analyseeinheiten erfolgt und damit das Ergebnis letztlich eine systematische und zielgerichtete Unterstützung des betrachteten GP ist (vgl. Abschnitt 2.6). Folglich kann daraus geschlossen werden, dass jeder GP WM-Bedarf hat. Das deckt sich mit Aussagen in der Literatur, nach denen Wissen in jedem GP eine Rolle spielt.[307] Eine weitere Erkenntnis der Untersuchung ist, dass nicht jeder GP denselben WM-Bedarf hat. Für die betrachteten GPs ergaben sich verschiedene WM-Bedarfe, die sich an unterschiedlichen Ausprägungen der Eigenschaften des Modells festmachen lassen. Aus diesen Erkenntnissen kann gefolgert werden, dass eine am Bedarf von GPs orientierte WM-Ausrichtung sinnvoll und notwendig ist. WM für GPs sollte sich in seiner Ausgestaltung und seinem Umfang an den vorliegenden Anforderungen orientieren. Andernfalls ist mit einer geringen Wirksamkeit oder sogar Wirkungslosigkeit zu rechnen. Die Ermittlung dieser Anforderungen erfordert die Ableitung von Einflussfaktoren aus den Charakteristika der relevanten GP-Analyseeinheiten. Aus der Möglichkeit, WM-Bedarf von GPs zu operationalisieren, und aus der Identifikation von Einflussfaktoren auf diesen WM-Bedarf lassen sich schließlich Managementimplikationen und Gestaltungsempfehlungen ableiten (vgl. Abschnitt 6).

Abbildung 37 bietet eine detaillierte Übersicht über das erarbeitete WM-Bedarfs-Modell und zeigt dessen Kategorien, Unterkategorien und Eigenschaften.

Das vorgestellte Modell wurde anhand von Interviews mit Experten für verschiedene GPs entwickelt. In den Interviews wurde der Soll-Zustand des WM des jeweils betrachteten GP abgefragt. Dieser Soll-Zustand wurde aus der Abfrage des diesbezüglichen Status Quo und der Einschätzung der Experten zum Verbesserungspotenzial gebildet. Folglich beruht das Modell auf Momentaufnahmen. Die GP-spezifischen Ausprägungen des Modells sind keineswegs statisch. Aufgrund der Interdependen-

[307] Vgl. Amelingmeyer 2000, S. 17, vgl. Davenport 2005, S. 24 und vgl. Stewart 1998, S. 50

zen der einzelnen Modellelemente sowie äußerer Rahmenbedingungen ist es vielmehr dynamisch zu interpretieren. Die tatsächlichen Ausprägungen der betrachteten GPs können sich ständig ändern. Mit dieser Dynamik erfüllt das Modell die Forderung der Grounded Theory Literatur, nach der die Aktionen und Interaktionen der handelnden Personen sowie die Konsequenzen daraus als iterativer Prozess zu verstehen sind.[308]

Wie in Abbildung 37 dargestellt, existieren innerhalb des WM-Bedarfs-Modells Abhängigkeiten zwischen den Elementen. Die Kategorie Einflussfaktoren ermöglicht die Fokussierung auf die aus WM-Sicht für den betrachteten GP relevante Analyseeinheit bzw. relevanten Analyseeinheiten. Sie umfasst zudem die Charakterisierung der für relevant befundenen Analyseeinheit bzw. Analyseeinheiten, die folglich im Anschluss an die Festlegung ihrer Relevanz erfolgt. Die Einflussfaktoren sind die unabhängige Größe, die WM-Bedarf von GPs erzeugt und aus der sich WM-Bedarf von GPs ableiten lässt. Die Kategorie Perspektiven bietet eine Unterteilungs- und Strukturierungsmöglichkeit für den WM-Bedarf von GPs. Der WM-Bedarf jeder relevanten und charakterisierten GP-Analyseeinheit lässt sich nach den Perspektiven Prozessplanung, Prozessdurchführung und Prozessüberwachung unterteilen und strukturieren. Folglich ergibt die Summe der WM-Bedarfe aus den verschiedenen Perspektiven den WM-Bedarf der betrachteten GP-Analyseeinheit. Der WM-Bedarf des betrachteten GP setzt sich aus der Summe der Bedarfe der Analyseeinheiten zusammen, die für diesen GP aus WM-Sicht relevant sind. Wissen als das zentrale Phänomen des WM-Bedarfs besteht aus der Kategorie Wissen auf Objektebene und aus der Kategorie Wissen auf Aktivitätsebene. Für die Beschreibung von Wissen bietet sich die Einhaltung einer Reihenfolge an, nach der zuerst dargestellt wird, welches Wissen Gegenstand der Betrachtung ist. Hierfür wird die Kategorie Wissen auf Objektebene herangezogen. Anschließend wird mit der Kategorie Wissen auf Aktivitätsebene darauf eingegangen, was mit diesem Wissen (auf Objektebene) geschieht bzw. geschehen soll.

Zum besseren Verständnis des WM-Bedarfs-Modells ist es auch wesentlich, darauf hinzuweisen, dass weder von einer Trennschärfe der Inhalte der verschiedenen Elemente noch von einer Trennschärfe der Inhalte eines Elements ausgegangen

[308] Vgl. Böger 2010, S. 108 und S. 179 und vgl. Strauss/Corbin 1990, S. 143-157 und S. 256

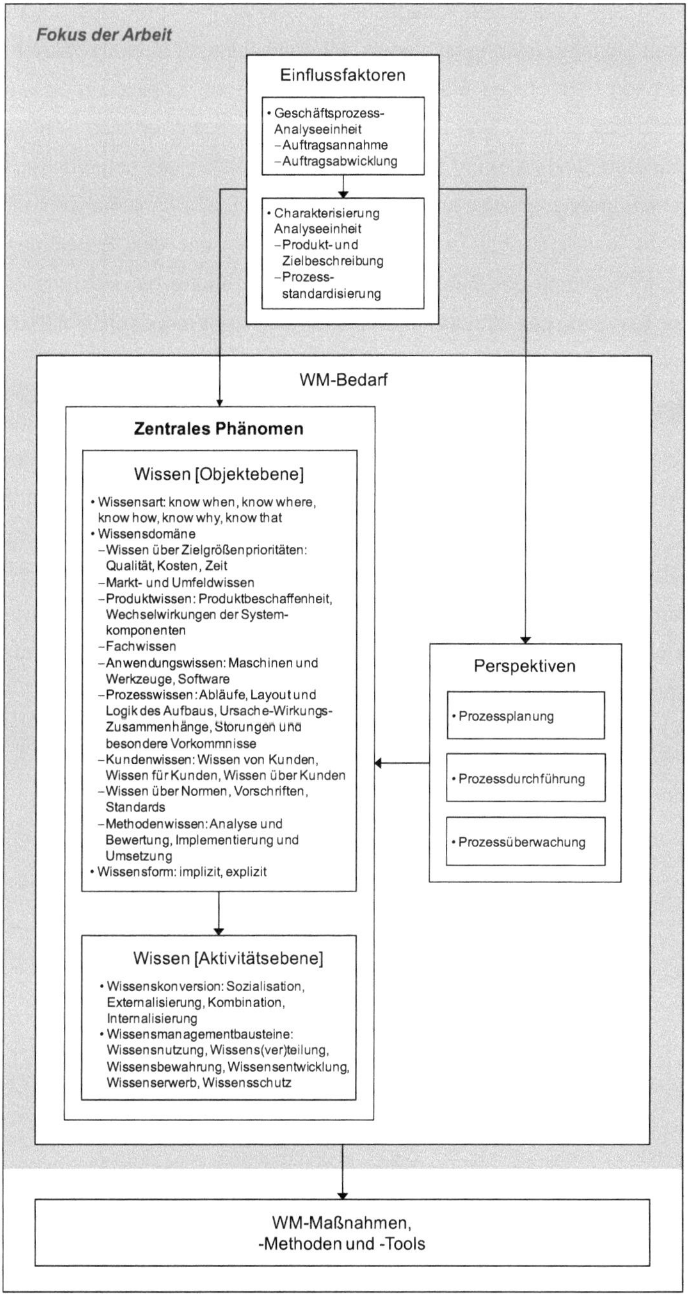

Abbildung 37: Detailliertes WM-Bedarfs-Modell

werden kann. Die zahlreichen Kategorien, Unterkategorien und Eigenschaften des vorgestellten Modells bieten verschiedene Möglichkeiten zur Operationalisierung von WM-Bedarf von GPs. Jedes Element hat einen eigenen inhaltlichen Schwerpunkt. Die Inhalte überschneiden sich zwar zum Teil, aber sie decken sich nicht komplett. Werden zur Operationalisierung des WM-Bedarfs von GPs alle aufgeführten Modellelemente herangezogen, so resultiert daraus, trotz einiger Schnittmengen, ein Mehrwert, weil der jeweilige Inhalt und Aussagegehalt über die reine Schnittmenge hinausgehen. Im Rahmen der Datenanalyse und -auswertung hat sich das darin gezeigt, dass Textpassagen oftmals mit Kodes für mehrere Kategorien, Unterkategorien und Eigenschaften kodiert wurden.

In diesem Abschnitt wurden, aufbauend auf der Beantwortung der Forschungsfrage I, welche Aspekte des WM-Bedarfs von GPs aktuell in Wissenschaft und Praxis berücksichtigt werden (vgl. Abschnitt 3), Antworten auf die Forschungsfragen II und III gegeben. Unter Nutzung der erarbeiteten Möglichkeit zur Operationalisierung des WM-Bedarfs von GPs und des Verständnisses darüber, welche Faktoren diesen WM-Bedarf wie beeinflussen, widmet sich der folgende Abschnitt der Forschungsfrage IV. Es wird auf die Nutzbarmachung der gewonnenen Erkenntnisse für die Unternehmenspraxis eingegangen.

6 Managementimplikationen und Gestaltungsempfehlungen

Die folgenden Aussagen beruhen auf der durchgeführten explorativen Untersuchung. Es handelt sich um Implikationen, die auf Daten beruhen. Hinsichtlich ihrer Verlässlichkeit genügen diese Implikationen nicht den Ansprüchen, die sich an getestete Hypothesen stellen lassen. Es sind Ergebnisse aus einem Verfahren zum Generieren von Hypothesen, deren Gültigkeit nicht bewiesen ist (vgl. Abschnitt 4.1).[309]

Die Datenerhebung und -auswertung haben gezeigt, dass sich der WM-Bedarf von GPs aufgrund von Unterschieden zwischen den GPs, die als Einflussfaktoren identifiziert wurden, unterscheidet (vgl. Abschnitt 5). Obwohl es zahlreiche Realformen von GPs und von WM-Bedarf von GPs gibt, haben sich im Zuge der Untersuchung aus den Daten Muster ergeben. Diese Muster erlauben die Bildung von Typen von GPs i.V.m. der Ermittlung der entsprechenden WM-Bedarfe. Das Ergebnis ist eine WM-Bedarfs-Typologie, deren Entwicklung dem Prinzip der Kontingenztheorie und damit der theoretischen Basis der vorliegenden Arbeit entspricht (vgl. Abschnitt 2.6). Im folgenden Abschnitt wird mit der Darstellung und Erläuterung der WM-Bedarfs-Typologie begonnen. Der Inhalt der darauf folgenden Abschnitte orientiert sich an dieser Typologie. Unter Nutzung von Ergebnissen aus der explorativen Untersuchung wird darin erläutert, welcher Typ von GP-Analyseeinheit welchen WM-Bedarf hat. Daran schließt sich die Beschreibung einer Vorgehensweise zur Ermittlung von WM-Bedarf von GPs an.

In diesem Abschnitt wird die Forschungsfrage IV beantwortet: Welche Gestaltungsempfehlungen lassen sich aus den bislang vorgestellten Ergebnissen zur Beantwortung der Forschungsfragen I, II und III für die Unternehmenspraxis ableiten?

6.1 Wissensmanagement-Bedarfs-Typologie

Im Mittelpunkt dieses Abschnitts steht die im Verlauf der Datenanalyse und -auswertung entwickelte WM-Bedarfs-Typologie. Aus dem Datenmaterial wurde zuerst ein WM-Bedarfs-Modell entwickelt, das sich aus drei Elementen zusammensetzt, der Kategorie Einflussfaktoren, der Kategorie Perspektiven und dem zentralen Phänomen Wissen (vgl. Abbildung 37). Die Kategorien, Unterkategorien und Eigenschaften des WM-Bedarfs-Modells bildeten sich schrittweise heraus. Ihre Vernetzung er-

[309] Vgl. Edmondson/McManus 2007, S. 1160, vgl. Suddaby 2006, S. 636 und vgl. Wagner/Lukassen/Mahlendorf 2010, S. 9

folgte im Verlauf der Analyse und Auswertung der Daten auf einer zunehmend abstrakteren Ebene. Das WM-Bedarfs-Modell ist das Ergebnis der durchgeführten explorativen Untersuchung im Bereich Operations. Mindestens für diesen Bereich bietet es eine strukturierte Möglichkeit zur Beschreibung von WM-Bedarf von GPs, „... wenn auch über die strukturelle Typisierung hinaus nicht in jedem Einzelfall mit ausreichender individueller Kennzeichnung und trennscharfer Differenzierung“[310]. Zur Schaffung einer WM-Bedarfs-Typologie und zur Nutzbarmachung der bis dahin gewonnenen Erkenntnisse wurde in einer anderen Reihenfolge vorgegangen. Ausgehend von einem betrachteten GP wurde aus WM-Sicht entschieden, ob für diesen GP die Analyseeinheit Auftragsabwicklung zusammen mit der Analyseeinheit Auftragsannahme relevant ist oder ob lediglich die Auftragsabwicklung eine Rolle spielt. Im nächsten Schritt erfolgte eine Charakterisierung der aus WM-Sicht für relevant befundenen GP-Analyseeinheit bzw. GP-Analyseeinheiten nach den beiden Eigenschaften Produkt- und Zielbeschreibung und Prozessstandardisierung. Zudem wurde für jede GP-Analyseeinheit der WM-Bedarf formuliert. Hierfür wurden die entsprechenden Kategorien des vorgestellten WM-Bedarfs-Modells genutzt und es erfolgten eine Unterteilung und Strukturierung der jeweiligen WM-Bedarfe nach den Perspektiven Prozessplanung, Prozessdurchführung und Prozessüberwachung. Dieses Vorgehen fand bei allen betrachteten GPs Anwendung. Auf dieser Grundlage ließen sich die entsprechenden GP-Analyseeinheiten gemäß ihrer Charakterisierung nach Typen einteilen. Das Ergebnis dieser Einteilung ist die in der folgenden Abbildung dargestellte WM-Bedarfs-Typologie.

Die WM-Bedarfs-Typologie zusammen mit dem jeweils formulierten WM-Bedarf der GP-Analyseeinheiten ermöglicht die Ableitung von Implikationen für die Unternehmenspraxis. Bei Betrachtung aller WM-Bedarfe der GP-Analyseeinheiten aus einem Quadranten ergeben sich Muster. Anhand dieser Muster lassen sich Aussagen über den WM-Bedarf von GP-Analyseeinheiten treffen, die ihrem Typ nach dem Quadranten I, dem Quadranten II oder dem Quadranten III zuzuordnen sind. Zur Formulierung des WM-Bedarfs je Quadrant, und damit je Typ einer GP-Analyseeinheit, lassen sich die entsprechenden Elemente aus dem vorgestellten WM-Bedarfsmodell nutzten (vgl. Abschnitt 6.2 bis Abschnitt 6.4). Die Datenanalyse und -auswertung haben zudem gezeigt, dass sich die Kategorie Perspektiven nicht nur zur Unterteilung und

[310] Spinner 2002, S. 18

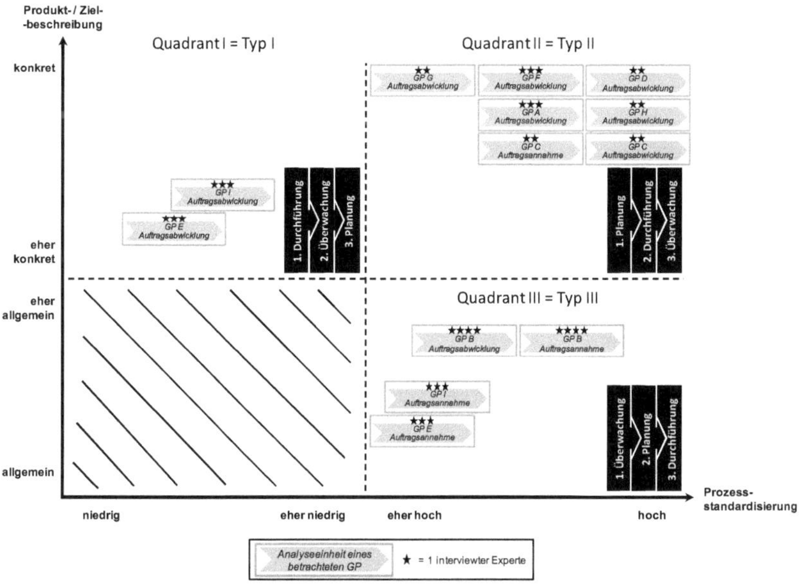

Abbildung 38: WM-Bedarfs-Typologie

Strukturierung des WM-Bedarfs eignet. Aus einer nach Perspektiven unterteilten und strukturierten Betrachtung der WM-Bedarfe der drei gebildeten Typen von GP-Analyseeinheiten sowie aus den erhobenen Erfolgsfaktoren und Barrieren lassen sich auch Unterschiede in der Relevanz der Deckung dieser Bedarfe und in der Wirksamkeit einer WM-Unterstützung ableiten. Diese Ableitung beruht einerseits auf dem Umfang des WM-Bedarfs und den sich daraus ergebenden Handlungsfeldern, die sich in den Daten für die drei gebildeten Typen von GP-Analyseeinheiten abzeichnen. Andererseits erfolgt diese Ableitung aufgrund der im Rahmen der Experteninterviews erhobenen Erfolgsfaktoren und Barrieren, die nicht zwingend einen direkten WM-Bezug aufweisen. Vielmehr werden sie für das Gelingen und Scheitern des jeweils betrachteten GP grundsätzlich als wesentlich angesehen (vgl. Abschnitt 4.3.1.2). Sie implizieren eine je Typ von GP-Analyseeinheit unterschiedliche Relevanz der Aufgaben Prozessplanung, Prozessdurchführung und Prozessüberwachung und ermöglichen somit eine entsprechende Priorisierung. Deshalb ist in den Quadranten I bis III jeweils eine auf diesen Erkenntnissen basierende Reihenfolge dargestellt, die sich auf die Perspektiven Prozessplanung, Prozessdurchführung und Prozessüberwachung bezieht. Dieser Vorschlag für eine Reihenfolge zur Deckung von

WM-Bedarf zielt auf die Berücksichtigung der Wirksamkeit der jeweiligen WM-Unterstützung ab und bezieht in diesem Zusammenhang auch Überlegungen zum Aufwand-Nutzen-Verhältnis ein.

Die Kombination von beidem, dem WM-Bedarfs-Modell und der WM-Bedarfs-Typologie, bietet eine Möglichkeit zur systematischen Ermittlung und Bewertung von WM-Bedarf von GPs (vgl. Abschnitt 6.6).

Der Inhalt der drei folgenden Abschnitte gliedert sich nach den Quadranten I bis III der vorgestellten WM-Bedarfs-Typologie.[311]

6.2 Quadrant I der Wissensmanagement-Bedarfs-Typologie

Beide GP-Analyseeinheiten, die sich aufgrund ihrer Charakterisierung nach den Eigenschaften Produkt- und Zielbeschreibung und Prozessstandardisierung im Quadranten I der WM-Bedarfs-Typologie einordnen lassen, haben die Eigenschaft Auftragsabwicklung. Es handelt sich hierbei um die Auftragsabwicklung der betrachteten GPs Maschinenfertigung und -montage und Sondermaschinenfertigung und -montage. In beiden Fällen liegt zu Beginn ein Auftrag vor, in dem das zu erstellende Produkt und damit das Ziel enthalten sind. Dieser Auftrag umreisst das Produkt und das Ziel. Allerdings sind zum Startzeitpunkt der Auftragsabwicklung noch keine vollständige Festlegung und Beschreibung dessen möglich.

> *„... Diese Themen kann man im Vorfeld [...] nur bis zu einem bestimmten Grad besprechen. Man verkauft [..] beispielsweise eine Garnitur, stellt aber hinterher fest, rein technisch wären es zwei. Um diese Themen geht es vor allem in den ersten Gesprächen [...] [ein] kurzes Beispiel: Sie verkaufen [...] zwei Maschinen, einen Einpacker und einen Palettierer. Und dazwischen haben Sie Transportbänder. [..] jetzt haben wir die Planung [...] [für den Palettierer] abgeschlossen [...]. Dann kann [...] der mechanische Konstrukteur [...] die Maschine konstruieren. Was noch nicht feststeht [..], ist [..] [die] Flasche [...] der, der den Packer baut, [...] kann noch nicht anfangen, weil die Flasche noch nicht feststeht; das heißt, es gibt [...] verschiedene Startschüsse. [...] Oft hängt das auch vom Kunden ab." (Experte 12)*

[311] Hinweis: Mit dem Argument, dass in der vorliegenden Arbeit GPs aus dem Bereich Operations im Mittelpunkt der Betrachtung stehen, wurde bereits zum Ende des Abschnitts 5.5.2 darauf eingegangen, weshalb sich die Analyseeinheiten der betrachteten GPs in drei von vier möglichen Quadranten der WM-Bedarfs-Typologie einordnen lassen.

Folglich lässt sich für die Eigenschaft Produkt- und Zielbeschreibung die Ausprägung „eher konkret“ festlegen.

Die Auftragsabwicklung dieser beiden betrachteten GPs ist nur sehr bedingt strukturierbar. Zumindest einige Schritte lassen sich aber mit einer gewissen Verlässlichkeit und grob prognostizieren, damit vorab eine phasenweise Strukturierung des Ablaufs möglich ist.

> *"Sie haben bei uns immer eine Planungsphase, eine Konstruktionsphase, eine Produktionsphase, eine Montagephase [und] eine Inbetriebnahmephase. [...]. Diese sind nicht aneinander gereiht [...]. Es ergibt sich [..] immer wieder, dass man im Projektverlauf auf Themen kommt, die im Vorfeld der Planung gar nicht so genau besprochen werden können. [...] Damit leben wir ...“ (Experte 12)*

> *".. es wäre natürlich wünschenswert, wenn wir sagen könnten, jetzt steht der Plan [...] und so bleibt er. Aber in der Regel wird sich immer wieder irgendetwas ändern ..." (Experte 13)*

Deshalb wurde für die Eigenschaft Prozessstandardisierung dieser beiden GP-Analyseeinheiten die Ausprägung „niedrig“ festgelegt.

Die Erläuterung des WM-Bedarfs für den Quadranten I erfolgt am Beispiel der Auftragsabwicklung der beiden betrachteten GPs Maschinenfertigung und -montage sowie Sondermaschinenfertigung und -montage. Es wird eine Unterteilung und Strukturierung des WM-Bedarfs nach den Perspektiven Prozessplanung, Prozessdurchführung und Prozessüberwachung vorgenommen. Aus der Perspektive **Prozessplanung** sind die Wissensarten know why und know that sowie die Wissensdomänen Wissen über Zielgrößenprioritäten (Qualität, Kosten, Zeit), Prozesswissen, Wissen über Normen, Vorschriften, Standards und Methodenwissen wesentlich. Mit Ausnahme der beiden Unterkategorien Qualität und Zeit der Kategorie Wissen über Zielgrößenprioritäten, ist die jeweilige Ausprägung hierfür „ist relevant“. Qualität und Zeit beinhalten die Eigenschaften GP-Qualität und Ergebnis-Qualität bzw. Dauer und Zeitpunkt, deren jeweilige Ausprägung schließlich ebenfalls „ist relevant“ ist. Unabhängig von einem konkreten Auftrag geht es immer um die allgemeingültige und grobe Planung einer Auftragsabwicklung in der Fertigung und Montage. In Abhängigkeit davon, in welchem Bereich innerhalb des Quadranten I sich eine GP-Analyseeinheit verorten lässt, umfasst die entsprechende Planung auch etwas konkretere Aspekte wie bspw. Tests. In Interviews wurde einerseits die phasenweise und vom einzelnen Auftrag unabhängige Planung der Fertigung, Montage und Tests ohne auftretende Störungen angesprochen.

> *"... Das [...] [Test-]Thema, das wird vorgegeben und [...] kommt [..] auch in die Planung [..] hinein. Da steht in der Planung drin, S-Schocktest." (Experte 22)*

> *"... das ist [..] der Masterplan für die ganze Abwicklung der Aufträge im Haus. Da steht [...] drin, [...] als nächstes geplant [ist] die Designlenkung, die es durchläuft [...], dann in der Regel die Arbeitsvorbereitung, die [...] [es] zu dem Zeitpunkt zu [..] [bearbeiten] hat, dann geht es um [die] Beschaffungszeit und dann startet die Fertigung. Da sieht man [...], in der Regel [sind es] eine Woche Zuschnitt, eine Woche Schweißerei [und] Bearbeitung und dann [kommt die] Endmontage. [...] Zeichnungen gehen zuerst in die Designlenkung. [...] erst, wenn die [Aufträge] durch die Designlenkung sind, sind die freigegeben. Dann kann sie die Arbeitsvorbereitung bearbeiten. [...] Sie erstellt die Fertigungsunterlagen [und] teilt [...] ein, welches Teil macht die Schweißerei, welches Teil wird bearbeitet und diese ganzen Abläufe." (Experte 23)*

Andererseits gab es Interviewaussagen zur phasenweisen und vom einzelnen Auftrag unabhängigen Planung der Fertigung, Montage und Tests im Fall von Störungen. Dabei geht es um definierte Eskalationsstufen und den festgelegten Handlungs- und Entscheidungsspielraum der Beteiligten.

> *"... es passiert ein Fehler oder es wird etwas entdeckt, was nicht [..] funktioniert. Dann ist der Mitarbeiter selbst verantwortlich [...], dass er sich dazu meldet. In der einfachsten Variante geht er zu seinem Vorarbeiter und sagt, [...] das geht so nicht. Dann sagt dieser, [...] das kann ich selbst entscheiden. [...] [Danach muss er] den Konstrukteur anrufen [und] [...] [dann] sagt der [..], das ist ok. Das ändern wir in der Zeichnung. Die nächste Stufe ist, dass [..] [man] zum Meister geht. Der ist [...] in der Montage [..] ein ganz zentraler Punkt, zu dem die Mitarbeiter oder der Vorarbeiter hingehen und [...] [fragen], was machen wir [oder] wie geht das [...]? [...]. Die technische Entscheidung [...] trifft [...] der Meister [...]. Wir haben [...] eine Durchlaufplanung [...]. Ein ganz wesentlicher Punkt dabei ist [aber], dass man den Abteilungen selbst einen ge-*

wissen Spielraum lassen muss, damit sie auf Veränderungen reagieren [können]. [...] bei mir ist der [..] [Mitarbeiter] krank, die zweite Maschine ist ausgefallen, der Bohrer ist abgebrochen, das Schweißgerät ist ausgegangen und der Schweißdraht kommt [erst] morgen [...]. Es ist so gewollt und es soll auch so sein, dass die Leute für solche Dinge ihre Lösungen [..] selbst suchen. [...]. Es gibt einen Rahmen, einen zeitlichen Rahmen, in dem bewegt [man] sich [..]. [...] [in] KW 10 hat er die Teile von dem Gerät zu bearbeiten. Ob er das am Montag, Dienstag oder Mittwoch macht [...] ist ein anderes Thema. [...] [Die] Frage ist, was ist außer Plan? [...] das kann [..] die Katastrophe sein [...]. Und dann gehen die [Mitarbeiter] die Eskalationsstufe von mir bis zum Projektleiter hinauf ..." (Experte 22)

In beiden Fällen, sowohl mit als auch ohne Störungen, wird auf der Grundlage von explizitem Wissen und anhand von implizitem Wissen (in beiden Ausprägungen, „Routine“ und „keine Routine“) eine Planung zur Umsetzung erstellt, die wiederum in expliziter Form vorliegt. Das entspricht der Wissenskonversion Kombination, die hier im Vordergrund steht und deren Ausprägung „ist relevant“ ist. Zudem wird das Wissen genutzt, (ver)teilt, bewahrt und entwickelt. Folglich sind die Ausprägungen dieser Eigenschaften ebenfalls „ist relevant“.

Aus der Perspektive **Prozessdurchführung** sind die Wissensarten know when, know how, know why und know that sowie die Wissensdomänen Produktwissen, Fachwissen, Anwendungswissen und Wissen von Kunden wesentlich. Demzufolge ist die jeweilige Ausprägung hierfür „ist relevant“. Es geht immer um die konkrete Durchführung einer Auftragsabwicklung in der Fertigung und Montage. Den Startpunkt stellt ein vorliegender Auftrag vom Kunden dar. Aus den Daten geht hervor, dass in beiden betrachteten Fällen der Gesamtauftrag über ein Produkt unternehmensintern in Einzelaufträge für Bauteile aufgeteilt wird.

„Der Startschuss für die Produktion [...] ist [..] die Aktivierung der Aufträge der einzelnen Geräte und Maschinen in der Arbeitsvorbereitung. Dann geht die Produktion los.“ (Experte 22)

Zur Realisierung der Produkte ist, neben der Bedienung von Maschinen und Werkzeugen, bspw. auch die Fähigkeit wichtig, Konstruktionspläne lesen zu können.

"Das ist Teil [..] der Ausbildung. [..] es muss [..] jeder die Zeichnungen lesen können ..." (Experte 24)

Zudem wird von den entsprechenden Interviewpartnern bestätigt, dass zur Auftragsabwicklung durch fachlich qualifiziertes Personal auch ein Verständnis über das Produkt und die Zusammenhänge sowie Teamarbeit erforderlich ist.

"... ich [...] habe [...] einen gewissen Spielraum, in dem ich meine einzelnen Aufträge abarbeiten kann, weil ich mehrere Positionen oder mehrere Maschinen gleichzeitig zu bauen habe. [...] das sind Facharbeiter. Sie kennen die Materie so gut, dass sie wissen, in welcher Reihenfolge [sie ihre Arbeitsschritte ausführen müssen] ..." (Experte 22)

"... Wenn wir drei Mann sind, kriegen wir den Ordner [mit den Konstruktionsplänen und Stücklisten] und dann bauen zwei den Rahmen [..] der Maschine auf und der andere fängt schon mit dem Motor an. [...] das [...] teilt man untereinander auf." (Experte 24)

Welchen Stellenwert das Prozesswissen hat, hängt davon ab, in welchem Bereich innerhalb des Quadranten I sich eine GP-Analyseeinheit verorten lässt. Je standardisierter der Ablauf gestaltet wird, desto weniger wichtig ist Prozesswissen für die Auftragsabwicklung. Die Bedeutung des Produktwissens im vorliegenden Fall, das Wechselwirkungen der Systemkomponenten und Produktbeschaffenheit umfasst, resultiert aus dem Umstand, dass ein materielles Produkt erstellt wird. Würde hingegen eine Dienstleistung erstellt werden, hätte das Produktwissen keine oder eine geringere Bedeutung. Die Auftragsabwicklung wird durch explizites Wissen angestoßen und strukturiert. Implizites Wissen spielt für die Ausführung eine Rolle und hat dabei auch die Ausprägung „Routine“. Nach mehrmaliger Wiederholung bestimmter Schritte lösen sich die Mitarbeiter zunehmend von explizit zur Verfügung stehendem Wissen und verinnerlichen dieses. Das entspricht der Wissenskonversion Internalisierung, deren Ausprägung „ist relevant“ ist. Implizites Wissen wird bspw. auch bei der Teamarbeit ausgetauscht und ausgebaut. Das entspricht der Wissenskonversion Sozialisation, deren Ausprägung ebenfalls „ist relevant“ ist. Zudem wird das Wissen genutzt, (ver)teilt und u.a. im Zusammenhang mit der Bildung von Routinen entwickelt. Folglich sind auch die Ausprägungen dieser Eigenschaften „ist relevant“.

Aus der Perspektive **Prozessüberwachung** sind die Wissensarten know where, know why und know that sowie die Wissensdomänen Wissen über Zielgrößenprioritäten (Qualität, Kosten, Zeit), Markt- und Umfeldwissen, Produktwissen, Fachwissen, Prozesswissen, Wissen von Kunden und Methodenwissen wesentlich. Mit Ausnahme der beiden Unterkategorien Qualität und Zeit der Kategorie Wissen über Zielgrößenprioritäten ist die jeweilige Ausprägung hierfür „ist relevant". Qualität und Zeit beinhalten die Eigenschaften GP-Qualität und Ergebnis-Qualität bzw. Dauer und Zeitpunkt, deren jeweilige Ausprägung schließlich ebenfalls „ist relevant" ist. In den entsprechenden Interviews über die beiden betrachteten GP-Analyseeinheiten des Quadranten I ging es nicht um die Auftragsabwicklung von Standardprodukten, sondern um Unikate, die in Stückzahl eins gefertigt und montiert werden.

> *„... Ich sage absichtlich nicht Produktion, weil wir [..] eine Werkstatt sind." (Experte 12)*

Aus der Perspektive Prozessüberwachung und in Bezug auf den WM-Bedarf wurden Aussagen über die ständige Betrachtung und Bewertung des Status Quo gemacht, um Abweichungen identifizieren und auf sie reagieren zu können. Auch Ad-hoc-Entscheidungen zur Problemlösung wurden angesprochen.

> *"... wir haben [..] wöchentliche Fertigungsbesprechungen im Rahmen der Meister[runde,] [...] zusammen [mit] dem Betriebsleiter. Da [...] gehen wir die Aufträge durch. [Es] wird [..] abgefragt, wie weit seid ihr ...?" (Experte 23)*
>
> *"... der Projektleiter [...] wird [...] mit allen schwierigen Fragen konfrontiert, weil er [...] entscheiden muss ..." (Experte 12)*

Die Nutzung von implizitem Wissen mit der Ausprägung „keine Routine" und die direkte Kommunikation stehen im Vordergrund. Das entspricht der Wissenskonversion Sozialisation, deren Ausprägung hierfür „ist relevant" ist. Explizites Wissen dient der Unterstützung. Es ist erforderlich Entscheidungen zu treffen, Probleme im Rahmen des eigenen Handlungsspielraums zu lösen und andernfalls Ansprechpartner zu kennen. Prozesswissen über verschiedene Szenarien, das Kennen von Fehlerursachen und Zusammenhängen, die Fähigkeit, Vorfälle in den Kontext einordnen zu können sowie den Status Quo der eigenen Prozessleistung zu kennen und beurteilen zu können, sind notwendig. Das Wissen wird genutzt, (ver)teilt, entwickelt und unter Einbezug von Lieferanten erworben. Folglich sind die Ausprägungen dieser Eigenschaften ebenfalls „ist relevant".

Eine Übersicht über den ermittelten und erläuterten WM-Bedarf im Quadranten I, unterteilt und strukturiert nach den Perspektiven Prozessplanung, Prozessdurchführung und Prozessüberwachung, bietet Abbildung 39.

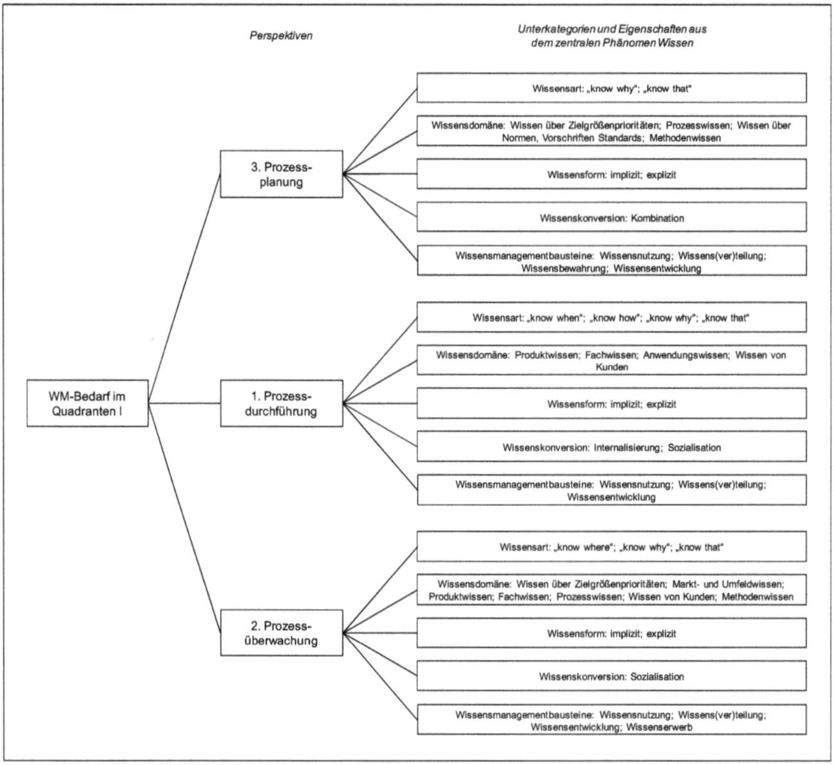

Abbildung 39: WM-Bedarf im Quadranten I

Neben dem WM-Bedarf wurden bei der Datenerhebung auch Erfolgsfaktoren und Barrieren der GPs abgefragt. Sie geben Aufschluss darüber, worauf es in den betrachteten GP-Analyseeinheiten schwerpunktmäßig ankommt. Aus dem WM-Bedarf und den Erfolgsfaktoren und Barrieren lässt sich eine Reihenfolge zur Deckung des WM-Bedarfs ableiten, die die Wirksamkeit einer WM-Unterstützung berücksichtigt und die Überlegungen zum Aufwand-Nutzen-Verhältnis einbezieht. Für die beiden im Quadranten I verorteten Analyseeinheiten der GPs Maschinenfertigung und -montage und Sondermaschinenfertigung und -montage, die stellvertretend für den Quadranten I und damit für den Typ I von GP-Analyseeinheiten stehen, ergibt sich in

Bezug auf die Priorität im Umgang mit WM-Bedarf die folgende Reihenfolge: 1. Prozessdurchführung, 2. Prozessüberwachung, 3. Prozessplanung (vgl. Abbildung 38).

Beim formulierten WM-Bedarf aus der Perspektive Prozessdurchführung ist der Kundenauftrag enthalten. Dessen Abstimmung und Erstellung zusammen mit dem Kunden ist jedoch wesentlicher Bestandteil der vorgelagerten GP-Analyseeinheit Auftragsannahme und gehört demnach nicht zur Auftragsabwicklung. Allerdings nannten Gesprächspartner die am Bedarf der einzelnen operativen Unternehmensbereiche orientierte Aufteilung und Verfügbarmachung des Gesamtauftrags in Form von Einzelaufträgen als entscheidenden Erfolgsfaktor im Zusammenhang mit der Durchführung der Auftragsabwicklung. Hinzu kommt die erforderliche interne Abstimmung der Auftragsinhalte.

> *„... [jeder beteiligte Bereich] bekommt [...] einen Auszug. Weil immer wieder die Forderung kam, in euren Listen steht alles drin, aber das, was ich brauche, finde ich nicht [...]. Es ist wünschenswert, dass ein Gespräch stattfindet. [...] dieser Ausdruck, der sagt schon [..] unglaublich viel, aber das ersetzt [...] die Kommunikation nicht ...“ (Experte 12)*

> *„... die Engineering-Unterlagen kommen in die Arbeitsvorbereitung. [...] Sie zerpflücken das nach unten. Sie schauen dann jedes einzelne Teil an, jede Teilezeichnung, zerlegen das und weisen das zu, damit später der Materialfluss funktioniert. [...] [es] muss sichergestellt werden, dass [der entsprechende Bereich] das Material bekommt, dass er eine Stückliste und eine Zeichnung dazu bekommt, dass er einen Termin dazu bekommt und dass er weiß, wo das Teil als nächstes hingeht.“ (Experte 22)*

> *„... wir [...] haben überall einen Gruppenführer und er bekommt vom Meister die Fertigungsunterlagen. [...] das Gerät, das gebaut wird, wird [dann] durchgesprochen, [auch,] in welchem Zeitraum das stattzufinden hat.“ (Experte 23)*

Aus den Interviews gehen auch die Qualifikation von Mitarbeitern, die das Ergebnis von Ausbildung und Erfahrung ist, sowie ihre Fähigkeit, sich selbst zu organisieren, als wesentliche Erfolgsfaktoren aus der Perspektive Prozessdurchführung hervor.

> *„Ich habe [...] eine Ausbildung zum Feinmechaniker gemacht. Während meiner Ausbildung habe ich mich nebenbei [...] weitergebildet [...] [und] eine wei-*

tere Schulausbildung gemacht […]. Danach habe ich [..] die Ausbildung zum Industriemeister gemacht …“ (Experte 22)

„… bei uns [wird] sehr viel Erfahrung […] [aufgebaut]. Die meisten, die bei uns arbeiten, haben auch bei uns gelernt. So kennen sie die Geräte relativ gut. Wenn wir [...] einen frisch ausgebildeten Facharbeiter aus einer fremden Firma bei uns in die Produktion stellen würden, muss man ganz klar sagen, [..] [der] würde [..] das wahrscheinlich […] nicht […] abwickeln können ...“ (Experte 23)

„.. selbstständiges Arbeiten, das ist bei uns sehr wichtig. […] [ein Mitarbeiter] muss sich selbst organisieren können …“ (Experte 14)

Zudem wird für die Perspektive Prozessdurchführung die Bedeutung der Selbstorganisation und Eigenverantwortung von Teams sowie die Zusammenarbeit und Kommunikation innerhalb und zwischen verschiedenen Bereichen hervorgehoben.

"... was bei uns ein großer Vorteil ist, [..] ist die Gruppenarbeit. Die Meistereien teilen sich in Arbeitsgruppen auf. Es gibt einen Gruppenführer [und einen] Vorarbeiter und die machen schon sehr viel [...] selbst. Sie organisieren sich auch selbst. [...] diese Motivation dahinter zu stehen und zu sagen, ich möchte immer haben, dass das Gerät [funktioniert,] […] das betrachte ich […] als einen Vorteil …“ (Experte 22)

„.. entscheidend ist ganz klar […] [, dass] du mit jedem kommunizieren kannst …“ (Experte 14)

„… die Zusammenarbeit [..] [zwischen] diesen Teams, Konstruktion und Projektabwicklung, das ist sicherlich ein Schlüssel, damit das Ganze funktioniert […] sicherlich ist ein Knackpunkt diese Kommunikation zwischen den Abteilungen …“ (Experte 12)

Auf Basis der Aussagen der Interviewpartner lässt sich für den Quadranten I zusammenfassend festhalten, dass die am Bedarf orientierte Aufteilung, Verfügbarmachung und Abstimmung der Aufträge, die Qualifikation der Mitarbeiter, ihre Fähigkeit, sich selbst zu organisieren, sowie funktionierende Teams, die auch bereichsübergreifend zusammenarbeiten und kommunizieren, die entscheidenden Erfolgsfaktoren für die Auftragsabwicklung sind. Sie adressieren die Perspektive Prozessdurchführung des WM-Bedarfs.

Die Gesprächspartner nannten weitere Aspekte mit positivem Einfluss auf den Erfolg der GP-Analyseeinheiten im Quadranten I. Darin sind die Analyseeinheiten Auftragsabwicklung verortet, die Projektcharakter haben. Diese Erfolgsfaktoren sind der Perspektive Prozessüberwachung zuzuordnen. In den Interviews war die Rede von Projektleitern, die wesentlich zur erfolgreichen Auftragsabwicklung beitragen, indem sie die Projekte verantworten und koordinieren. Das umfasst auch den Umgang mit besonderen Vorkommnissen, wie bspw. Reklamationen von Kunden.

> *„... der Projektleiter hat die Hoheit über das Projekt [und damit] über den Auftrag. Und da kommen auch [andere] Dinge zusammen, nicht nur aus der Produktion. Selbstverständlich auch aus der Konstruktion, selbstverständlich auch aus der Versandabteilung [und] aus der Montageabteilung. [...] wir haben schon [...] seit einigen Jahren [...] jeden Montag [...] [eine] Reklamationsbesprechung [...]. Reklamation heißt, wir haben etwas ausgeliefert [...] [und] der Kunde reklamiert [...]. Wenn diese Reklamation herein kommt, wird sie wieder von dem Projektleiter, der dieses Projekt damals gemacht hat, eingestellt und sie wird dann auch [...] dargestellt. In diesen Reklamationsbesprechungen [...] werden diese Punkte [..] abgearbeitet beziehungsweise verteilt. Wer [welche] Aufgaben [...] [übernimmt] und was man zum Abstellen [...] machen muss." (Experte 22)*

Das Management von Projekten und der Umgang mit Störungen und besonderen Vorkommnissen wird nicht nur als wichtige Aufgabe der Projektleiter erwähnt, sondern ebenfalls als wichtige Aufgabe anderer Mitarbeiter. Dazu gehören auch das Urteilsvermögen, wann eine Eskalation notwendig ist, sowie ein gewisses Verantwortungsbewusstsein für das Produkt und den Prozess.

> *".. wenn [..] [der Mitarbeiter] selbstständig arbeiten kann, [..] wenn er [...] Probleme lösen kann. Wenn er [..] aber auch auf der anderen Seite sieht, [...] das wird jetzt kritisch, da muss ich nachhaken und nachfragen [...]. Ich denke, dass es bei uns wichtig ist, dass [...] [man] einen Überblick über die verschiedenen Geräte behält, die man dort baut. Dass man [...] Lösungen finden kann [und], dass man auch weiß, an welche Stelle man [..] [sich] am besten [..] [wendet] [...]. Dass man Termine [...] im Griff hat, dass man ein Gespür dafür hat, wie lange brauche ich für etwas, dass man diese Arbeiten [..] in diese Bereiche [...] einteilen kann ..." (Experte 23)*

„..., dass das Gerät [..] meinen Namen trägt. Der Meister [..], wenn er eine Reklamation bekommt, dann nimmt er das persönlich. Und das soll auch so sein. Und er steht dafür gerade und er wird das auch sicher verfolgen, warum das so war. Und er muss auch Rede und Antwort stehen ..." (Experte 22)

Auf Basis der Interviewaussagen lässt sich für den Quadranten I zusammenfassen, dass das Projektmanagement, der Umgang mit Störungen und besonderen Vorkommnissen und ein gewisses Verantwortungsbewusstsein wichtig für den Erfolg der Auftragsabwicklung sind. Diese Faktoren adressieren die Perspektive Prozessüberwachung des WM-Bedarfs.

Die Festlegung grober Phasen für die Auftragsabwicklung, die Einplanung von Tests und bestimmte Vorbereitungen für den Umgang mit und die Eskalation von Störungen und besonderen Vorkommnissen sind denkbare Erfolgsfaktoren, die der Perspektive Prozessplanung des WM-Bedarfs zuzuordnen sind. Ob und inwieweit das für die jeweils betrachtete GP-Analyseeinheit im Quadranten I möglich und sinnvoll ist, ist von Fall zu Fall abzuwägen.

6.3 Quadrant II der Wissensmanagement-Bedarfs-Typologie

Aufgrund ihrer Charakterisierung nach den Eigenschaften Produkt- und Zielbeschreibung und Prozessstandardisierung lassen sich sechs GP-Analyseeinheiten mit der Eigenschaft Auftragsabwicklung sowie eine GP-Analyseeinheit mit der Eigenschaft Auftragsannahme im Quadranten II einordnen. Sie stammen aus den betrachteten GPs Kommissionierung, Messgerätefertigung und -montage, Skifertigung und -montage, Dachrelingfertigung und -montage, Pharmaherstellung und Materialversorgung Automobilproduktion. In allen Fällen liegt zu Beginn ein Auftrag vor, anhand dessen sich das zu erstellende Produkt bzw. die zu erstellende Dienstleistung und damit das Ziel vollständig festlegen und beschreiben lassen.

„..., dass uns der Abruf vom Kunden per Datenfernübertragung [...] erreicht. [...] die Stückliste wird aufgelöst, über das Fertigteil und verschiedene Bestandteile, bis zum Rohmaterial. Ich habe dann [...]Aufträge, die [...] eingelastet werden ..." (Experte 16)

„In dieser [...]Tabelle [..] steht [...], welche Artikelnummer, welcher Produktname und welche Menge in welcher Kalenderwoche als Output fertig sein soll.

Und [...] das Warenwirtschaftsystem weiß dann, welcher Rohstoff dafür verwendet wird." (Experte 19)

„... der Mitarbeiter sieht auf der Pick-Liste die Stückzahl, die er picken soll, er sieht die Sachnummer des Materials, das er picken soll und er sieht auch die Koordinaten des Materials, damit er sich schnell in dem Bereich [...] orientieren kann." (Experte 20)

Folglich lässt sich für die Eigenschaft Produkt- und Zielbeschreibung die Ausprägung „konkret" festlegen.

Diese GP-Analyseeinheiten werden kleinteilig strukturiert und geplant. Mit Ausnahme einer betrachteten Analyseeinheit im Quadranten II gilt das bis zu einem hohen Detaillierungsgrad.

„... dieser Kundenauftrag hat eine Nummer, eine Art [...] Barcode. [...] hinter dieser Nummer ist die Auflösung [der Produkterstellung] hinterlegt ..." (Experte 9)

„... jedes Produktionslos hat einen Arbeitsplan mit Starttermin ..." (Experte 10)

"... als Planungsergebnis haben wir auch ein Mengengerüst, und zwar [...] auf Sachnummernebene. Ich habe dann wirklich die zweihundertdreiundsiebzig Sachnummern und [...] es steht genau drin, an welchem Takt das verbaut wird [und] über welchen Aufzug es geht." (Experte 21)

Deshalb wurde bei sechs von sieben GP-Analyseeinheiten für die Eigenschaft Prozessstandardisierung die Ausprägung „hoch" festgelegt. Die Auftragsabwicklung des betrachteten GP Pharmaherstellung variiert hingegen im Detail. Viele Einflussfaktoren führen zu verschiedenen Varianten von Zwischenergebnissen, die wiederum verschiedene Handlungen und Abläufe erfordern. Die grundsätzlichen Arbeitsschritte mit zahlreichen Prüfschritten sind einerseits festgelegt und beschrieben und sie strukturieren diese GP-Analyseeinheit stark. Andererseits ist die Anzahl an möglichen und erforderlichen Handlungsvarianten im Detail zu groß, um diese vollständig abzubilden.

„Es gibt zu jedem Produkt eine Herstellanweisung, [...] [das ist] ein Durchlaufplan. [...]. Man könnte [eigentlich strikt] [...] nach diesem Auftrag [vorgehen],

aber […] es gibt manchmal Probleme, dass sich [bspw.] die Stoffe schlecht mischen. Da gibt es [viele] Handlungsmöglichkeiten, dass man [bspw.] Hilfsstoffe einbringt. Das muss individuell entschieden werden. […]. So eine Bedienungsanleitung kann [..] [aber] auch nicht jedes Szenario abdecken. So viel Phantasie hat keiner. Dann müssen [..] speziell geschulte Personen herangezogen werden …" (Experte 19)

Aus diesem Grund wurde für die Eigenschaft Prozessstandardisierung dieser GP-Analyseeinheit die Ausprägung „eher hoch" festgelegt.

Die Erläuterung des WM-Bedarfs für den Quadranten II erfolgt am Beispiel der sieben darin eingeordneten GP-Analyseeinheiten sowie unterteilt und strukturiert nach den Perspektiven Prozessplanung, Prozessdurchführung und Prozessüberwachung. Aus der Perspektive **Prozessplanung** sind die Wissensarten know why und know that sowie die Wissensdomänen Wissen über Zielgrößenprioritäten (Qualität, Kosten, Zeit), Prozesswissen, Wissen von Kunden, Wissen über Normen, Vorschriften, Standards und Methodenwissen wesentlich. Mit Ausnahme der beiden Unterkategorien Qualität und Zeit der Kategorie Wissen über Zielgrößenprioritäten ist die jeweilige Ausprägung hierfür „ist relevant". Qualität und Zeit beinhalten die Eigenschaften GP-Qualität und Ergebnis-Qualität bzw. Dauer und Zeitpunkt, deren jeweilige Ausprägung schließlich ebenfalls „ist relevant" ist. Unabhängig von einem konkreten Auftrag geht es um die allgemeingültige und zugleich detaillierte Planung von Abläufen, um genau bestimmte Ergebnisse zu erzielen. In den Interviews war die Rede von Vorgaben und Arbeitsanweisungen oder von Abläufen, die zum Teil in der Bedienung von Maschinen hinterlegt sind.

„Er macht [..] eine Rückmeldung des Arbeitsgangs. […] jeder Prozessschritt ist […] einem Arbeitsgang im Arbeitsplan zugeordnet." (Experte 9)

"Es ist vorgegeben […], wie eine Tablette aussehen soll, mit welchen Werkzeugen, mit welchen Kräften [und] mit welchen Einstellungswerten […] diese Tablette [hergestellt wird] […]. Vieles kann man über Arbeitsanweisungen abfangen, in denen [bspw.] steht, wie ich welche Maschine zu bedienen habe und wie ich mich im Reinraum zu verhalten habe …" (Experte 18)

"… da gibt es Zusatzstoffe, Hilfsstoffe [..] [und] Wirkstoffe. Diese ganzen Sachen müssen [..] in definierten Mengen, je nach Berechnung [..] der Ausbrin-

gungsmenge, zusammengestellt werden […]. Es gibt […] in dem Terminal eine Hinterlegung [..] [mit dem] Rezept […]. Das sagt mir, jetzt gießt du den Stoff ein, davon fünf Kilo […], drücke [..] Enter. Dann sagt es mir, jetzt gießt du den nächsten Stoff dazu [..], dann drücke [..] wieder Enter. […] Dann geht es zum nächsten Schritt und die Gesamtmasse […] [ist] im Hintergrund [hinterlegt]." (Experte 19)

Es wird auch der Umgang mit Störungen und besonderen Vorkommnissen angesprochen, der die Perspektive Prozessplanung betrifft.

„… dann hat der Mitarbeiter [..] beim Test […] [ein] technisches Problem. Im Idealfall tauscht er irgendwelche Baugruppenmodule aus und die funktionieren dann. Und wenn überhaupt nichts geht, muss er […] die nächste Eskalationsstufe gehen und den Ingenieur dazu holen.“ (Experte 9)

„… wenn es wirklich […] nicht lösbar ist und die Kollegen [..] von der Fertigung sagen, das passt hinten und vorne [..] [nicht], kommt der Entwickler [..] mit ins Boot …“ (Experte 8)

"... Ich mache [..] eine Endprozesskontrolle […] und habe [..] auf einmal die Masse der Tablette, die außerhalb der Vorgabe ist. So etwas ist zum Beispiel wieder in der Arbeitsanweisung beschrieben, was man da zu machen hat. Denn so etwas sind Sachen, die vorhersehbar sind …“ (Experte 19)

Weitere häufig von den Gesprächspartnern genannte und die Perspektive Prozessplanung betreffende Aspekte beziehen sich auf verschiedene Prinzipien und Methoden aus dem Bereich Lean Management, bspw. Kanban und Poka-Yoke.

„.. wir nehmen diese Trigger […] für mehrere […] [Zwecke] her. […] es wird […] zum Beispiel [..] mit einem der letzten Schritte [..] das Signal an die Verpackung gesendet […], schickt mir den und den Karton, genau für die und die Seriennummer ...“ (Experte 8)

„… mit Lean Management Methoden versuchen wir [..] die [..] [Zeiten] in der Produktion zu reduzieren ..." (Experte 10)

"... man kann die Reihenfolge […] nicht verfehlen, sonst kommt man nicht weiter." (Experte 15)

Für zwei betrachtete GP-Analyseeinheiten im Quadranten II, die Auftragsannahme des GP Messgerätefertigung und -montage und die Auftragsabwicklung des GP Pharmaherstellung, sind aus der Perspektive Prozessplanung neben den genannten Wissensdomänen zusätzlich das Produktwissen und das Fachwissen wesentlich. In diesen beiden Fällen erfordert die Ablaufplanung ein umfassenderes Verständnis über die Produktbeschaffenheit und die Wechselwirkungen der Systemkomponenten sowie einen entsprechenden fachlichen Hintergrund. Das lässt sich aus verschiedenen Aussagen befragter Experten ableiten.

> *„.. es gibt […] [einen] so genannten Konfigurator und [..] [darin] sind bestimmte Ausschlusskriterien abgebildet. Wenn [..] der Kunde […] bestimmte technische Konfigurationen bestellt, die zum Beispiel im Gerät auf den gleichen Steckplatz gehen, sagt dieser Konfigurator, das geht nicht. Hier gibt es [..] schon Poka-Yoke-Mechanismen in der Auftragserfassung." (Experte 9)*

> *".. das ist [..] eine Herstellanweisung. […] wir [haben] einen allgemeinen Teil, […] [in dem] erst einmal […] die Inhaltsstoffe [und] dann die Eigenschaften der Tablette [stehen]: Format, Durchmesser, Dicke, Durchschnittsmasse, Druckfestigkeit usw. […]. Da sind noch technologische Vorgabewerte für das Sieben und Mischen [aufgeführt], bei welchen Umdrehungsgeschwindigkeiten soll gemischt und gesiebt werden, und nochmal Toleranzgrenzen für [die] Tablettierung, also wie weit dürfen die Einzelmaße schwanken, die Dicke, [der] Durchmesser [und die] Druckfestigkeit ..." (Experte 18)*

Auf der Grundlage von explizitem Wissen und anhand von implizitem Wissen (in beiden Ausprägungen „Routine" und „keine Routine") wird eine detaillierte Planung zur Umsetzung erstellt, die wiederum in expliziter Form vorliegt. Das entspricht der Wissenskonversion Kombination, die hier im Vordergrund steht und deren Ausprägung „ist relevant" ist. Zudem wird das Wissen genutzt, (ver)teilt, bewahrt und entwickelt. Folglich sind die Ausprägungen dieser Eigenschaften ebenfalls „ist relevant".

Aus der Perspektive **Prozessdurchführung** sind die Wissensarten know when und know how sowie die Wissensdomänen Anwendungswissen, Wissen von Kunden und Wissen für Kunden wesentlich. Folglich ist die jeweilige Ausprägung hierfür „ist relevant". Der vorliegende Auftrag ist der Startpunkt. Es geht um dessen Abwicklung, die in der Regel mit einer Meldung an den Auftraggeber abschließt.

> *„… in dem Moment, in dem es aus dem Drucker kommt, ist es ein Abruf. […] und wenn die Kommissionierung erfolgt ist, die Ware hier auf die Warenausgangsfläche gefahren wird und die Fläche [..] voll ist, […] bringt der Mitarbeiter […] den ganzen Packen Belege zum Ausbuchen ...“ (Experte 1)*

> *„Wir haben [..] einen Wochenplan [..] [auf] zwei [DIN] A4-Seiten. [...] an dem einen Tag [..] [steht] zum Beispiel Produkt A [mit] 3 Chargen [darin] und dann [..] der Bedienername. Und jeder Bediener […] sieht erst einmal in den Wochenplan und [..] sieht [..] auf einen Blick, was muss ich heute machen und wie viel ..." (Experte 19)*

> *"… der LKW kommt an und der Staplerfahrer liest seine Ladeliste ein […]. Der Staplerfahrer lädt ab, [das] Material wird aufgeteilt in Stockwerke oder Bereiche und […] wird in die Bereiche gefahren […]. Die Mitarbeiter portionieren oder sequenzieren das Material laut einer ausgedruckten Liste […]. Routenzüge nehmen das sequenzierte oder portionierte Material auf […]. Die Routenzugfahrer […] quittieren [..] im SAP-System [..], ja, ich habe das Material ausgefahren." (Experte 20)*

Wichtig für die Analyseeinheit Auftragsannahme des GP Messgerätefertigung und -montage ist zudem die Abstimmung von Kundenaufträgen. Beteiligt sind dabei Kunden und unternehmensinterne Bereiche. Es sind Ansprechpartner, also know where erforderlich und es wird zum Teil persönlich und direkt kommuniziert. Das entspricht der Eigenschaft Sozialisation mit der Ausprägung „ist relevant“.

> *„… [das] Ordertracking, das [..] die […] Lieferterminabstimmung […] durchführt. Die Lieferterminabstimmung [..] erfolgt […] mit [der] Produktion [...] [Von dort] kommt [..] die Rückmeldung, wann etwas machbar ist, und dann gibt es […] einen Fertigungsauftrag und das stößt die Produktionskette […] an …“ (Experte 8)*

Weitere Besonderheiten gibt es bei der Analyseeinheit Auftragsabwicklung des GP Pharmaherstellung. Im Pharmabereich haben Normen, Vorschriften und Standards auch aus der Perspektive Prozessdurchführung eine tragende Rolle und sie sind ständig präsent.

„... wenn sich etwas an den Vorschriften ändert, wird die Abteilungsbesprechung auch gleich als Schulung genutzt. [...] es kann natürlich auch sein, dass irgendwo in der Abfolge im Prozess etwas war. [...] dann werden die [Mitarbeiter] auch nachgeschult. Deswegen sind sie auch immer [..] up-to-date mit den Arbeitsanweisungen. Weil immer [...] alle wieder neu geschult [werden]. Egal, ob derjenige das kann [...] [oder] nicht [...]. Es werden [..] alle geschult, damit immer der Wissensstand der gleiche [...] [ist]." (Experte 19)

Deshalb ist hierbei die Wissensdomäne Wissen über Normen, Vorschriften, Standards wesentlich. Diese Eigenschaft hat die Ausprägung „ist relevant". Die Analyseeinheit Auftragsabwicklung des GP Pharmaherstellung ist zwar im Quadranten II eingeordnet, jedoch an der Grenze zum Quadranten I. Wie beim WM-Bedarf im Quadranten I spielen auch bei dieser GP-Analyseeinheit die Wissensarten know why und know that sowie die Wissensdomänen Produktwissen und Fachwissen eine wesentliche Rolle. Auch ihre Ausprägung ist demnach „ist relevant".

Aus der Perspektive Prozessdurchführung gilt für alle betrachteten GP-Analyseeinheiten im Quadranten II, dass sie durch explizites Wissen angestoßen und strukturiert werden. Implizites Wissen spielt für die Ausführung eine Rolle und hat dabei auch die Ausprägung „Routine". Nach mehrmaliger Wiederholung bestimmter Schritte lösen sich die Mitarbeiter zunehmend von explizit zur Verfügung stehendem Wissen und verinnerlichen dieses. Das entspricht der Wissenskonversion Internalisierung, deren Ausprägung „ist relevant" ist. Zudem wird Wissen genutzt, (ver)teilt und u.a. im Zusammenhang mit der Bildung von Routinen entwickelt. Folglich sind auch die Ausprägungen dieser Eigenschaften „ist relevant".

Aus der Perspektive **Prozessüberwachung** sind die Wissensarten know where, know why und know that sowie die Wissensdomänen Wissen über Zielgrößenprioritäten (Qualität. Kosten, Zeit), Prozesswissen und Methodenwissen wesentlich. Mit Ausnahme der beiden Unterkategorien Qualität und Zeit der Kategorie Wissen über Zielgrößenprioritäten, ist die jeweilige Ausprägung hierfür „ist relevant". Qualität und Zeit beinhalten die Eigenschaften GP-Qualität und Ergebnis-Qualität bzw. Dauer und Zeitpunkt, deren jeweilige Ausprägung schließlich ebenfalls „ist relevant" ist. Die Interviewpartner machten in Bezug auf den WM-Bedarf aus der Perspektive Prozessüberwachung Aussagen über die ständige Betrachtung und Bewertung des Status

Quo. Sie sprachen auch über Entscheidungen im Zusammenhang mit Störungen und besonderen Vorkommnissen sowie über den Umgang damit.

> *„... da haben wir eher die Spezialisten [...] sie müssen [...] einschätzen können, was passiert, [..] wenn es ausgeht. Kann ich etwas selbst daran ändern, ist es ein [..] Problem mit dem Gerät [oder] ist es ein Problem mit dem Messaufbau? [Das] können vielerlei Einflüsse [...] sein ...“ (Experte 8)*

> *"... das Hintergrundwissen brauche ich, [...] [um zu beurteilen,] warum ich [..] in der Bruchfestigkeit solche Probleme habe, dass ich die Tabletten nicht härter kriege, oder warum sie [..] so extrem hart sind [...]. Es geht dann an die Fehlersuche und dann [...] können wir [..] daraus auch folgern und [..] Schritte [...] [ziehen]. Läuft die Maschine wieder oder ist es etwas Größeres, wo der Hersteller kommen muss [...]. Das muss [man] situativ entscheiden ..." (Experte 19)*

In den betrachteten GP-Analyseeinheiten, in denen keine Dienstleistung, sondern die Erstellung eines materiellen Produkts im Vordergrund steht, spielten zudem die Wissensdomänen Produktwissen und Fachwissen eine Rolle. In diesen Fällen ist die jeweilige Ausprägung dieser Eigenschaften „ist relevant“. Aus den Interviews mit den Experten eines Logistikdienstleisters ging des Weiteren hervor, dass dort auch Wissen von Kunden, Wissen für Kunden und Wissen über Kunden wesentlich sind. Die jeweilige Ausprägung hierfür ist „ist relevant“.

> *„... bei den Morgenrunden mit dem operativen Leiter beziehungsweise vielleicht sogar mit dem Standortleiter [..] [wird] kommuniziert und [..] nochmal durchgegangen, [dass] [...] wir [..] gestern dieses und dieses Problem [hatten]. Andererseits haben wir dieses und dieses Problem an [..] [den Kunden] gemeldet und das wird dann zu den wöchentlichen Runden [..] mitgenommen [...] [Der Leiter] operative Logistik [des Kunden] [...] kommt [...] für die wöchentlichen Gespräche zu uns ...“ (Experte 1)*

Ein möglicher Grund für die dortige Rolle des Kundenwissens ist die starke Integration des externen Dienstleisters in die Leistungserstellung des Auftraggebers und die damit verbundene enge und partnerschaftliche Zusammenarbeit.

Beim WM-Bedarf im Quadranten II aus der Perspektive Prozessüberwachung stehen die Nutzung von implizitem Wissen mit der Ausprägung „keine Routine“ und die direkte Kommunikation im Vordergrund. Das entspricht der Wissenskonversion Sozialisation, deren Ausprägung hierfür „ist relevant“ ist. Explizites Wissen dient der Unterstützung. Es ist erforderlich, Entscheidungen zu treffen, Probleme im Rahmen des eigenen Handlungsspielraums zu lösen und andernfalls Ansprechpartner zu kennen. Prozesswissen über verschiedene Szenarien, das Kennen von Fehlerursachen und Zusammenhängen, die Fähigkeit, Vorfälle in den Kontext einordnen zu können sowie den Status Quo der eigenen Prozessleistung zu kennen und beurteilen zu können, sind notwendig. Das Wissen wird genutzt, (ver)teilt, entwickelt und, bspw. unter Einbezug von Lieferanten, erworben. Folglich sind die Ausprägungen dieser Eigenschaften ebenfalls „ist relevant“.

Eine Übersicht über den ermittelten und erläuterten WM-Bedarf im Quadranten II, unterteilt und strukturiert nach den Perspektiven Prozessplanung, Prozessdurchführung und Prozessüberwachung, bietet Abbildung 40. Darin sind alle Kategorien, Unterkategorien und Eigenschaften aufgeführt, die aus der jeweiligen Perspektive und gemäß ihrer Ausprägung für alle im Quadranten II eingeordneten und betrachteten GP-Analyseeinheiten zutreffen.

Auf Basis des erhobenen WM-Bedarfs und der im Rahmen der Datenerhebung abgefragten Erfolgsfaktoren und Barrieren ergibt sich für den Quadranten II und damit für den Typ II von GP-Analyseeinheiten in Bezug auf die Priorität im Umgang mit WM-Bedarf die folgende Reihenfolge: 1. Prozessplanung, 2. Prozessdurchführung, 3. Prozessüberwachung (vgl. Abbildung 38).

Die Aussagen der Gesprächspartner lassen auf eine große Bedeutung des WM-Bedarfs aus der Perspektive Prozessplanung für den Erfolg der GP-Analyseeinheiten im Quadranten II schließen. Die Planung dient der Erreichung einer effizienten und zugleich, unter Einhaltung einer definierten Abweichungstoleranz, stabilen Leistungserstellung. Hierfür wird eine übergreifende Betrachtungsweise eingenommen, ohne sich auf lokale Optima zu versteifen.

> *"Es gibt [..] [für jeden] Montagetisch, jede Gruppe oder jede Stelle [...] auch eine Arbeitsablaufbeschreibung ..." (Experte 15)*
>
> *„... er pickt in Behälter. Das sind Spezialbehälter, die so aufgebaut sind, mit drei oder vier Ebenen [...] und in einer festen Einteilung [...], [dass] es auch*

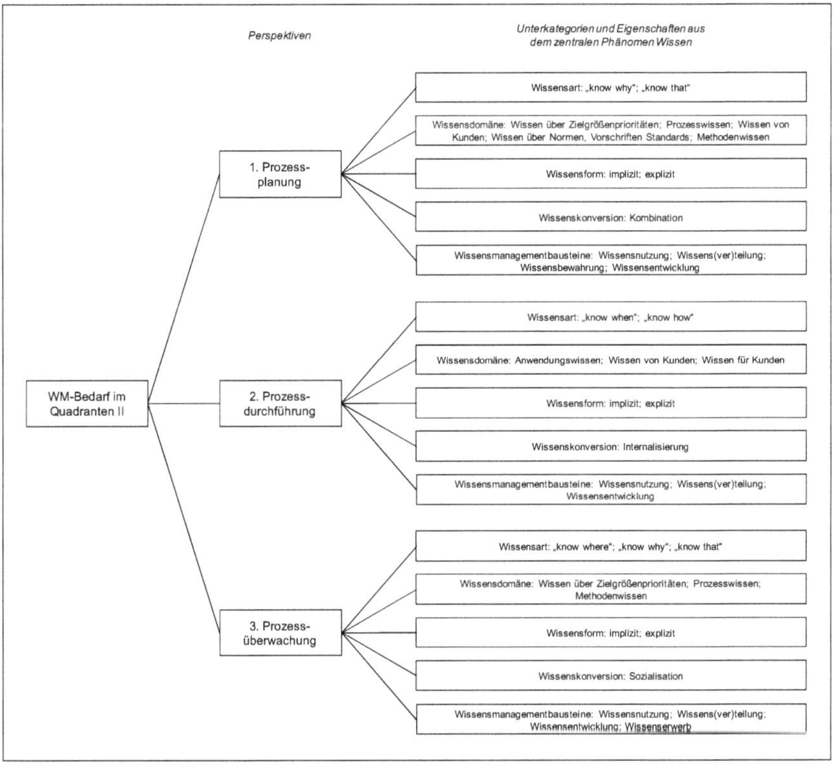

Abbildung 40: WM-Bedarf im Quadranten II

für den Mitarbeiter am Band einfacher zu erkennen [ist, ob] [..] ich für dieses Regal etwas [habe] oder [ob] [..] ich [..] weiterfahren [kann] […] 800 Aufträge täglich, mal fünf, […] mit ein [oder] zwei Fehlern ist […] gut [. Das] macht [...] die gute Anordnung …" (Experte 1)

"... die Leute sollen […] nicht müde vom Laufen oder Umpacken [und wieder] Auspacken nach Hause gehen, sondern […] weil sie so viel geschafft haben. Das bezahlt uns keiner. Die [Mitarbeiter] werden auch zufriedener sein […], wo stelle ich die Maschine hin, das muss einem Gesamtkonzept entsprechen […]. Im Optimalfall, […] wenn ein Fremder hereinkommt, muss er erkennen, wie das Material fließt. […] je weniger er fragt, umso besser haben wir das organisatorisch [..] dargestellt …" (Experte 17)

Lean Management ist in diesem Zusammenhang das vorherrschende Thema. Dabei ist bspw. die Rede von der Bildung von Wertströmen als Ausgangspunkt für die Analyse und Verbesserung der GP-Analyseeinheiten.

> *"... Wir versuchen eine Taktung hineinzubringen, damit [..] nicht immer [...] umgeräumt werden [muss]. Das kostet auch Zeit. So gewöhnt man sich an einen bestimmten Rhythmus [...]. Wir haben [...] Wertströme gebildet, was wir früher nicht hatten. [...] man kann [jetzt] die Zusammenhänge besser erkennen und die [Prozesse] dementsprechend optimieren." (Experte 17)*

Interviewpartner heben auch die Bedeutung von Standardisierung und nutzerfreundlicher Aufbereitung von Informationen hervor.

> *„... Wir haben den großen Vorteil, dass [...] [wir] drei solche Kommissionierungen haben, die komplett identisch sind, [also] auch komplett gleich aufgebaut [...]. Aber da steht [..] leider nicht [..] Monza oder Monte Carlo oder Silverstone, sondern da steht [..] dieses dreistellige Kürzel, das der Kunde benötigt ... [Und] die Tour Monza kann zum Beispiel 509, 510 [oder] 512 [...] sein [..], das sind [..] mehrere für eine Tour." (Experte 1)*

> *"... Blau ist immer rechts und Gelb ist immer links, damit man die Seiten nicht verwechselt ..." (Experte 15)*

Zudem werden funktionierende Abläufe im Fall von Störungen und besonderen Vorkommnissen als wesentlicher Erfolgsfaktor genannt.

> *„... Der Mitarbeiter erfasst diesen Fehler in einem Qualitätsinformationssystem. [Dieser] wird so dokumentiert und er meldet diesen Fehler zurück: Achtung, hier war ein Fehler. Das erfordert Standards ..." (Experte 9)*

> *".. es gibt immer irgendeinen Notfallplan." (Experte 20)*

Auf Basis der Aussagen der Interviewpartner lässt sich für den Quadranten II zusammenfassend festhalten, dass ein Vorgehen nach Lean Gesichtspunkten, das dem Faktor Mensch gerecht wird, sowie eine präventive Auseinandersetzung mit Störungen und besonderen Vorkommnissen die entscheidenden Erfolgsfaktoren aus der Perspektive Prozessplanung sind.

Es lassen sich weitere Aspekte mit positivem Einfluss auf den Erfolg der GP-Analyseeinheiten im Quadranten II ableiten, die der Perspektive Prozessdurchführung zuzuordnen sind. In den Interviews war die Rede vom Aufbau von Routinen. Sie wurden als Effizienztreiber genannt. Zugleich wiesen Experten daraufhin, dass Routinen eine Fehlerquelle darstellen.

> *"... was natürlich sehr beliebt ist, ist von diesen sieben Stellen immer nur die letzten drei zu kontrollieren. [Es] gibt [aber leider] [..] die letzten [Ziffern] zwei- [oder] dreimal mit anderen Anfangsnummern ..." (Experte 1)*

> *"... ein langgedienter Mitarbeiter [...] sieht es [...] sowieso schon blind. Nur das ist [..] auch wieder gefährlich [...]. Da greift man auch schneller zu einem falschen Kleinladungsträger. [...] Routine muss nicht immer gut sein. Es kann auch sein, dass durch die Routine [...] viele Fehler entstehen." (Experte 2)*

> *"... diese Betriebsblindheit [...], das ist das Schlagwort dafür, wenn man einfach bestimmte Tätigkeiten vergisst zu beachten ..." (Experte 19)*

Zusammenfassend lässt sich für den Quadranten II und aus der Perspektive Prozessdurchführung festhalten, dass die Bildung und Förderung von („richtigen") Routinen einerseits wesentlich für eine effiziente Leistungserstellung sind, andererseits sind („falsche") Routinen eine Quelle für systematische Fehler, die es zu vermeiden gilt.

Verschiedene Interviewaussagen, die sich in Bezug auf den WM-Bedarf an die Perspektive Prozessüberwachung im Quadranten II richten, deuten ebenfalls auf potentielle Erfolgsfaktoren für entsprechende GP-Analyseeinheiten hin. Es geht dabei um die Beobachtung und Beurteilung der Prozessleistung sowie um kurzfristige Reaktionen auf Störungen und besondere Vorkommnisse.

> *„... Es gibt bei uns sogenannte Abweichungsreports [...] für die einzelnen Bereiche [...]. Es werden [...] Fehler [...] gemonitort ..." (Experte 8)*

> *„Der Konfigurator funktioniert sehr gut, aber nicht zu 100 Prozent. Es kommt durchaus manchmal vor, dass [...] der Disponent [...] eine Kombination sieht, [...] [die] vielleicht total untypisch [...] ist ..." (Experte 9)*

> *"Biegung und Spannung des [..] [Produkts]. [...] [Sie] schauen das an [und] biegen [...] [das Produkt] nochmal schnell, damit es [..] genau zusammenpasst ..." (Experte 11)*

Handelt es sich um eine einzelne Störung oder eine einzelne Abweichung, die zufällig auftritt und durch eine Ad-hoc-Maßnahme zu beheben ist, betrifft das die Perspektive Prozessüberwachung. Liegt hingegen ein systematischer Fehler vor und sind bspw. strukturelle Anpassungen erforderlich, handelt es sich um ein Thema, das den WM-Bedarf aus der Perspektive Prozessplanung adressiert.

6.4 Quadrant III der Wissensmanagement-Bedarfs-Typologie

Drei GP-Analyseeinheiten mit der Eigenschaft Auftragsannahme und eine GP-Analyseeinheit mit der Eigenschaft Auftragsabwicklung lassen sich aufgrund ihrer Charakterisierung nach den Eigenschaften Produkt- und Zielbeschreibung und Prozessstandardisierung im Quadranten III einordnen. Sie stammen aus den betrachteten GPs Flugwetterberatung, Maschinenfertigung und -montage und Sondermaschinenfertigung und -montage. In keinem dieser Fälle liegt zu Beginn ein Auftrag vor, in dem das zu erstellende Produkt bzw. die zu erstellende Dienstleistung und damit das Ziel vollständig festgelegt und beschrieben sind. Je breiter das Produkt- bzw. Dienstleistungsspektrum eines GP ist, desto offener ist zu Beginn auch das Ergebnis der entsprechenden GP-Analyseeinheit Auftragsannahme. Für die Eigenschaft Produkt- und Zielbeschreibung der Analyseeinheiten Auftragsannahme der GPs Maschinenfertigung und -montage und Sondermaschinenfertigung und -montage lässt sich daraus die Ausprägung „allgemein" ableiten, weil die Produktportfolios auch unterschiedlichste Sonderanfertigungen enthalten.

> *„..., dass jemand feststellt, [...] ich bräuchte irgendeine Sonderlösung [..]. Das ist [...] ein wesentlicher Fundus von uns [...]. Wir können auch in einer ganz anderen Art wegfahren, wir können auch ein Stockwerk höher fahren usw. Und da bieten wir natürlich Sonderlösungen an ..." (Experte 22)*

Das Dienstleistungsportfolio des GP Flugwetterberatung beschränkt sich hingegen auf das variantenreiche, aber zugleich abgrenzbare Spektrum Flugwetterberatung. Die entsprechende Ausprägung der GP-Analyseeinheit Auftragsannahme ist daher „eher allgemein" (vgl. Abbildung 38). Ein wesentliches Ziel der betrachteten GP-Analyseeinheiten Auftragsannahme besteht darin, die Anforderungen und Wünsche der Kunden zu ermitteln und diese möglichst vollständig und konkret in einem Auftrag zu erfassen. Bei den beiden GP-Analyseeinheiten, bei denen es um die Formulierung eines Auftrags für ein materielles Produkt geht, gelingt das. Die daraus resultierenden Aufträge sind „eher konkret" (vgl. Abschnitt 6.2). Im Fall der GP-Analyseeinheit Auftragsannahme der betrachteten Beratungsdienstleistung gelingt das nur bedingt. Bei diesem GP handelt es sich um eine Prognosedienstleistung, deren Ergebnis vorab nur ungefähr festlegbar und beschreibbar ist. Folglich ist die Ausprägung der Eigenschaft Produkt- und Zielbeschreibung für die Analyseeinheit Auftragsabwicklung des GP Flugwetterberatung „eher allgemein“ (vgl. Abbildung 38).

Die GP-Analyseeinheiten im Quadranten III werden kleinteilig strukturiert und geplant. Aus den geführten Interviews ging hervor, dass das für die Analyseeinheiten des Dienstleistungsprozesses bis zu einem etwas höheren Detaillierungsgrad gilt als für die beiden anderen GP-Analyseeinheiten im Quadranten III.

> *".. es gibt [..] Flugzeugmuster, die wir hier [normalerweise] gar nicht beraten, zum Beispiel Marineflieger. [...]. Sollte hier [trotzdem] ein Marineflieger anrufen und seinen Flug über Nord- und Ostsee von uns beraten bekommen [wollen], dann müsste ich mich [dafür] auch in die Vorschriften einarbeiten ..." (Experte 3)*

> *"Im Prinzip ist das eine Art Checkliste [...]. Man versucht, die Checkliste schnellstmöglich zu füllen. Je [..] [eher ich die] Informationen [..] darin habe, desto früher kann ich [..] [den Auftrag] zum Konstrukteur geben ..." (Experte 13)*

> *".. es gibt einen Konstruktionsplan. Die [...] Anlagen werden von der Konstruktion konstruiert [...] und von da kommt [..] [dieser] in die [..] Arbeitsvorbereitung. In der Arbeitsvorbereitung wird aus dieser Konstruktionsstückliste eine Grunddatenstückliste generiert. Und aus dieser Grunddatenstückliste entsteht dann die Fertigungsstückliste ..." (Experte 22)*

Folglich wurde für die Eigenschaft Prozessstandardisierung der Analyseeinheiten Auftragsannahme der GPs Sondermaschinenfertigung und -montage und Maschinenfertigung und -montage die Ausprägung „eher hoch“ festgelegt. Für die Eigenschaft Prozessstandardisierung der beiden Analyseeinheiten des GP Flugwetterberatung wurde die Ausprägung „hoch“ festgelegt (vgl. Abbildung 38).

Die Erläuterung des WM-Bedarfs für den Quadranten III erfolgt am Beispiel der vier darin eingeordneten GP-Analyseeinheiten sowie unterteilt und strukturiert nach den Perspektiven Prozessplanung, Prozessdurchführung und Prozessüberwachung. Aus der Perspektive **Prozessplanung** sind die Wissensarten know why und know that sowie die Wissensdomänen Wissen über Zielgrößenprioritäten (Qualität, Kosten,

Zeit), Fachwissen, Prozesswissen, Wissen von Kunden, Wissen über Normen, Vorschriften, Standards und Methodenwissen wesentlich. Mit Ausnahme der beiden Unterkategorien Qualität und Zeit der Kategorie Wissen über Zielgrößenprioritäten, ist die jeweilige Ausprägung hierfür „ist relevant". Qualität und Zeit beinhalten die Eigenschaften GP-Qualität und Ergebnis-Qualität bzw. Dauer und Zeitpunkt, deren jeweilige Ausprägung schließlich ebenfalls „ist relevant" ist. Unabhängig von einem konkreten Auftrag geht es um die allgemeingültige und relativ detaillierte Planung von Abläufen, um entweder einen Auftrag oder direkt eine Leistung für einen Kunden zu erstellen. In den Interviews ging es in diesem Zusammenhang bspw. um die Strukturierung und Unterstützung der Abstimmung und Abgabe von Angeboten durch die Realisierung von Kalkulations- bzw. Konfigurationstools oder um das Verfassen neuer oder die Anpassung bestehender Verfahren zur Erstellung einer Dienstleistung.

> *".. es gibt [..] das System von der Kalkulation […]; das heißt, ich habe [bereits] etwas, ich finde etwas darüber und das verwende ich wieder ..." (Experte 22)*

> *"… es gibt [..] den Konfigurator als internes Arbeitstool, um dort sämtliche Informationen zusammenzutragen […] [und] abzugleichen, was der Kunde will. Was […] davon […] [ist] Standard? Und was ist [..] etwas, was wir noch nicht gemacht haben […] [und] wo wir wirklich noch Konstruktionsaufwand […] betreiben müssen? […] Idealerweise […] sollte diese strukturierte Abfrage bereits [zu Beginn] […] passieren …" (Experte 12)*

> *„… das sind neue Verfahren […]. Merkt man, das passt so nicht, muss man das anpassen […]. Das gilt auch für bestehende Verfahren immer wieder mal, dass ein paar Sachen dazu kommen, die man vorher nicht [..] hatte." (Experte 5)*

Bei den beiden GP-Analyseeinheiten, bei denen es um ein materielles Produkt geht, ist neben den genannten Wissensdomänen zudem das Produktwissen wesentlich.

In allen betrachteten Fällen wird auf der Grundlage von explizitem Wissen und anhand von implizitem Wissen (in beiden Ausprägungen „Routine" und „keine Routine") eine Planung zur Umsetzung erstellt, die wiederum in expliziter Form vorliegt. Das entspricht der Wissenskonversion Kombination, die hier im Vordergrund steht und deren Ausprägung „ist relevant" ist. Zudem wird das Wissen genutzt, (ver)teilt, bewahrt und entwickelt. Folglich sind die Ausprägungen dieser Eigenschaften ebenfalls „ist relevant".

Aus der Perspektive **Prozessdurchführung**, die den WM-Bedarf der tatsächlichen Abwicklung eines Ablaufs betrifft, sind die Wissensarten know when, know where und know how sowie die Wissensdomänen Anwendungswissen, Wissen von Kunden, Wissen für Kunden und Wissen über Kunden wesentlich. Folglich ist die jeweilige Ausprägung dieser Eigenschaften „ist relevant". In den Interviews war der Startpunkt entweder eine gegenseitige Willenserklärung über eine Zusammenarbeit zwischen Kunde und Leistungsersteller oder ein konkreter, bereits vorliegender Auftrag. Auf die Willenserklärung folgten die Abstimmung, die Erstellung und der Abschluss eines Auftrags. Auf den vorliegenden Auftrag folgte dessen Abwicklung.

> *"... ich muss [..] herausfinden, was interessiert den Piloten in der Regel? [..] was fliegt er für eine Fläche ab? [Fliegt er] mit einem Jet oder fliegt er mit einem Hubschrauber? Fliegt er tief oder fliegt er hoch? Fliegt er nach Sicht, in mehr oder weniger gutem Wetter oder fliegt er radargeführt, auch durch schlechtes Wetter? Hat er ein bestimmtes Ziel [in] seiner Mission, sagen wir mal einen Übungsplatz überfliegen oder einen bestimmten Wendepunkt [..] erreichen ? [...] ... es gibt die geplanten Sachen. Der Pilot ruft abends an und sagt, morgen fliege ich. Dann kann man sich darauf vorbereiten und weiß, um wie viel Uhr das Produkt abgerufen wird. [...] Ungeplant sind spontane Flüge. Der Pilot sagt, jetzt habe ich einen Auftrag bekommen, ich muss sofort los [...]. Das sind [...] zum Beispiel Rettungsflüge [...]. So wie [..] [der Pilot] den Flug durchführt, beginnt das mit den Wetterbedingungen am Startplatz, [..] [mit der] Frage, ist ein Start möglich? Dann [..] [mit der] Strecke, wo er hin will. Da sind [...] beim Instrumentenflug Temperatur und Wind wichtig für die Spritberechnung. Beim Sichtflug [und] beim Tiefflug ist natürlich die Bewölkung wichtig. Fliegt er durch Regen oder Schnee? Hat er ausreichend Sicht, dass er den Flug weiter fortführen darf? Da sind mehrere Einschränkungen da, die berücksichtigt werden müssen. Und dann beim Landeplatz, [..] [ob] er landen [kann] oder nicht." (Experte 4)*

> *„... Alles was die Fertigung betrifft, [...] muss man auch berücksichtigen [...]. Das ist eine der ganz [..] wichtigen Sachen, gleich am Anfang [...], schon in der Kalkulationsphase." (Experte 22)*

Im Fall der Analyseeinheit Auftragsabwicklung des GP Flugwetterberatung sind, neben den genannten Eigenschaften, zudem die Wissensarten know why und know that sowie die Wissensdomänen Wissen über Zielgrößenprioritäten (Qualität, Kosten, Zeit), Fachwissen und Methodenwissen wesentlich. Da der GP Flugwetterberatung in einem stark regulierten Umfeld stattfindet, spielt für dessen beide GP-Analyseeinheiten auch Wissen über Normen, Vorschriften, Standards eine wichtige Rolle. Für die zwei GP-Analyseeinheiten im Quadranten III, die aus Unternehmen stammen, die auf dem freien Markt agieren, ist zudem die Wissensdomäne Markt- und Umfeldwissen wesentlich. Folglich ist die Ausprägung dieser Eigenschaften jeweils „ist relevant".

Aus der Perspektive Prozessdurchführung spielen für alle betrachteten GP-Analyseeinheiten im Quadranten III sowohl implizites Wissen (in beiden Ausprägungen „Routine" und „keine Routine") als auch explizites Wissen eine Rolle. Explizit beschreibbare Abläufe werden nach mehrmaliger Wiederholung verinnerlicht. Das entspricht der Wissenskonversion Internalisierung, deren Ausprägung „ist relevant" ist. Auf der Grundlage von explizitem Wissen werden anhand von implizitem Wissen Unterlagen erstellt, die wiederum in expliziter Form vorliegen. Das entspricht der Wissenskonversion Kombination, deren Ausprägung somit „ist relevant" ist. Es wird zudem direkt und persönlich kommuniziert. Das wiederum entspricht der Wissenskonversion Sozialisation, deren Ausprägung deshalb „ist relevant" ist. Das Wissen wird genutzt, (ver)teilt und entwickelt. Folglich sind die Ausprägungen dieser Eigenschaften ebenfalls „ist relevant". Und im Fall der Analyseeinheit Auftragsabwicklung des GP Flugwetterberatung wird Wissen zudem erworben. Deshalb ist auch die Ausprägung dieser Eigenschaft „ist relevant".

Aus der Perspektive **Prozessüberwachung** sind die Wissensarten know where, know why und know that sowie die Wissensdomänen Wissen über Zielgrößenprioritäten (Qualität, Kosten, Zeit), Prozesswissen, Wissen von Kunden, Wissen für Kunden und Methodenwissen wesentlich. Mit Ausnahme der beiden Unterkategorien Qualität und Zeit der Kategorie Wissen über Zielgrößenprioritäten ist die jeweilige Ausprägung hierfür „ist relevant". Qualität und Zeit beinhalten die Eigenschaften GP-Qualität und Ergebnis-Qualität bzw. Dauer und Zeitpunkt, deren jeweilige Ausprägung schließlich ebenfalls „ist relevant" ist. Den WM-Bedarf im Quadranten III aus der Perspektive Prozessüberwachung betreffend, wurden in den Interviews Aussagen über die ständige Betrachtung, Bewertung und Abstimmung des Status Quo gemacht, um Störungen und besondere Vorkommnisse identifizieren und auf sie reagieren zu können. Das erfordert auch Ad-hoc-Entscheidungen.

> *„... Der Projektleiter ist immer informiert, wie [...] der Status der Maschine [ist] ...“ (Experte 12)*

> *"... Das sind bei uns die ersten Informationen, diese „Hot-Projects“. Das ist unsere Auftragsplanung [...]. Da ist pro Auftrag ein Terminstrahl dahinter [...], wann die Fertigung voraussichtlich sein wird [und] welcher Umfang das voraussichtlich sein wird. [...] den Auftrag sieht man [..] bei uns das erste Mal, wenn er in der Liste aufkommt." (Experte 23)*

> *„Es passieren höchstens individuelle Fehler, [...] [bei denen] der Kunde sich beschwert, wo bleibt meine Beratung [...]. Auch Übermittlungsfehler, dass [...] eine Anforderung für eine Beratung irgendwo hängen bleibt, der Rechner [..] es nicht ausgedruckt hat [...] und der Berater weiß von nichts ...“ (Experte 5)*

Für die beiden betrachteten GP-Analyseeinheiten im Quadranten III, die sich auf ein materielles Produkt beziehen, die aus Unternehmen stammen und die folglich auf dem freien Markt agieren, sind zudem die Wissensdomänen Markt- und Umfeldwissen sowie Produktwissen und Fachwissen wesentlich.

Einerseits spielen implizites Wissen mit der Ausprägung „keine Routine“ und die direkte und persönliche Kommunikation eine wichtige Rolle. Das entspricht der Wissenskonversion Sozialisation, deren Ausprägung hierfür „ist relevant“ ist. Andererseits wird auf der Grundlage von explizitem Wissen und anhand von implizitem Wissen (in beiden Ausprägungen „Routine“ und „keine Routine“) wiederum explizites Wissen erzeugt. Das entspricht der Wissenskonversion Kombination, deren Ausprägung hierfür ebenfalls „ist relevant“ ist. Es ist erforderlich, Entscheidungen zu treffen, Probleme im Rahmen des eigenen Handlungsspielraums zu lösen und andernfalls Ansprechpartner zu kennen. Prozesswissen über verschiedene Szenarien, das Kennen von Fehlerursachen und Zusammenhängen, die Fähigkeit Vorfälle in den Kontext einordnen zu können sowie den Status Quo der eigenen Prozessleistung zu kennen und beurteilen zu können, sind notwendig. Das Wissen wird genutzt, (ver)teilt, entwickelt und, bspw. unter Einbezug von Lieferanten, erworben. Folglich sind die Ausprägungen dieser Eigenschaften „ist relevant“.

Eine Übersicht über den ermittelten und erläuterten WM-Bedarf im Quadranten III, unterteilt und strukturiert nach den Perspektiven Prozessplanung, Prozessdurchführung und Prozessüberwachung, bietet Abbildung 41.

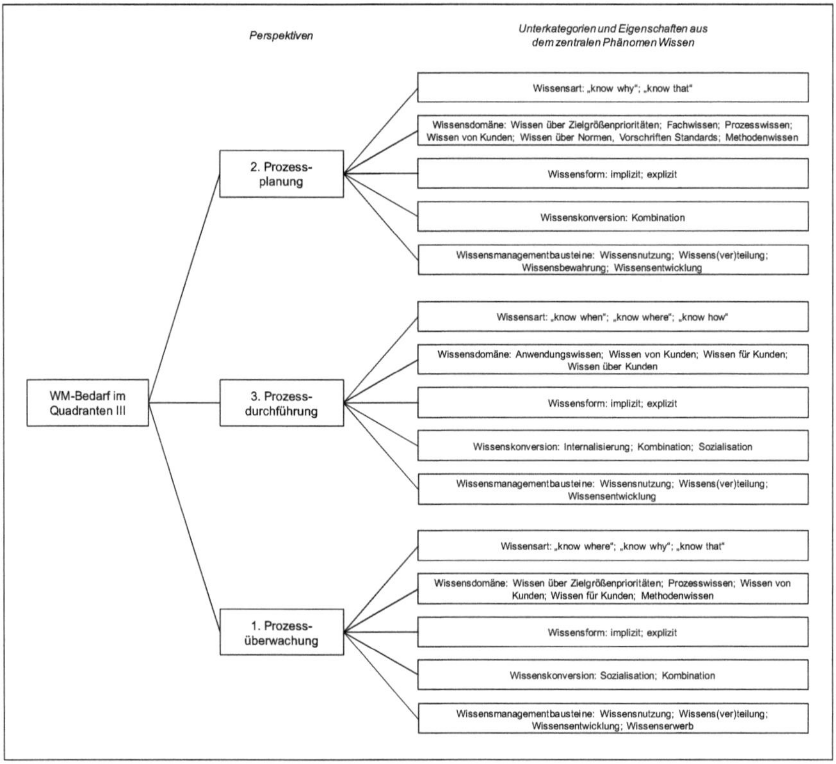

Abbildung 41: WM-Bedarf im Quadranten III

Aus dem erhobenen WM-Bedarf und der im Rahmen der Datenerhebung abgefragten Erfolgsfaktoren und Barrieren ergibt sich für den Quadranten III und damit für den Typ III von GP-Analyseeinheiten in Bezug auf die Priorität im Umgang mit WM-Bedarf die folgende Reihenfolge: 1. Prozessüberwachung, 2. Prozessplanung, 3. Prozessdurchführung (vgl. Abbildung 38).

Im ausgewerteten Datenmaterial zeichnet sich eine große Bedeutung des WM-Bedarfs aus der Perspektive Prozessüberwachung ab. Die ständige Betrachtung, Bewertung und Abstimmung des Status Quo, bei dem es sich um einen Soll-Ist-Vergleich zwischen der Planung und der Realität handelt, sowie daraus abgeleitete

Ad-hoc-Entscheidungen und -Aktionen sind für das Funktionieren der betrachteten GP-Analyseeinheiten im Quadranten III unbedingt erforderlich. Auf der einen Seite ist die Rede von einer rollierenden Planung in Form von Projektmanagement, die sich auf einen potentiellen Auftrag bezieht, die der Projektleiter verantwortet und die im Rahmen der Auftragsannahme bereits vor Beginn der Auftragsabwicklung stattfindet.

> *„... der Projektleiter [...] ist [...] nicht nur informiert [..], sondern auch verantwortlich [..]. Das heißt, es gibt [vorab für] dieses Projekt im Haus [...] einen Projektliquiditätsplan [...], da ergibt sich praktisch eine Kurve, letztlich ein Projektablauf in Zahlen ...“ (Experte 12)*

> *„In der Regel geht es [...] um [...] immer wieder neue Themen, die man [...] durcharbeiten muss [...], der Plan [wird] [..] nach und nach fertig gestellt ...“ (Experte 13)*

> *"... in dieser Übersicht ,,Hot Projects" [sind die] anstehenden Projekte [...] vorgestellt [...]. Und mit diesen Informationen, sie sind für uns lebenswichtig, [...] haushalten wir ..." (Experte 22)*

Auf der anderen Seite werden regelmäßige System- und Prozessaudits angesprochen. Diese Audits sind zum Teil vorgeschrieben und sie werden im Zusammenhang mit Zertifizierungen von externen Stellen durchgeführt. Zu Testzwecken ist es zum Beispiel im Rahmen des Betriebs eines Qualitätsmanagementsystems zudem notwendig, dass sich die aktiven Organisationen in kürzeren Abständen als im Fall von externen Zertifizierungen selbst auditieren. Sowohl beim Zertifizierungsaudit als auch beim Testaudit spielen die proaktive Identifikation von systematischen Fehlern, die Ermittlung der Fehlerursachen und auch die Fehlerbehebung zur Erreichung einer kontinuierlichen Verbesserung eine wichtige Rolle.

„... QM [...] bedeutet, dass

- Qualität nicht als Zufallsprodukt entsteht, sondern Folge eines gesteuerten Prozesses ist,
- [...],
- Schwachstellen aufgedeckt und potenzielle Fehler bereits in einer frühen Phase erkannt und beseitigt werden (proaktives Fehlermanagement),
- das Gesamtsystem [...] einer kontinuierlichen Verbesserung (reaktives Fehlermanagement) unterliegt,

- ...“[312]

Auf Basis der ausgewerteten Daten lässt sich für den Quadranten III zusammenfassend festhalten, dass der ständige Soll-Ist-Vergleich zwischen der Planung und der Realität sowie daraus abgeleitete Ad-hoc-Entscheidungen und -Aktionen entscheidend für den Erfolg der GP-Analyseeinheiten sind. Der Soll-Ist-Vergleich findet in Form von Projektmanagement, bezogen auf einen bestimmten Auftrag, und in Form von Audits, bezogen auf das Gesamtsystem und die GPs, statt. Hierfür sind die Qualifikation von Mitarbeitern, Kenntnisse über Zielgrößenprioritäten, Verständnis über GPs, das Kennen von Fehlerursachen, Zusammenhängen und Szenarien sowie ein gewisses Maß an Problemlösungskompetenz und Kommunikation mit Kunden erforderlich.

In den Aussagen der Interviewpartner zeichnen sich weitere Aspekte mit positivem Einfluss auf den Erfolg der GP-Analyseeinheiten im Quadranten III ab, die der Perspektive Prozessplanung zuzuordnen sind. Es ist die Rede von einer relativ kleinteiligen Bestimmung des Ablaufs und der Festlegung kritischer Zwischenergebnisse, um eine Stabilisierung des Ablaufs zu erreichen und bspw. ein vollständiges Erfassen der Kundenanforderungen zu unterstützen.

> *„.. Das sind natürlich ausgewählte standardisierte Informationen, [...] die berücksichtigt werden müssen [...] [, und davon ist abhängig,] was ich für Daten einbeziehen muss, damit [..] [der Pilot] seinen Flug antreten kann [...]. Das ist festgelegt ...“ (Experte 4)*

> *„... in dieser Liste wird [...] das Projekt [...] nach logischen Paketen [...] unterteilt [...]. Wir haben [...] eine Liste offener Punkte [...], [mit der] wir die [Kunden-]Informationen sammeln ...“ (Experte 12)*

Zusammenfassend lässt sich auf Basis der Interviewaussagen für den Quadranten III und aus der Perspektive Prozessplanung schlussfolgern, dass sich eine relativ starke Strukturierung des Ablaufs und die Berücksichtigung kritischer Zwischenergebnisse positiv auf die Leistungserstellung auswirken.

---

[312] Auszug aus dem Qualitätsmanagementhandbuch für den betrachteten GP Flugwetterberatung, das im Nachgang zu den geführten Interviews von den Experten 6 und 7 zur Verfügung gestellt wurde (vgl. Geoinformationsdienst der Bundeswehr 2012, S. 10 f.).

Einzelne Aussagen von Gesprächspartnern, die in Bezug auf den WM-Bedarf der Perspektive Prozessdurchführung im Quadranten III zuzuordnen sind, weisen ebenfalls auf die Qualifikation von Mitarbeitern als potentiellen Erfolgsfaktor sowie auf eine mögliche Bedeutung von Routinen als Effizienztreiber und zugleich Fehlerquelle hin. Inwieweit diese Aspekte für eine betrachtete GP-Analyseeinheit tatsächlich von Bedeutung sind, ist im Einzelfall zu entscheiden.

6.5 Zusammenfassende Betrachtung der Quadranten I bis III

Die Erläuterung der WM-Bedarfe im Quadranten I, II und III hat ergeben, dass WM-Bedarf immer aus der Perspektive Prozessplanung, aus der Perspektive Prozessdurchführung und aus der Perspektive Prozessüberwachung vorliegt. Tabelle 12 bietet hierzu eine Übersicht.

Im Zusammenhang mit der Priorität der Deckung dieser Bedarfe hat sich ein Unterschied gezeigt. Demnach bietet sich die Einhaltung einer perspektivischen Reihenfolge an, nach der WM im Quadranten I zuerst bei der Perspektive Prozessdurchführung, WM im Quadranten II zuerst bei der Perspektive Prozessplanung und WM im Quadranten III zuerst bei der Perspektive Prozessüberwachung ansetzen sollte (vgl. Abbildung 38). Zudem wird bei genauerer Betrachtung der WM-Bedarfe in den Quadranten I, II und III deutlich, dass sich aus dem Vergleich der jeweiligen Perspektiven Prozessplanung, Prozessdurchführung und Prozessüberwachung große Schnittmengen ergeben. Diese Schnittmengen, die in der folgenden Abbildung dargestellt sind, sind typische und Quadranten-übergreifende WM-Bedarfs-Beschreibungen aus den Perspektiven Prozessplanung, Prozessdurchführung und Prozessüberwachung.

Die WM-Bedarfs-Beschreibungen, die einzeln nach den Quadranten I, II und III aufgeteilt sind, beinhalten den Quadranten-übergreifenden WM-Bedarf (vgl. Abbildung 39 bis Abbildung 42). Darüber hinaus enthalten sie zusätzliche Hinweise darauf, was den jeweiligen WM-Bedarf einer Analyseeinheit ausmacht, die sich in einen dieser Quadranten einordnen lässt und damit dem Typ I, dem Typ II oder dem Typ III entspricht. Dennoch ist auch das noch ein relativ allgemein gehaltener Ansatzpunkt für WM. Im Detail hängt das Ergebnis eines ermittelten WM-Bedarfs davon ab, wo genau sich eine GP-Analyseeinheit in der WM-Bedarfs-Typologie verorten lässt und wie konkret der Bedarf einer Analyseeinheit untersucht wird.

Tabelle 12: Gesamtübersicht WM-Bedarfe im Quadranten I, II und III

	Quadrant I			Quadrant II			Quadrant III		
	3. Prozess-planung	1. Prozess-durchführung	2. Prozess-überwachung	1. Prozess-planung	2. Prozess-durchführung	3. Prozess-überwachung	2. Prozess-planung	3. Prozess-durchführung	1. Prozess-überwachung
Wissen [Objektebene]									
Wissensart									
Know when		▼			⊽			▽	
Know where			⊽			▽		▽	▼
Know how		▼			⊽			▽	
Know why	▽	▼	⊽	▼		▽	⊽		▼
Know that	▽	▼	⊽	▼		▽	⊽		▼
Wissensdomäne									
Wissen über Zielgrößenprioritäten	▽		⊽	▼		▽	⊽		▼
Markt- und Umfeldwissen			⊽						
Produktwissen		▼	⊽						
Fachwissen		▼	⊽				⊽		
Anwendungswissen		▼			⊽			▽	
Prozesswissen	▽		⊽	▼		▽	⊽		▼
Wissen von Kunden		▼	⊽	▼	⊽		⊽	▽	▼
Wissen für Kunden					⊽			▽	▼
Wissen über Kunden								▽	
Wissen über Normen, Vorschriften, Standards	▽			▼			⊽		
Methodenwissen	▽		⊽	▼		▽	⊽		▼
Wissensform									
implizit	▽	▼	⊽	▼	⊽	▽	⊽	▽	▼
explizit	▽	▼	⊽	▼	⊽	▽	⊽	▽	▼
Wissen [Aktivitätsebene]									
Wissenskonversion									
Sozialisation		▼	⊽			▽		▽	▼
Externalisierung									
Kombination	▽			▼			⊽	▽	▼
Internalisierung		▼			⊽			▽	
Wissensmanagementbausteine									
Wissensnutzung	▽	▼	⊽	▼	⊽	▽	⊽	▽	▼
Wissens(ver)teilung	▽	▼	⊽	▼	⊽	▽	⊽	▽	▼
Wissensbewahrung	▽			▼			⊽		
Wissensentwicklung	▽	▼	⊽	▼	⊽	▽	⊽	▽	▼
Wissenserwerb			⊽			▽			▼
Wissensschutz									

Legende: ▼ = Priorität 1 ⊽ = Priorität 2 ▽ = Priorität 3

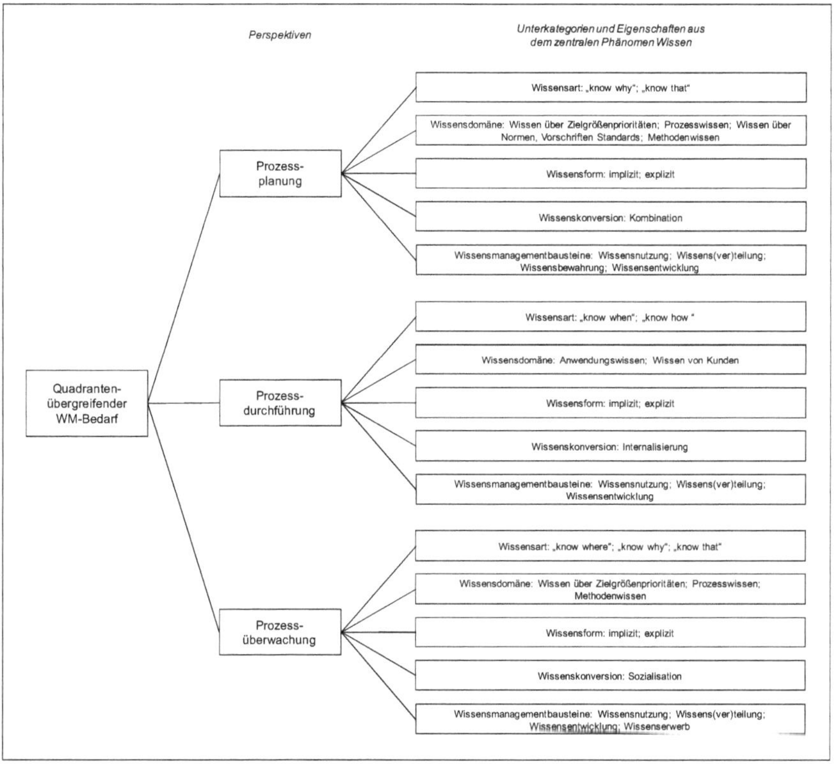

Abbildung 42: Quadranten-übergreifender WM-Bedarf

Je besser der WM-Bedarf einer betrachteten GP-Analyseeinheit beschrieben ist, desto gezielter und passgenauer kann der Einsatz von WM-Maßnahmen, -Methoden und -Tools erfolgen. Das im Rahmen der vorliegenden Arbeit entwickelte WM-Bedarfs-Modell mit den enthaltenen und beschriebenen Kategorien Wissen auf Objektebene und Wissen auf Aktivitätsebene ist die Grundlage für ein am Bedarf von GPs orientiertes WM (vgl. Abschnitt 5.3). Eine Auswahlunterstützung von WM-Maßnahmen, -Methoden und -Tools, wie die zu diesem Zweck bereits in der Literatur und Praxis Anwendung findenden Gruppierungen nach den Dimensionen Technik, Organisation und Mensch, nach WM-Bausteinen, usw. (vgl. Abschnitt 2.2.3) macht erst Sinn, nachdem der WM-Bedarf des betrachteten GP geklärt ist; d.h., nachdem klar ist, was mit welchem Wissen passieren muss, damit die Ausführung des betrachteten GP möglich ist und eine systematische und zielgerichtete Unterstützung dieses GP erfolgt.[313] Nach der Erfüllung dieser Voraussetzung kann eine passende Gruppierung von WM-Maßnahmen, -Methoden und -Tools erfolgen bzw. eine passende Gruppierung von WM-Maßnahmen, -Methoden und -Tools genutzt werden, um den WM-Bedarf von GPs durch eine entsprechende Auswahl zu decken (vgl. Abschnitt 2.6).

Im Verlauf der Untersuchung hat sich der Verdacht erhärtet, dass sich die Dimensionen Technik, Organisation und Mensch in Bezug auf prozessorientiertes WM nicht auf derselben Interventionsebene befinden. Die Auswertungsergebnisse legen die Vermutung nahe, dass alle WM-Aktivitäten auf die Menschen in den GPs ausgerichtet sein sollten. Die zentrale und entscheidende Rolle des Faktors Mensch als Kunde des WM wird auch durch Interviewaussagen hervorgehoben.

> *"... Das ist [..] der allergrößte Schatz der Firma, das [...] Wissen der Menschen. Sie können Maschinen bauen, sie können Gebäude bauen, dreistöckig und vierstöckig, das ist alles kein Problem. Sie brauchen [aber] die Menschen dazu, das ist [..] das Entscheidende. Ob das der im Vertrieb ist, [..] ob das der in der Produktion ist oder [jemand] an anderer Stelle [...]. Die Leute haben ein sehr großes Wissen. [...] ich [bin] fest davon überzeugt [..], dass der Mitarbeiter der zentrale Punkt in einem Unternehmen [..] ist ..." (Experte 22)*

Zielen die im Rahmen der Untersuchung vorgefundenen WM-Aktivitäten nicht direkt auf den Menschen ab, sondern lassen sie sich grundsätzlich auch der Dimension Organisation zuordnen, so ist der Faktor Mensch bei der Ausgestaltung der WM-Aktivitäten dennoch immer ein wesentlicher zu berücksichtigender Faktor. Diese Erkenntnis bestätigt das in der Literatur zu findende Prinzip, das der Unterscheidung von bewusstem WM und unbewusstem WM für GPs zu Grunde liegt. Demzufolge gibt es zwei Stoßrichtungen des WM. Es zielt entweder direkt auf den GP selbst und damit indirekt auf den Mitarbeiter im GP ab oder es zielt direkt auf den Mitarbeiter im GP ab. Kern und Boppert haben das wie folgt formuliert: „On the one hand you can try to make the process itself more intelligent, on the other hand you can make the employees concerned with the process more intelligent."[314] Sie argumentieren, dass der Mensch letztlich immer (direkt oder indirekt) das Ziel des WM ist bzw. sein sollte.[315] Eine direkte Adressierung der Dimension Technik durch WM-Aktivitäten konnte

[313] Vgl. Bullinger/Wörner/Prieto 1998, S. 21-39, vgl. Fraunhofer-Gesellschaft 2011 und vgl. Roehl 2000 S. 154-251
[314] Kern/Boppert 2010, S. 220
[315] Vgl. Kern/Boppert 2010, S. 220

hingegen in keinem der im Verlauf der durchgeführten Untersuchung betrachteten GPs festgestellt werden. Vielmehr nimmt die Technik die Rolle eines Befähigers ein, um Menschen entweder direkt oder in Verbindung mit organisatorischen Maßnahmen zu unterstützen.

6.6 Entwicklung eines Vorgehens zur Ermittlung des Wissensmanagementbedarfs von Geschäftsprozessen[316]

In diesem Abschnitt wird anhand von zwei ausgewählten Beispielen aus der Produktion gezeigt, wie sich der WM-Bedarf von GPs ermitteln lässt. Die vorgestellte WM-Bedarfs-Typologie und das beschriebene WM-Bedarfs-Modell stellen die zentralen Elemente des hierfür entwickelten Vorgehens dar. Dieses Vorgehen umfasst keine allgemeinen Aspekte des Projektmanagements, keine grundsätzliche Auseinandersetzung mit Gründen für und gegen WM-Initiativen und folglich befasst es sich nicht mit dem Entscheidungsprozess über ein WM-Engagement. Vielmehr setzt die Bedarfsermittlung direkt an dem Punkt an, zu dem feststeht, dass für einen bestimmten GP aus dem Bereich Operations eine WM-Initiative durchgeführt wird.

Das Vorgehen zur Ermittlung des WM-Bedarfs von GPs besteht aus drei Schritten. Abbildung 43 bietet hierzu eine Übersicht.

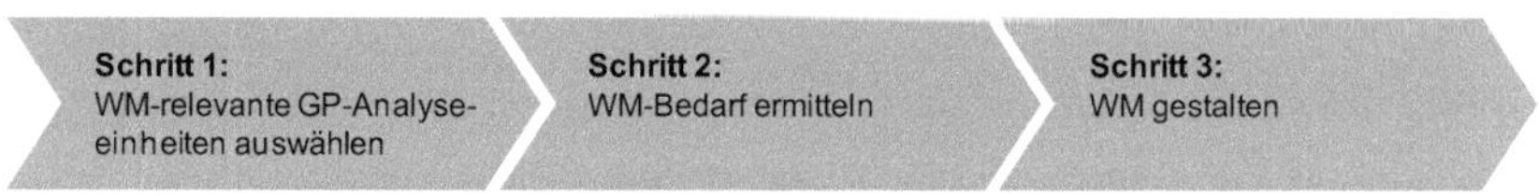

Abbildung 43: Vorgehen zur Ermittlung des WM-Bedarfs von GPs

Zunächst muss ermittelt werden, für welche GP-Analyseeinheiten WM-Aktivitäten überhaupt sinnvoll sind. Dies kann auch bedeuten, dass für eine Analyseeinheit bewusst kein WM durchgeführt wird. Danach werden die weiterhin betrachteten Analyseeinheiten charakterisiert und in der WM-Bedarfs-Typologie eingeordnet, die eine Aussage über deren WM-Bedarf erlaubt. In Abhängigkeit vom jeweiligen Typ, den die GP-Analyseeinheit repräsentiert, können spezifische Maßnahmen zur Ausgestaltung des WM abgeleitet werden.

[316] Ein Großteil der Inhalte dieses Abschnitts findet sich als genehmigte Vorveröffentlichung in Schmid/Kern 2013a.

Schritt 1: WM-relevante GP-Analyseeinheiten auswählen

Sowohl der betrachtete Produktionsprozess aus dem Bereich Sondermaschinenbau als auch jener aus dem Bereich Automobilzulieferung lassen sich in die zwei Analyseeinheiten Auftragsannahme und Auftragsabwicklung unterteilen. Beim Sondermaschinenbau geht es um individuelle Produkte, die in der Regel in der Stückzahl eins hergestellt werden. Hier ist aus Sicht des WM nicht nur die Abwicklung eines vorliegenden Auftrags interessant, sondern bereits vorab die Auftragsannahme nach erfolgter Willenserklärung über eine Zusammenarbeit zwischen Kunde und Hersteller. In der betrachteten Fertigung und Montage von Automobilzulieferteilen wird hingegen eine hohe Stückzahl gleicher Teile hergestellt. Aus Sicht des WM ist auch hier die Auftragsabwicklung interessant, während die Auftragsannahme eine vernachlässigbare Rolle spielt, weil sie lediglich die Übermittlung eines explizit formulierten Auftrags per Datenfernübertragung umfasst und darüber hinaus keine weiteren Abstimmungen und Anpassungen erfordert. Die weiteren Ausführungen in diesem Abschnitt konzentrieren sich demzufolge auf die drei GP-Analyseeinheiten Auftragsannahme und Auftragsabwicklung Sondermaschinenbau sowie auf die Auftragsabwicklung Automobilzulieferung.

Schritt 2: WM-Bedarf ermitteln

Zur Ermittlung des WM-Bedarfs der in Schritt 1 definierten GP-Analyseeinheiten wird die entwickelte WM-Bedarfs-Typologie herangezogen. Entscheidungskriterien für die Einordnung sind die Produkt- und Zielbeschreibung zu Beginn der GP-Analyseeinheit sowie der Grad der Prozessstandardisierung. Abbildung 44 zeigt die in der WM-Bedarfs-Typologie eingeordneten Analyseeinheiten Auftragsannahme und Auftragsabwicklung Sondermaschinenbau und Auftragsabwicklung Automobilzulieferung.

Die Auftragsabwicklung Sondermaschinenbau ist Quadrant I zuzuordnen. Sie ist einerseits durch eine niedrige Prozessstandardisierung gekennzeichnet, die aus der Individualität des Produkts und aus der Einzelfertigung resultiert. Der Prozessablauf ist lediglich grob und phasenweise festgelegt und variiert von Auftrag zu Auftrag. Andererseits liegt für diese Analyseeinheit eine detaillierte Produkt- und Zielbeschreibung als Basis für die Fertigung und Montage vor. Auch die Auftragsabwicklung Automobilzulieferung benötigt eine detaillierte Produkt- und Zielbeschreibung.

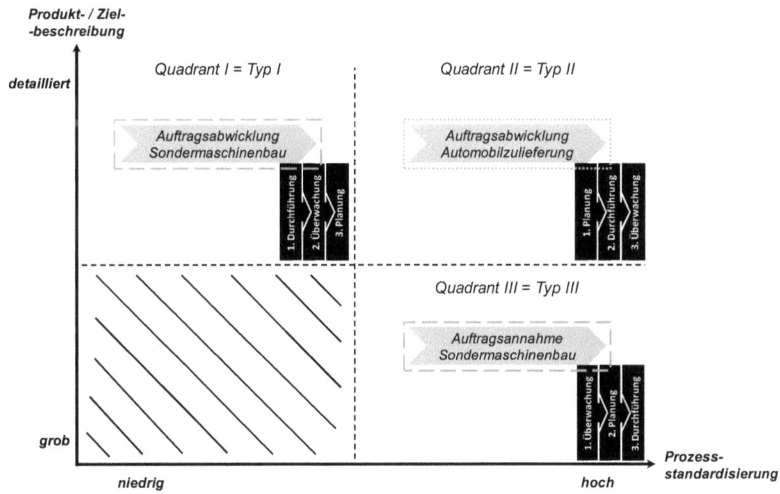

Abbildung 44: WM-Bedarfs-Typologie-Einordnung im Rahmen des Vorgehens zur Ermittlung des WM-Bedarfs von GPs

Allerdings ist sie durch eine hohe Prozessstandardisierung charakterisiert, die aus der Produktion hoher Stückzahlen gleicher Produkte resultiert. Der Ablauf ist detailliert festgelegt und variiert kaum zwischen verschiedenen Aufträgen. Diese GP-Analyseeinheit ist folglich im Quadranten II zu verorten.

Anders gestaltet sich die Einordnung der Auftragsannahme Sondermaschinenbau, die eine hohe Prozessstandardisierung, aber eine grobe Produkt- und Zielbeschreibung aufweist. Die hohe Prozessstandardisierung ist das Ergebnis einer relativ genauen Kenntnis darüber, welche Schritte und Informationen erforderlich sind, um einen Auftrag zu erstellen. Das schlägt sich in einer relativ detaillierten Festlegung des Ablaufs nieder, der lediglich in einem bestimmten Rahmen variiert. Das gilt bis zu einem gewissen Detailgrad auch für sehr unterschiedliche Produkte. Die Produkt- und Zielbeschreibung ist deshalb grob, weil die genaue Festlegung und Beschreibung des Produkts nicht vorab existieren, sondern vielmehr das Ergebnis dieser GP-Analyseeinheit ist. Demnach lässt sich die Auftragsannahme Sondermaschinenbau in den Quadranten III einordnen.

Schritt 3: WM gestalten

Jeder Quadrant zeichnet sich durch einen für ihn typischen WM-Bedarf aus, zu dessen Beschreibung das in Abbildung 37 dargestellte Modell entwickelt wurde. Das zentrale Phänomen des WM-Bedarfs-Modells ist Wissen. Für ein bedarfsorientiertes WM ist es einerseits relevant, herauszufinden, welches Wissen in der vorliegenden GP-Analyseeinheit die größte Rolle spielt und daher im Zentrum der Managementaktivitäten zu stehen hat. Beschrieben wird dieses Wissen auf Objektebene anhand der Dimensionen Wissensart, Wissensdomäne und Wissensform. Andererseits muss auf Aktivitätsebene definiert werden, was mit diesem Wissen passiert; d.h., welche Arten der Wissenskonversion zu wählen und welche WM-Bausteine zu adressieren sind.

Zur weiteren Strukturierung lässt sich der WM-Bedarf aus den drei Perspektiven Prozessplanung, Prozessdurchführung und Prozessüberwachung betrachten. Je nach WM-Bedarfs-Typ ergibt sich eine unterschiedliche Prioritätensetzung für die WM-Unterstützung der einzelnen Perspektiven (vgl. Abbildung 44). Obwohl jeder Typ WM-Bedarf aus jeder genannten Perspektive hat, liegt die höchste Priorität bei Typ I auf der Prozessdurchführung, bei Typ II auf der Prozessplanung und bei Typ III auf der Prozessüberwachung. Diese Reihenfolge berücksichtigt die Wirksamkeit der WM-Unterstützung. Sie bezieht auch Überlegungen zum Aufwand-Nutzen-Verhältnis ein. Folglich bezweckt die Einhaltung dieser Reihenfolge die gezielte und am Bedarf orientierte Platzierung von WM-Initiativen, die dort ansetzen, wo die größte Wirkung erwartet werden kann.

Der oben beschriebenen Logik folgend wurden für jeden WM-Bedarfs-Typ konkrete Handlungsempfehlungen erarbeitet und in einen allgemein anwendbaren Baukasten zur WM-Gestaltung zusammengeführt. Abbildung 45 zeigt einen für die Anwendungsbeispiele dieses Abschnitts relevanten Ausschnitt, der nachfolgend detailliert erläutert wird.[317]

Bei der Auftragsabwicklung Automobilzulieferung (Typ II) sollte der WM-Bedarf aus der Perspektive Prozessplanung im Vordergrund stehen. Hierfür sind die Wissensarten know why und know that sowie die Wissensdomänen Wissen über Zielgrößenprioritäten (Qualität, Kosten, Zeit), Prozesswissen, Wissen von Kunden, Wissen über Normen, Vorschriften, Standards und Methodenwissen wesentlich. Es ist erforderlich, Sachverhalte und Zusammenhänge erklären und verstehen zu können sowie die notwendigen Tatsachen zu kennen, um sich im betrachteten Bereich orientieren zu

[317] Eine Gesamtübersicht über die WM-Bedarfe im Quadranten I, II und III bzw. für die Typen I, II und III findet sich in Tabelle 12.

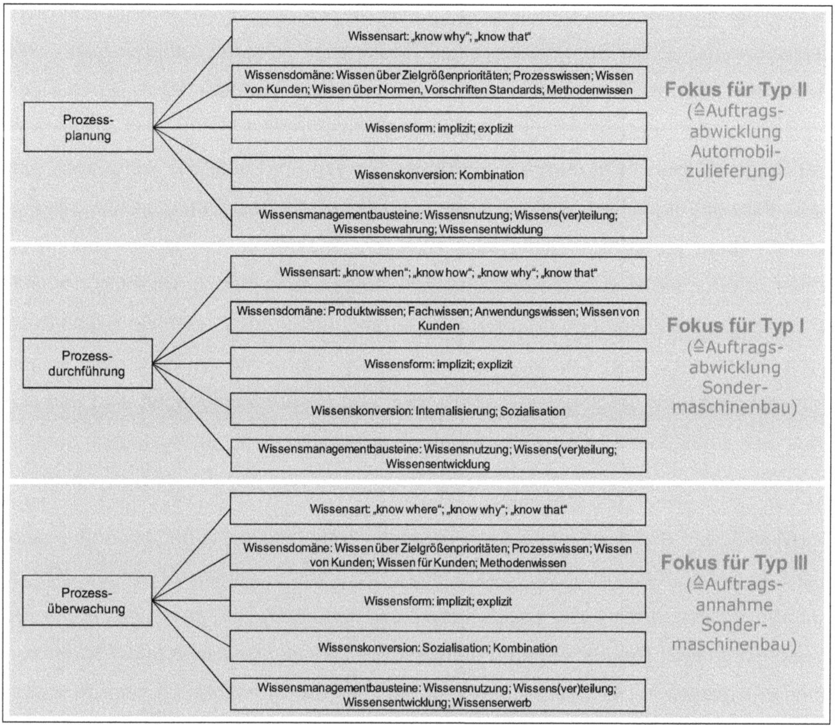

Abbildung 45: Auszug aus dem Baukasten zur WM-Gestaltung

können. Es bedarf bestimmter Zielgrößen, die in der Regel auch der Kunde festlegt und nach der die Prozessplanung ausgerichtet wird. Es sind Normen, Vorschriften und Standards zu berücksichtigen, die Richtlinien umfassen, welche sich Unternehmen selbst auferlegen, sowie gesetzliche Mindestanforderungen, die zwingend einzuhalten sind. Für die jeweiligen Einsatzzwecke gilt es, Planungsmethoden zu kennen sowie diese anwenden zu können. Planungsgrundlage sind in der Regel Daten und Informationen, die in expliziter Form vorliegen. Anhand von implizitem Wissen entsteht daraus ein Planungsergebnis, das wiederum in expliziter Form vorliegt. Es handelt sich hierbei um die Wissenskonversion Kombination. Aus der Perspektive Prozessplanung wird das Wissen genutzt, (ver)teilt, bewahrt und entwickelt. Zur Deckung des WM-Bedarfs aus dieser Perspektive sind qualifizierte Mitarbeiter entscheidend, die mit möglichst lückenlosen und verlässlichen Daten und Information versorgt werden. Nur mit einer soliden Daten- und Informationsbasis lässt sich ein belastbares Planungsergebnis erzeugen. Die Prozessplanung lässt sich in verschiedene Schritte aufteilen, von denen einige immer wieder so oder so ähnlich auftreten. Beispielsweise ist die Berechnung eines Routenzugs zur Materialbereitstellung ein Modul, das sich als Tool abbilden und immer wieder verwenden lässt. Durch einen geeigneten Methodenwerkzeugkasten werden Fehler vermieden, es wird Zeit gespart und Dinge müssen nicht mehrmals erfunden werden. Im Laufe der Zeit stellen sich besonders gut geplante Lösungen heraus, so genannte Best Practices, die das Potenzial haben, an anderer Stelle oder zu einem anderen Zeitpunkt Anwendung zu finden. Hierfür bietet sich die zielgerichtete Aufbereitung und Bewahrung der entsprechenden Unterlagen an. In diesem Zusammenhang macht auch die Bildung von Kompetenzteams, sog. Communities of Practice, Sinn, die einerseits Nutzer und Verantwortliche für die abgelegten Methoden und Referenzunterlagen sind und andererseits selbst eine Plattform und Möglichkeit zum persönlichen Austausch darstellen.

Der WM-Bedarf aus der Perspektive Prozessdurchführung sollte bei der Auftragsabwicklung Sondermaschinenbau (Typ I) im Zentrum des Engagements liegen. Hierfür sind die Wissensarten know when, know how, know why und know that sowie die Wissensdomänen Produktwissen, Fachwissen, Anwendungswissen und Wissen von Kunden wesentlich. Der Startzeitpunkt für die konkrete Durchführung einer Auftragsabwicklung in der Fertigung und Montage geht zusammen mit der Produktbeschreibung aus dem vorliegenden Auftrag vom Kunden hervor. Erst die Kombination aus dem erforderlichen Maß an Produktverständnis, theoretischem Hintergrund und sog. Skills mit der Fähigkeit, Maschinen, Werkzeuge und Software zu bedienen, ermöglicht die erfolgreiche Durchführung der Auftragsabwicklung. Viele Schritte werden zum ersten Mal durchgeführt. Dadurch ergeben sich ständig Situationen, die eine gewisse Problemlösungskompetenz erfordern. Die Auftragsabwicklung wird durch einen Auftrag in Form von explizitem Wissen angestoßen. Explizit vorgeschriebene Quality Gates strukturieren den Ablauf phasenweise. Implizites Wissen, unter anderem als Routinen, spielt für die Ausführung eine wichtige Rolle. Nach mehrmaliger Wiederholung bestimmter Schritte lösen sich die Mitarbeiter zunehmend von explizit zur Verfügung stehendem Wissen und verinnerlichen dieses. Es handelt sich hierbei um die Wissenskonversion Internalisierung. Zudem wird im Rahmen der Bearbeitung und Lösungsfindung implizites Wissen zwischen Personen ausgetauscht und ausgebaut. Diese Wissenskonversion heißt Sozialisation. Die Perspektive Prozessdurchführung adressiert die Wissensnutzung, Wissens(ver)teilung und Wissensentwicklung. Zur Deckung des WM-Bedarfs aus dieser Perspektive sind adäquat ausgebildete Mitarbeiter unabdingbar. Es ist erforderlich, dass sie sich mit Wechselwirkungen von Systemkomponenten und Produkt- und Materialbeschaffenheit auskennen sowie Konstruktionspläne lesen und verstehen können. Aus Unternehmenssicht macht daher die Einstellung von Mitarbeitern mit einem passenden Ausbildungsprofil Sinn. Zugleich gilt es, das Personal auf dem aktuellen Stand zu halten und mit entsprechenden Schulungsmaßnahmen zu unterstützen. Der lediglich phasenweise strukturierbare Ablauf in Verbindung mit der Notwendigkeit, im Detail immer wieder neue Lösungen zu finden, legt den Einsatz von Gruppenarbeit auf Baugruppenebene nahe. Die Arbeitsgruppen sollten einen definierten, aber relativ hohen Handlungsspielraum haben und die Verantwortung für ihre Ergebnisse tragen. Dadurch entwickeln sich spezialisierte Teams, die im Hinblick auf das breite Produktspektrum trotzdem die notwendige Flexibilität zum Ausgleich von Kapazitätsengpässen aufweisen. Treten Probleme auf, die nicht im Verantwortungsbereich einer Arbeitsgruppe liegen oder nicht durch diese gelöst werden können, sollten die erforderlichen Ansprechpartner kommuniziert sein und zur Verfügung stehen. Hier bieten sich bspw. sog. Expertenverzeichnisse an, die neben unternehmensinternen Ansprechpartnern auch externe Ansprechpartner enthalten können.

Bei der Auftragsannahme Sondermaschinenbau (Typ III) sollte der Hauptfokus auf dem WM-Bedarf aus der Perspektive Prozessüberwachung liegen. Hierfür sind die Wissensarten know where, know why und know that sowie die Wissensdomänen Wissen über Zielgrößenprioritäten (Qualität, Kosten, Zeit), Prozesswissen, Wissen von Kunden, Wissen für Kunden und Methodenwissen wesentlich. Es geht um die ständige Betrachtung, Bewertung und Abstimmung eines Status Quo, bei dem es sich um einen Soll-Ist-Vergleich zwischen der Planung und der Realität handelt. Daraus werden Ad-hoc-Entscheidungen und -Aktionen abgeleitet, die für das Funktionieren dieses WM-Bedarfs-Typs unbedingt erforderlich sind. Hierzu gibt es methodische Unterstützung, die es zu kennen und anzuwenden gilt. Einerseits spielen implizites Wissen und direkte und persönliche Kommunikation eine wichtige Rolle. Dieser zwischenmenschliche Austausch von implizitem Wissen ist eine Wissenskonversion, die als Sozialisation bezeichnet wird. Andererseits ist auch explizites Wissen in Form von Daten und Informationen wichtig, da es im Rahmen von Projektmanagement der Unterstützung dient. Hier findet eine Konversion von explizitem Wissen anhand von implizitem Wissen zu letztlich wiederum explizitem Wissen statt. Diese Wissenskonversion heißt Kombination. Aus der Perspektive Prozessüberwachung wird das Wissen genutzt, (ver)teilt, entwickelt und bspw. unter Einbezug von Lieferanten erworben. Die Deckung des WM-Bedarfs aus dieser Perspektive zielt im vorliegenden Fall auf die Unterstützung der Durchführung der Auftragsannahme ab, um damit einerseits den Anforderungen und Wünschen der Kunden gerecht zu werden sowie andererseits attraktive Aufträge aus Unternehmenssicht zu erstellen. Es geht um die Machbarkeitsprüfung des Auftrags, die während seiner Entstehung abläuft und die abdeckt, ob die Kundenanforderungen umgesetzt werden können und zu welchen Konditionen das möglich ist. Hierfür macht es Sinn, das entsprechend qualifizierte Personal durch einen rollierenden Projektplan zu unterstützen, der auf Basis von Kundeninformationen und Annahmen eine Prognose über den Verlauf und das Ergebnis des Projekts darstellt. Schrittweise erfolgen immer wieder Abgleiche zwischen dem Input des Kunden und dem Leistungsportfolio des Anbieters, bis schließlich final über die Vergabe und Festlegung eines Auftrags entschieden werden kann. Der Projektplan sollte sich auf zurückliegende Projekte stützen. Aus entsprechend aufbereiteten Unterlagen lassen sich wichtige Erkenntnisse über die Realisierbarkeit und Rentabilität eines Produkts ziehen. In diesem Zusammenhang spielt auch das proaktive Anbieten von bereits konstruierten und geplanten Lösungsmodulen eine entscheidende Rolle. Sie erfüllen die Kundenanforderungen ggfs. in unveränderter Form oder nach kleinen Anpassungen, ohne für das Unternehmen den Aufwand und die Kosten einer neuen Sonderlösung zu verursachen.

Wie oben beschrieben, dient der vorgestellte Baukasten zur typspezifischen Auswahl des relevanten Wissens und gibt Hinweise auf den gezielten Umgang mit demselben. Zusätzlich wird dadurch auch eine Präselektion geeigneter WM-Methoden und -Tools möglich. In der praktischen Anwendung erfordert die Ermittlung des WM-Bedarfs eine detaillierte Analyse des betrachteten GP. Der Baukasten bietet eine erste Orientierung, die es Element für Element zu spezifizieren gilt. Es hängt schließlich vom Anwendungsfall ab, welches konkrete bspw. Fachwissen relevant und zu identifizieren ist. Die Spannweite ist hier sehr groß und das bspw. erforderliche Fachwissen kann aus den verschiedensten Fachrichtungen stammen (bspw. Betriebswirtschaftslehre, Jura oder Naturwissenschaften). Im Detail existieren unzählige Möglichkeiten der Benennung, wobei in diesem Zusammenhang auf die Auswahl sprechender Bezeichnungen geachtet werden sollte. Für die detaillierte Analyse eignen sich die Nutzung von Prozessmodellen i.V.m. Beobachtungen vor Ort, die Durchführung von

Workshops und der Einsatz von Fragebögen. Der Umfang und der Aufwand der Analyse hängen insbesondere davon ab, wie umfangreich und komplex der betrachtete GP ist und welche Transparenz bereits besteht. Zur Schaffung eines vollständigen und wahrheitsgetreuen Bildes ist es notwendig, auf eine Abstimmung mit den relevanten Bereichen und eine angemessene Einbindung der entsprechenden Mitarbeiter zu achten. Wesentliche Herausforderungen bestehen auch darin, die typspezifischen Implikationen aus der vorliegenden Arbeit für den individuellen Anwendungsfall zu übersetzen, sowie darin, die aus Sicht des Praktikers formulierten Bedürfnisse zu erfassen, in einer maßgeschneiderten Lösung zu berücksichtigen und diese zu integrieren. Erst durch diese Übersetzungs- und Transferleistung lässt sich der volle Nutzen aus einem Ergebnis ziehen, das auf typspezifischen Implikationen basiert und zugleich den individuellen Anforderungen gerecht wird.

7 Schlussbetrachtung

In diesem letzten Abschnitt werden die erarbeiteten Ergebnisse zusammengefasst. Hierfür wird auf das Forschungsziel und die formulierten Forschungsfragen Bezug genommen. Zudem erfolgt eine kritische Würdigung der vorliegenden Arbeit, indem auf den Nutzen und die Grenzen der angewandten Forschungsmethode und der damit erzielten Ergebnisse eingegangen wird. Die Arbeit schließt mit einem Ausblick auf weiteren Forschungsbedarf.

7.1 Zusammenfassung

Wissen und WM sind für die Wertschöpfung und die Wettbewerbsfähigkeit von Organisationen unerlässlich. Insbesondere im prozessorientierten WM, das die Brücke zwischen GPM und WM darstellt und sich durch Wertschöpfungsbezug des WM über GPs auszeichnet, werden sowohl von Seiten der Wissenschaft als auch von Seiten der Praxis große Anstrengungen unternommen, um mit Wissen zielgerichtet und systematisch umzugehen. Trotzdem bleibt der gewünschte Erfolg von WM-Initiativen häufig aus oder die erhoffte Wirkung ist geringer als geplant. Als wesentlicher Grund hierfür wurde das mangelnde Verständnis über den WM-Bedarf von GPs ausgemacht; d.h., die Unklarheit darüber, was mit welchem Wissen passieren muss, damit die Ausführung von GPs möglich ist und eine systematische und zielgerichtete Unterstützung der GPs erfolgt. Aufgrund dessen war bislang keine systematische Auswahl und Entwicklung passgenauer WM-Lösungen möglich. Es fehlte eine entscheidende Voraussetzung für zielgerichtetes WM und der angestrebte Erfolg blieb ein Zufallsprodukt. Hier setzte die vorliegende Arbeit an. Das **Forschungsziel** bestand darin, das Verständnis über den WM-Bedarf von GPs zu verbessern, um damit gezieltes und systematisches WM zu ermöglichen und einen Beitrag zur Steigerung der Wertschöpfung und Verbesserung der Wettbewerbsfähigkeit von Organisationen zu leisten.

Zur Erreichung dieses Forschungsziels wurde mit der Auswahl und Beschreibung der begrifflichen und theoretischen Grundlagen begonnen, die unverzichtbar für das Verständnis der Arbeit sind. Es wurde auf Wissen, WM, GP, GPM, prozessorientiertes WM und WM-Bedarf von GPs eingegangen.

Daraufhin wurde der Stand der Forschung dargestellt, indem der aktuelle Umgang mit WM-Bedarf von GPs in der Literatur vorgestellt und diskutiert wurde. Mit diesem Vorgehen wurde die **Forschungsfrage I** beantwortet: Welche Aspekte des WM-

Bedarfs von GPs werden aktuell in Wissenschaft und Praxis berücksichtigt? Auf Basis einer umfassenden und im Hinblick auf ihre Ausführung transparent dargestellten Literaturrecherche wurde dargelegt, dass WM-Bedarf von GPs weitestgehend ignoriert wurde. Falls WM-Bedarf von GPs nicht ignoriert wurde, fehlte dessen ausreichende Analyse und Operationalisierung. Es wurde gezeigt, dass insbesondere explorativer Forschungsbedarf bestand.

Passend zum formulierten Forschungsziel und aufgrund des Umstands, dass es zum WM-Bedarf von GPs kaum theoretische Grundlagen gab, wurde die qualitative Forschungsmethode Grounded Theory angewandt. Damit wurde ein besseres Verständnis über WM-Bedarf von GPs geschaffen, indem dessen Bestandteile, Einflussfaktoren und deren Zusammenhang detailliert beschrieben und analysiert wurden. So wurden die beiden **Forschungsfragen II und III** beantwortet: Wie lässt sich WM-Bedarf von GPs operationalisieren? Welche Faktoren beeinflussen den WM-Bedarf verschiedener GPs und wie beeinflussen diese Faktoren den WM-Bedarf? Im Verlauf der Untersuchung stellte sich heraus, dass eine Konzentration auf den Bereich Operations Sinn machte. Die primäre Datenquelle waren 24 Interviews mit Experten für GPs aus diesem Bereich. Sie wurden transkribiert und qualitativ ausgewertet, indem sie mit der Software MAXQDA regelkonform offen, axial und selektiv kodiert wurden. Zusammen mit Vor-Ort-Beobachtungen und Unterlagen, die von den Interviewpartnern zur Verfügung gestellt wurden, erlaubte das die Bildung einer aussagekräftigen Theorie über den WM-Bedarf von GPs. Zugleich blieb der Erhebungs- und Auswertungsaufwand beherrschbar.

Das unter Nutzung der Grounded Theory aus den Daten hervorgegangene und damit gegenstandsverankerte WM-Bedarfs-Modell besteht aus drei Elementen, dem zentralen Phänomen Wissen, den Perspektiven und den Einflussfaktoren. Die Ergebnisse aus der Datenerhebung und -auswertung zur Bildung dieses WM-Bedarfs-Modells, das Modell selbst und die daraus entwickelte WM-Bedarfs-Typologie beinhalten Implikationen und ergaben einen allgemein anwendbaren Baukasten zur WM-Gestaltung. Damit wurde die **Forschungsfrage IV** beantwortet: Welche Gestaltungsempfehlungen lassen sich aus den Ergebnissen zur Beantwortung der Forschungsfragen I, II und III für die Unternehmenspraxis ableiten? Zur Illustration der Anwendung der Ergebnisse wurde anhand von zwei ausgewählten Produktionsprozessen ein Vorgehen zur Ermittlung des WM-Bedarfs von GPs vorgestellt. Dieses

Vorgehen besteht aus drei Schritten und zur Deckung des jeweils ermittelten WM-Bedarfs wurden konkrete Handlungsempfehlungen gegeben.

Zusammenfassend kann festgehalten werden, dass alle vier aufgestellten Forschungsfragen beantwortet wurden. Das Forschungsziel der Arbeit wurde somit erreicht.

7.2 Kritische Würdigung der Arbeit und weiterer Forschungsbedarf

Die Grounded Theory erwies sich als geeignete Forschungsmethode zur Erreichung des formulierten Forschungsziels. Anhand eines explorativen Vorgehens wurde ein bis dahin weitgehend unerforschter, aber für das prozessorientierte WM entscheidender Aspekt untersucht. Es gelang, einen Erkenntnisgewinn und Fortschritt im Zusammenhang mit dem Verständnis über den WM-Bedarf von GPs zu erarbeiten. Wesentlicher Bestandteil des Ergebnisses der vorliegenden Arbeit ist die gebildete Theorie, die den Ausgangspunkt für die Nutzbarmachung der gewonnenen Erkenntnisse für die Praxis darstellt. Das entwickelte WM-Bedarfs-Modell in Verbindung mit der erarbeiteten WM-Bedarfs-Typologie und dem aufgestellten Baukasten zu WM-Gestaltung bieten erstmals differenziert die Möglichkeit zur systematischen Ermittlung des WM-Bedarfs von GPs. Erst hiermit lässt sich nun die Ausrichtung von WM-Unterstützung zielgerichtet am tatsächlichen Bedarf von GPs realisieren und somit eine wertschöpfungsorientierte Gestaltung von WM erreichen.

Die Grounded Theory wurde genutzt, um die Elemente des WM-Bedarfs von GPs zu identifizieren, zu kategorisieren und um ihre Wirkbeziehungen zu untersuchen. Sie bietet ein bewährtes, systematisches und zugleich flexibles Vorgehen, das den Prozess der Theoriebildung lenkt. Trotzdem sind auch mit dieser Forschungsmethode Limitationen verbunden. Die erzielten Ergebnisse stammen aus erhobenen Daten und es findet eine Validierung durch den ständigen Vergleich mit dem Datenmaterial sowie später mit der Literatur statt. Die gewonnenen Erkenntnisse sind jedoch nicht als bewiesen zu betrachten, sondern es handelt sich um methodisch konsequent und nachvollziehbar generierte Hypothesen. Eine weitere Limitation der ausgewählten Forschungsmethode zeigt sich als Zielkonflikt bei deren Anwendung. Einerseits bedarf es eines gewissen Grades an Objektivität des Forschers in Form von Unvoreingenommenheit und Vorurteilsfreiheit, um einen möglichst stark aus der Untersuchung geleiteten und unverfälschten Erkenntnisgewinn zu ermöglichen. Andererseits ist ein gewisses Maß an Subjektivität des Forschers in Form von Erfahrung, Sensibilität und

Erwartungen erforderlich, da die Qualität der erzielten Ergebnisse von dessen Interpretationen abhängt. Die Theoretische Sättigung als Abbruchkriterium für die Datenerhebung und -auswertung wird durch den Forscher beurteilt und bestimmt. Zudem ist das Vorverständnis eines Forschers beim Führen von Experteninterviews zuträglich.

Die Reichweite und damit der Geltungsbereich der gebildeten Theorie beziehen sich auf den Bereich Operations, da sich die Datenerhebung auf diesen Bereich konzentrierte. Die auf das Ziel der Theoriebildung hin ausgerichtete Stichprobenziehung beim durchgeführten Theoretischen Sampling unterlag der exogenen Beschränkung, dass die Anzahl an Praxiskontakten zur Gewinnung von Interviewpartnern begrenzt war. Zudem bestand bei der Nutzung von Interviews als primäre Datenquelle naturgemäß das Risiko, von den Gesprächspartnern unscharfe, unvollständige und unkorrekte Informationen zu erhalten.

Neben der gebildeten Theorie gehören auch Implikationen zum Untersuchungsergebnis. Sie illustrieren die Nutzbarmachung der gewonnenen Erkenntnisse für die Praxis. Zu diesem Zweck wurde am Beispiel von zwei Produktionsprozessen eine Vorgehensweise zur Ermittlung des WM-Bedarfs von GPs vorgestellt. Diese Vorgehensweise beruht auf der Einordnung von GP-Analyseeinheiten in die erstellte WM-Bedarfs-Typologie. Diese Einordnung ist nicht rein objektiv möglich, sondern sie erfolgt in Teilen subjektiv. Sie ist das Ergebnis einer Abschätzung, bei der Interpretationsspielraum und zu einem gewissen Grad Unschärfe bestehen. Zwar erlaubt die erläuterte Vorgehensweise zur Ermittlung des WM-Bedarfs von GPs noch keine automatische Selektion einzelner WM-Lösungen, jedoch ist festzuhalten, dass sie erstmals eine systematische Möglichkeit zur typspezifischen Auswahl relevanten Wissens, Hinweise auf den gezielten Umgang mit demselben und eine Präselektion geeigneter WM-Methoden und -Tools bietet.

Aus der vorliegenden Arbeit, dem Forschungsziel, der Forschungsmethode und den Limitationen wird weiterer Forschungsbedarf ersichtlich. Aufbauend auf den qualitativ erarbeiteten Ergebnissen, bietet sich eine statistische Überprüfung im Rahmen einer großzahligen, quantitativen Untersuchung an. Bspw. wäre in diesem Zusammenhang die Überprüfung des Teilaspekts interessant, auf dem die gebildete perspektivische Reihenfolge zur Deckung des WM-Bedarfs je Typ von GP-Analyseeinheit beruht. Neben der Ergebnisvalidierung wäre eine Erhöhung der Reichweite und des Geltungsbereichs der Theorie denkbar. Die bislang erfolgte Konzentration der Untersuchung auf GPs aus dem Bereich Operations könnte hierfür auf GPs aus weiteren Bereichen wie bspw. der Grundlagenforschung, des Marketings, der Produktentwicklung oder der Strategieentwicklung ausgeweitet werden. Zur Verbesserung der Nutzbarmachung für die Praxis wäre auch eine Integration der Ergebnisse in ein Instrumentarium zur Ermittlung des WM-Bedarfs von GPs vorstellbar. Eine wichtige Unterstützung könnten hierbei maßgeschneiderte Interviewleitfäden, Anleitungen für Workshops und um den Inhalt des WM-Bedarfs-Modells erweiterte Modellierungsmethoden und -tools darstellen. Schließlich besteht noch Handlungsbedarf im Hinblick auf eine geeignete Gruppierung von WM-Lösungen. Dadurch ließe sich der Mechanismus zur Selektion von WM-Methoden und -Tools verbessern, der letztlich der Deckung des ermittelten WM-Bedarfs und somit der Steigerung der Wertschöpfung dient.

Anhang

Anhang 1. Details über das Vorgehen bei der Literaturrecherche

Nr.	Kombinationsvarianten von Suchbegriffen		Details zur Suche und Suchtiefe		
			InfoGuide	Google Bücher	WISO
1	Geschäftsprozessmanagement	Wissensmanagement	- erschöpfend	- erschöpfend	- erschöpfend
2	Prozessmanagement	Wissensmanagement	- erschöpfend	- bis einschließlich Treffer Nr. 150	- erschöpfend
3	process management	knowledge management	- erschöpfend	- bis einschließlich Treffer Nr. 80	- erschöpfend
4	geschäftsprozessorientiertes	Wissensmanagement	- erschöpfend	- bis einschließlich Treffer Nr. 150	- erschöpfend
5	prozessorientiertes	Wissensmanagement	- erschöpfend	- bis einschließlich Treffer Nr. 150	- erschöpfend
6	process based	knowledge management	- erschöpfend	- bis einschließlich Treffer Nr. 150	- erschöpfend
7	process-based	knowledge management	- erschöpfend	- bis einschließlich Treffer Nr. 150	- erschöpfend
8	process oriented	knowledge management	- erschöpfend	- bis einschließlich Treffer Nr. 150	- erschöpfend
9	process-oriented	knowledge management	- erschöpfend	- bis einschließlich Treffer Nr. 150	- erschöpfend
10	Geschäftsprozessmanagement	Wissen	- erschöpfend	- bis einschließlich Treffer Nr. 150	- erschöpfend - mit Eingrenzung der Suche auf Beitragstitel
11	Prozessmanagement	Wissen	- erschöpfend	- bis einschließlich Treffer Nr. 150	- erschöpfend - mit Eingrenzung der Suche auf Beitragstitel
12	process management	knowledge	- erschöpfend	- bis einschließlich Treffer Nr. 150	- erschöpfend
13	Wissensmanagementbedarf		- erschöpfend	- erschöpfend	- erschöpfend
14	Wissensmanagement	Bedarf	- erschöpfend	- erschöpfend - mit Suchbegriff "Bedarf an Wissensmanagement"	- erschöpfend - mit Suchbegriff "Bedarf an Wissensmanagement"
15	knowledge management	demand	- erschöpfend	- erschöpfend	- erschöpfend
16	Wissensbedarf		- erschöpfend	- bis einschließlich Treffer Nr. 150	- erschöpfend
17	Wissen	Bedarf	- erschöpfend	- bis einschließlich Treffer Nr. 150 - mit Suchbegriff "Bedarf an Wissen"	- erschöpfend - mit Eingrenzung der Suche auf Beitragstitel - mit Suchbegriff "Bedarf an Wissen"
18	knowledge	demand	- erschöpfend	- bis einschließlich Treffer Nr. 150	- erschöpfend
19	bedarfsorientiertes	Wissensmanagement	- erschöpfend	- erschöpfend	- erschöpfend
20	bedarfsgerechtes	Wissensmanagement	- erschöpfend	- erschöpfend	- erschöpfend
21	demand driven	knowledge management	- erschöpfend	- erschöpfend	- erschöpfend
22	demand oriented	knowledge management	- erschöpfend	- erschöpfend	- erschöpfend
23	demand-oriented	knowledge management	- erschöpfend	- erschöpfend	- erschöpfend
24	Wissensmanagement	Audit	- erschöpfend	- bis einschließlich Treffer Nr. 30	- bis einschließlich Treffer Nr. 50
25	knowledge management	audit	- bis einschließlich Treffer Nr. 80	- bis einschließlich Treffer Nr. 30	- bis einschließlich Treffer Nr. 75
26	Wissensmanagement	Assessment	- bis einschließlich Treffer Nr. 70	- bis einschließlich Treffer Nr. 40	- bis einschließlich Treffer Nr. 50
27	knowledge management	assessment	- bis einschließlich Treffer Nr. 80	- bis einschließlich Treffer Nr. 30	- bis einschließlich Treffer Nr. 125
28	Reifegrad	Wissensmanagement	- erschöpfend	- bis einschließlich Treffer Nr. 30	- bis einschließlich Treffer Nr. 50
29	maturity	knowledge management	- bis einschließlich Treffer Nr. 90	- bis einschließlich Treffer Nr. 40	- bis einschließlich Treffer Nr. 50
30	Reifegradmodell	Wissensmanagement	- erschöpfend	- bis einschließlich Treffer Nr. 30	- erschöpfend
31	maturity model	knowledge management	- bis einschließlich Treffer Nr. 80	- bis einschließlich Treffer Nr. 30	- bis einschließlich Treffer Nr. 50

Anhang 2. Identifizierte Veröffentlichungen zu WM-Bedarf von GPs

Nr.	Titel	Quelleninfo	Literatursegment
1	Exploring barriers to knowledge flow at different knowledge management maturity stages	Lin et al. (2012)	Zeitschriftenbeitrag
2	A Comparative Study of Knowledge Management Assessment in Business Excellence Awarded ...	Chawla und Joshi (2011)	Zeitschriftenbeitrag
3	Qualitätsmanagement für wissensintensive Geschäftsprozesse	Gronau und Heinze (2011)	Konferenzbeitrag
4	Industrialisation of the Knowledge Work: The Knowledge Conveyor Belt Approach	Karagiannis et al. (2011)	Sammelbandbeitrag
5	Is there a correlation between knowledge management maturity and organizational performance?	Kruger und Johnson (2011)	Zeitschriftenbeitrag
6	New Product Development Based on Knowledge Creation and Technology Education	Papoutsakis (2011)	Sammelbandbeitrag
7	Wettbewerbsfaktor Wissen: Managementpraxis von Wissen und Intellectual Capital ...	Pawlowsky et al. (2011)	Internetdokument
8	Gefahr Wissensweitergabe - eine Knowledge Firewall schützt	Bahrs und Vladova (2010)	Zeitschriftenbeitrag
9	Mit Wissensflussmanagement Produktpiraterie unterbinden - Koordinierte Geheimhaltung ...	Bahrs et al. (2010)	Zeitschriftenbeitrag
10	Knowledge Management Opportunity Space Identification Strategy	Barcelo Valenzuela et al. (2010)	Zeitschriftenbeitrag
11	Qualität in wissensintensiven Geschäftsprozessen - Ein neuer Ansatz für die Qualitätsmessung	Geers et al. (2010)	Zeitschriftenbeitrag
12	Reifegradmessung als Ansatz zur Verbesserung von wissensintensiven Geschäftsprozessen	Gronau et al. (2010)	Zeitschriftenbeitrag
13	Bedarfe und Erfolgskriterien der nachhaltigen Implementierung von Wissensmanagement im ...	Hilger et al. (2010)	Internetdokument
14	Reifegradmessung von wissensintensiven Geschäftsprozessen - Es geht auch ohne Experten	Jochem und Geers (2010)	Zeitschriftenbeitrag
15	Measurement of knowledge management maturity level within organizations	Khatibian et al. (2010)	Zeitschriftenbeitrag
16	Prozessmanagement und Wissensmanagement	Kohl und Orth (2010)	Sammelbandbeitrag
17	Die Ist-Analyse als erster Schritt zum Wissensmanagement	Wittich (2010)	Zeitschriftenbeitrag
18	BEYERS - Die richtigen Grundlagen schaffen: Motivation und Wissensteilung	Beyers und Salgado (2009)	Sammelbandbeitrag
19	Ontologiebildung und semantische Suchpfade zur Wissensgenerierung und Repräsentation	Binner (2009)	Zeitschriftenbeitrag
20	Assessment of the organisation´s knowledge management maturity	Boyles et al. (2009)	Zeitschriftenbeitrag
21	PLATH - den Wettbewerb im Visier	Brüggman et al. (2009)	Sammelbandbeitrag
22	DESMA - Transparenz über Prozesse und Methoden	Decker und Orth (2009)	Sammelbandbeitrag
23	PM-Automotive GmbH - Verantwortung durch Qualifizierung übergeben	Döhler (2009)	Sammelbandbeitrag
24	Den Status Quo im Umgang mit Wissen erkennen	Finke (2009a)	Sammelbandbeitrag
25	Einführung von Wissensmanagement	Finke (2009b)	Sammelbandbeitrag
26	Schnittstellenworkshops und soziale Netzwerkanalyse	Finke (2009c)	Sammelbandbeitrag
27	Ein Konzept zur Simulation wissensintensiver Aktivitäten in Geschäftsprozessen	Fröming (2009)	Monographie
28	Wissen prozessorientiert managen - Methode und Werkzeuge für die Nutzung ...	Gronau (2009)	Monographie
29	Krautzberger - 100 Jahre Wissen	Gruhn (2009a)	Sammelbandbeitrag
30	Prozessorientiertes Wissensmanagement bei einem mittelständischen Maschinenbauer	Gruhn (2009b)	Konferenzbeitrag
31	The construction and application of knowledge navigator model (KNMTM): An evaluation of ...	Hsieh et al. (2009)	Zeitschriftenbeitrag
32	Ein Referenzmodell für Wissensmanagement	Mertins und Finke et al. (2009)	Sammelbandbeitrag
33	Der WM-Prozessassistent	Mertins und Orth (2009a)	Sammelbandbeitrag
34	Wissensorientierte Analyse und Gestaltung von Geschäftsprozessen	Mertins und Orth (2009b)	Sammelbandbeitrag
35	Wissensbilanz	Mertins und Will et al. (2009)	Sammelbandbeitrag
36	Dr.-Ing. Meywald GmbH & Co. KG. - Überzeugungsarbeit mit Augenmaß	Meywald (2009)	Sammelbandbeitrag
37	Kristronics - Wissensmanagement als Kompass in stürmischer See	Molter (2009)	Sammelbandbeitrag
38	Wissensmanagement mit Wiki-Systemen	Orth (2009)	Sammelbandbeitrag
39	Wie Wissen wandert - der Fall STELCO	Pechmann und Hahn (2009)	Sammelbandbeitrag
40	A Model of Organisational Knowledge Management Maturity Based on People, Process, and ...	Pee und Kankanhalli (2009)	Zeitschriftenbeitrag
41	Lti DRIVES GmbH - aus Erfahrungen lernen und Irrwege vermeiden	Rühl (2009)	Sammelbandbeitrag
42	Terrawatt Planungsgesellschaft mbH - Effektive Nutzung windiger Zeiten	Schneider (2009)	Sammelbandbeitrag
43	BMA AG - Der süße Geschmack des Wissensmanagements	Stolte et al. (2009)	Sammelbandbeitrag
44	AUCOTEAM - Ingenieurwissen effektiv managen	Thierse (2009)	Sammelbandbeitrag
45	Knowledge Report- Wissensmanagement im Prozessmanagement	Tochtermann unud Schachner (2009)	Internetdokument
46	Schmalz - Wikipedia für den unternehmerischen Einsatz	Ulmer (2009)	Sammelbandbeitrag
47	Selbsterklärende Ordnerstrukturen	Voigt (2009a)	Sammelbandbeitrag
48	Wissensmanagement-Lösungen auswählen	Voigt (2009b)	Sammelbandbeitrag
49	Ausblick auf Forschungsbedarf im Wissensmanagement für KMU	Voigt et al. (2009a)	Sammelbandbeitrag
50	Fazit aus 15 mittelständischen Fallstudien	Voigt et al. (2009b)	Sammelbandbeitrag
51	Erfahrungssicherungsworkshops	Voigt und Garrel (2009)	Sammelbandbeitrag
52	Einleitung	Voigt und Seidel (2009a)	Sammelbandbeitrag
53	Herausforderung für Unternehmen	Voigt und Seidel (2009b)	Sammelbandbeitrag
54	Würth Elektronik ICS - Wiki-Lösungen: Wer die Wahl hat, hat die Qual	Wartenberg (2009)	Sammelbandbeitrag
55	Systemische Wissensbewirtschaftung - Teil 1: Wissensorientierte Modellierung von ...	Wenzel et al. (2009)	Zeitschriftenbeitrag
56	GWB - Wissen sichern und nutzbar machen mittels Datenbanken	Würstl und Würtsl (2009)	Sammelbandbeitrag
57	Wissensmanagement-Audit - Eine Methode zur Istzustandsanalyse	Auinger (2008)	Monographie
58	Ganzheitliches Wissenskonzept - Wissensframework - Zur Gestaltung und Implementierung ...	Binner (2008a)	Zeitschriftenbeitrag
59	Pragmatisches prozessorientiertes Wissensmanagement	Binner (2008b)	Monographie
60	Prozessorientiertes Wissensmanagement unterstützt erfolgreiches Qualitätsmanagement ...	Binner (2008c)	Zeitschriftenbeitrag
61	Systematische Wissensentwicklung in der Organisation	Binner (2008d)	Zeitschriftenbeitrag
62	Assessing the enterprise's knowledge management maturity level	Grundstein (2008)	Zeitschriftenbeitrag
63	Wissensmanagementpraxis im Maschinenbau - Von der Strategie bis zur Lösung	Mertins et al. (2008)	Zeitschriftenbeitrag
64	Preserving Substantial Knowledge in the Organizational Memory Using Process Modelling and ...	Saad (2008)	Sammelbandbeitrag
65	Prozessorientiertes Wissensmanagement in produzierenden Unternehmen - Einfach ...	Voigt et al. (2008)	Zeitschriftenbeitrag
66	Research on a Knowledge Management Paradigma of Tightly Coupling the Business Process ...	Yao (2008)	Sammelbandbeitrag
67	Knowledge Management Audit in a Higher Educational Institution: A Case Study	Biloslavo und Trnavčević (2007)	Zeitschriftenbeitrag
68	A framework for the improvement of knowledge-intensive business processes	Dalmaris et al. (2007)	Zeitschriftenbeitrag
69	Prozessorientiertes Wissensmanagement	Erzer (2007)	Zeitschriftenbeitrag
70	Modellbasierte Analyse interorganisationaler Wissensflüsse	Kratzke (2007)	Monographie
71	Developing new products in a network with efficiency and innovation	Lee A. H. et al. (2007)	Zeitschriftenbeitrag
72	Auditing and Mapping the Knowledge Assets of Business Processes - An Empirical Study	Lee W. B. et al. (2007)	Konferenzbeitrag
73	Prozessorientiertes Wissensmanagement in KMU	Mertins et al. (2007)	Zeitschriftenbeitrag
74	Methoden des Wissensmanagements	Schauer und Frank (2007)	Sammelbandbeitrag
75	Knowledge, Information and the Business Process – Revolutionary Thinking or Common Sense?	Taylor (2007)	Monographie
76	Systemanalyse im Wissensmanagement	Trier und Bobrik (2007)	Sammelbandbeitrag
77	Einleitung - Motivation, Ziele Ergebnisse	Bahrs (2006)	Sammelbandbeitrag
78	Wissensbasiertes Prozessmanagement sichert den Unternehmenserfolg	Binner (2006)	Zeitschriftenbeitrag

Nr.	Titel	Quelleninfo	Literatursegment
79	Die KMDL-SE als UML-Erweiterung	Bischofs et al. (2006)	Sammelbandbeitrag
80	Prozessorientiertes Wissensmanagement in kleinen und mittelständischen Unternehmen …	Finke et al. (2006)	Konferenzbeitrag
81	Software Engineering durch Modellierung wissensintensiver Entwicklungsprozesse	Freund (2006)	Monographie
82	Technische Dokumentation K-Modeler	Gronau et al. (2006a)	Sammelbandbeitrag
83	Methodenhandbuch KMDL-SE	Gronau et al. (2006b)	Sammelbandbeitrag
84	KMDL - Eine semiformale Beschreibungssprache zur Modellierung von Wissenskonversionen	Gronau und Fröming (2006)	Zeitschriftenbeitrag
85	Modellierung und Analyse wissensintensiver Aktivitäten in einem Geschäftsprozess mit der …	Gronau et al. (2006c)	Sammelbandbeitrag
86	Von der Kommunikationsstrukturanalyse zur Knowledge Modeling and Description Language	Gronau und Müller (2006)	Sammelbandbeitrag
87	Grundlagen zum Themenkomplex des Projektes M-WISE	Gronau und Uslar et al. (2006)	Sammelbandbeitrag
88	Management of Knowledge Intensive Business Processes with KMDL v2.0	Korf und Fröming (2006)	Konferenzbeitrag
89	Qualität im Wissensmanagement - Modellierung und Bewertung von Wissensprozessen	Paulzen (2006)	Monographie
90	Nutzen statt Kosten – Wissensmanagement in KMU	Staiger und Kilian (2006)	Zeitschriftenbeitrag
91	Modellierung, Analyse und Gestaltung wissensintensiver Geschäftsprozesse am Beispiel …	Bahrs und Gronau (2005)	Zeitschriftenbeitrag
92	Management von wissensintensiven Geschäftsprozessen mit KMDL	Bogen und Korf (2005)	Zeitschriftenbeitrag
93	Improving performance of customer-processes with knowledge management	Bueren et al. (2005)	Zeitschriftenbeitrag
94	Prozessorientiertes Wissensmanagement	Gronau und Bahrs (2005)	Sammelbandbeitrag
95	Modellierung und Analyse wissensintensiver Prozesse mit KMDL v2.0	Gronau et al. (2005)	Sammelbandbeitrag
96	Analyse Wissensintensiver Verwaltungsprozesse mit der Beschreibungssprache KMDL	Gronau und Weber (2005)	Sammelbandbeitrag
97	An ontology-based software infrastructure for retaining theoretical Knowledge Management …	Hefke und Kleiner (2005)	Konferenzbeitrag
98	Integration von Wissensmanagement in Geschäftsprozesse	Heisig (2005a)	Sammelbandbeitrag
99	Integration von Wissensmanagement in Geschäftsprozesse	Heisig (2005b)	Monographie
100	Wissen managen in Wirtschaftsunternehmen	Mingers (2005)	Sammelbandbeitrag
101	Die Wissensbilanz als Teilaspekt eines Knowledge-Asset-Measurement-Systems	Nagel und Mohr (2005)	Sammelbandbeitrag
102	Aufbau einer Wissensorganisation für den Betrieb komplexer ERP-Systeme	Schmid et al. (2005)	Zeitschriftenbeitrag
103	Ten Steps to Maturity in Knowledge Management - Lessons in Economy	Suresh und Mahesh (2005)	Monographie
104	Überlegungen zur organisationalen Wissensbasis von Dienstleistungsunternehmen …	Welter (2005)	Konferenzbeitrag
105	Vorsprung durch Wissen – Mit optimierten Wissensprozessen in Forschung und Entwicklung …	Dückert (2004)	Zeitschriftenbeitrag
106	Die Kombination von Wissens- und Prozessmanagent - Herausforderung für die Unternehmen …	Engelhardt (2004)	Sammelbandbeitrag
107	Knowledge Management Strategy and Organization: A Perspective of Analysis	Garavelli et al. (2004)	Zeitschriftenbeitrag
108	The KMDL Knowledge Management Approach: Integrating Knowledge Conversions and Business …	Gronau et al. (2004)	Konferenzbeitrag
109	Management of Knowledge Intensive Business Processes	Gronau und Weber (2004)	Konferenzbeitrag
110	Heterogenes Wissen über Prozesse als Grundlage für die Geschäftsprozessoptimierung	Hrastnik et al. (2004)	Sammelbandbeitrag
111	Wissensorientierte Optimierung von Geschäftsprozessen	Mühlbradt (2004)	Sammelbandbeitrag
112	Modellierung eines prozessorientierten Wissensmanagementkonzeptes im Innovationsprozess	Neumann (2004)	Monographie
113	Designing Participatory Processes	Röder und Tautges (2004)	Konferenzbeitrag
114	Wissensintensive Geschäftsprozesse partizipativ kostengünstig erheben, strukturiert darstellen …	Rumpfhuber (2004)	Sammelbandbeitrag
115	Towards a Systematic Approach for Capturing Knowledge-Intensive Business Processes	Trier und Müller (2004)	Konferenzbeitrag
116	Einflussfaktoren des Wissenstransfers – Ergebnisse einer explorativen empirischen Studie	Werner (2004)	Sammelbandbeitrag
117	Organisationales Wissensmanagement - Eine strategische Perspektive	Al-Laham (2003)	Monographie
118	Sprache zur Modellierung wissensintensiver Geschäftsprozesse	Gronau (2003)	Zeitschriftenbeitrag
119	Wissensorientierung im CRM bei der Helsana Versicherungen AG	Gronover et al. (2003)	Sammelbandbeitrag
120	Business Process Oriented Knowledge Management	Heisig (2003)	Sammelbandbeitrag
121	Wissensmanagement in der integrierten Produkt- und Prozessgestaltung - Best-Practice-Modelle …	Klabunde (2003)	Monographie
122	A Knowledge Management Implementation Plan at a Leading US Technical Government …	Liebowitz (2003)	Zeitschriftenbeitrag
123	Implementation von E-Learning und Wissensmanagement - Ein mitarbeiterorientierter Ansatz	Mandl (2003)	Sammelbandbeitrag
124	Knowledge Asset Management - Beyond the Process-centred and Product-centred Approaches	Mentzas et al. (2003)	Monographie
125	Wissensmanagement in industriellen Geschäftsprozessen	Mertins und Heisig (2003)	Zeitschriftenbeitrag
126	Introduction	Mertins et al. (2003)	Sammelbandbeitrag
127	The Knowledge Strategy Process	van der Spek et al. (2003)	Sammelbandbeitrag
128	Capability Maturity for Knowledge Management	Alfs T. Berztiss (2002)	Zeitschriftenbeitrag
129	Rechnergestütztes Organisationsframework ermöglicht systematische …	Binner (2002)	Zeitschriftenbeitrag
130	Prozeßorientiertes Wissensmanagement - Leitfaden zur Einführung und Anwendung in …	Bodrow et al. (2002)	Monographie
131	Holistic Development of Knowledge Management with KMMM®	Ehms und Langen (2002)	Internetdokument
132	Prozessorientiertes Wissensmanagement zur Verbesserung der Prozess- und Produktqualität	Hanel (2002)	Monographie
133	Methode des geschäftsprozessorientierten Wissensmanagements - Die Methode GPO-WM	Heisig (2002)	Sammelbandbeitrag
134	The PROMOTE approach: Modelling Knowledge Management Processes to describe Knowledge …	Karagiannis und Woitsch (2002)	Sammelbandbeitrag
135	Prozessorientiertes Wissensmanagement	Lenz (2002)	Zeitschriftenbeitrag
136	Prozeßorientiertes Wissensmanagement - Konzepte und Modellierung	Remus (2002)	Monographie
137	Wissenstransparenz als Wettbewerbsvorteil - Einstiegsmethode und -werkzeuge in das …	Dämmig et al. (2001)	Konferenzbeitrag
138	Prozesswissen als Gegenstand des Wissensmanagements in der öffentlichen Verwaltung	Engel (2001)	Konferenzbeitrag
139	Business Process Oriented Knowledge Management - Methode zur Verknüpfung von …	Heisig (2001)	Konferenzbeitrag
140	Knowledge management systems - Information and communication technologies for …	Maier (2001)	Monographie
141	Towards a Framework for Knowledge Management Strategies: Process Orientation as Strategic …	Maier und Remus (2001)	Konferenzbeitrag
142	Wissensmanagement lernen - Ein Leitfaden zur Gestaltung von Workshops und zum Selbstlernen	Reinmann-Rothmeier et al. (2001)	Monographie
143	Integrierte Prozeß- und Kommunikationsmodellierung als Ausgangspunkt für die Verbesserung …	Remus (2001)	Konferenzbeitrag
144	Entwicklung eines Modells zur Implementierung von Wissensmanagement in Organisationen	Sanden (2001)	Monographie
145	Prozessorientiertes Wissensmanagement - Konzepte, Methode, Fallbeispiele	Thiesse (2001)	Monographie
146	The EU-Project PROMOTE: A Process-oriented Approach for Knowledge Management	Karagiannis und Telesko (2000)	Konferenzbeitrag
147	The Knowledge Management Maturity Model - A Staged Framework for Leveraging Knowledge	Kochikar (2000)	Internetdokument
148	The Knowledge Audit	Liebowitz et al. (2000)	Zeitschriftenbeitrag
149	Wissen verbindet - Wissensaudits als Schlüssel zum Wissensmanagement	Pfeifer et al. (2000)	Zeitschriftenbeitrag
150	Measuring knowledge management investments and results; two business cases	Swaak et al. (2000)	Konferenzbeitrag
151	Wissensmanagement mit ARIS-Modellen	Allweyer und Scheer (1999)	Sammelbandbeitrag
152	Business Knowledge Management: von der Vision zur Wirklichkeit	Bach (1999)	Sammelbandbeitrag
153	Wissensmanagement: eine unternehmerische Perspektive	Bach und Österle (1999)	Sammelbandbeitrag
154	Improving Knowledge Intensive Processes through an Enterprise Knowledge Medium	Eppler et al. (1999)	Konferenzbeitrag
155	Wissenskapital - das unentdeckte Vermögen	Sveiby (1998)	Monographie
156	Benchmarking Knowledge Management	Hiebeler (1996)	Zeitschriftenbeitrag

Anhang 3. Quercheck der Forschungslücke mit ScienceDirect

Der Quercheck, der in Abschnitt 3.2 beschriebenen Forschungslücke, erfolgte im Januar 2013 im Web-Portal SciVerse ScienceDirect.

SciVerse ScienceDirect, mit Zugriff auf die wissenschaftliche Datenbank ScienceDirect, ist das Web-Portal des Elsevier Verlags. Das Portal bietet Zugang zu mehr als 11 Millionen englischsprachigen Artikeln und deckt über 2.500 peer-reviewed Zeitschriften ab.[318]

Die Suche wurde in „Abstract, Title, Keywords", mit der subject-Auswahl „Business, Management and Accounting" und mit den Zugriffsrechten der Universität der Bundeswehr München durchgeführt. Es wurde eine Auswahl der Suchbegriffe bzw. Kombinationen von Suchbegriffen genutzt, die bereits in der in Abschnitt 3.1.1 beschriebene Literaturrecherche angewendet wurden. Die folgende Darstellung bietet eine Übersicht über diese Auswahl sowie Details zur jeweiligen Suchtiefe.

Nr.	Kombinationsvarianten von Suchbegriffen		Details zur Suchtiefe
1	knowledge management	demand	erschöpfend
2	knowledge	demand	erschöpfend
3	demand driven	knowledge management	erschöpfend
4	demand oriented	knowledge management	erschöpfend
5	demand-oriented	knowledge management	erschöpfend
6	knowledge management	audit	erschöpfend
7	knowledge management	assessment	erschöpfend
8	maturity	knowledge management	erschöpfend
9	maturity model	knowledge management	erschöpfend

Die Suche je Suchbegriff bzw. Kombination von Suchbegriffen wurde erschöpfend durchgeführt; d.h., alle angezeigten Treffer wurden gesichtet. Insgesamt wurden 388 Titel angezeigt, deren Sichtung zu einer Bestätigung der in Abschnitt 3.2 beschriebenen Forschungslücke führte.

[318] Vgl. Elsevier Verlag 2013

Literaturverzeichnis

Abecker, A./Hinkelmann, K./Maus, H./Müller, H. J. (Hrsg.) 2002a: Geschäftsprozessorientiertes Wissensmanagement. Effektive Wissensnutzung bei der Planung und Umsetzung von Geschäftsprozessen. Berlin [u.a.]: Springer.

Abecker, A./Hinkelmann, K./Maus, H./Müller, H. J. 2002b: Integrationspotentiale für Geschäftsprozesse und Wissensmanagement. In: Abecker, A./Hinkelmann, K./Maus, H./Müller, H. J. (Hrsg.): Geschäftsprozessorientiertes Wissensmanagement. Effektive Wissensnutzung bei der Planung und Umsetzung von Geschäftsprozessen. Berlin [u.a.]: Springer, S. 1–22.

Abecker, A./Maus, H./Bernardi, A. 2001: Software-Unterstützung für das Geschäftsprozessorientierte Wissensmanagement. In: Schnurr, H.-P./Staab, S./Studer, R./Stumme, G./Sure, Y. (Hrsg.): Professionelles Wissensmanagement. Erfahrungen und Visionen. Beiträge der 1. Konferenz Professionelles Wissensmanagement. Erfahrungen und Visionen, Baden-Baden, 14. - 16. März 2001. Aachen: Shaker, S. 39–43.

Alfs T. Berztiss 2002: Capability Maturity for Knowledge Management. In: Hameurlain, A./Cicchetti, R./Traunmüller, R. (Hrsg.): Proceedings of the 13th International Workshop on Database and Expert Systems Applications, DEXA 2002. Aix-en-Provence, 02.-06.09.2002, S. 162-166.

Alisch, L.-M. 1982: Theoretische Überlegungen zum Konzept der subjektiven Theorien. In: Dann, H.-D./Humpert, W./Krause, F./Tennstädt, K.-C. (Hrsg.): Analyse und Modifikation subjektiver Theorien von Lehrern. Ergebnisse und Perspektiven eines Kolloquiums. Forschungsbericht 43. Konstanz, S. 40–61.

Al-Laham, A. 2003: Organisationales Wissensmanagement. Eine strategische Perspektive. München: Vahlen.

Allan, G. 2003: A critique of using grounded theory as a research method. Institu-tion: Department of Information Systems and Computer Applications, Ports-mouth University, UK. S. 1-9. http://www.ejbrm.com/issue/download.html?idIssue=16 [Online-Abruf am 24.05.2013]

Allweyer, T. 1998: Modellbasiertes Wissensmanagement. In: Information Management & Consulting 13 (1), S. 37–45.

Allweyer, T. 2005: Geschäftsprozessmanagement. Strategie, Entwurf, Implementierung, Controlling. Herdecke [u.a.]: W3L-Verlag.

Allweyer, T./Scheer, A.-W. 1999: Wissensmanagement mit ARIS-Modellen. In: Scheer, A.-W. (Hrsg.): ARIS - Business process modeling. 2. Aufl., Berlin [u.a.]: Springer, S. 162–183.

Amelingmeyer, J. 2000: Wissensmanagement. Analyse und Gestaltung der Wissensbasis von Unternehmen. 3. Aufl., Wiesbaden: Deutscher Universitäts-Verlag.

Apel, J. 2011: Daten und Phänomene. Ein Beitrag zur wissenschaftstheoretischen Realismusdebatte. Heusenstamm: Ontos.

Aretz, W. 2007: Subjektive Führungstheorien und die Umsetzung von Führungsgrundsätzen im Unternehmen. Eine Analyse bisheriger Forschungsansätze, Modellentwicklung und Ergebnisse einer empirischen Untersuchung. Köln: Kölner Wissenschaftsverlag.

Auinger, T. 2008: Wissensmanagement-Audit. Eine Methode zur Istzustandsanalyse. Saarbrücken: VDM Verlag Dr. Müller.

Bach, V. 1999: Business Knowledge Management: von der Vision zur Wirklichkeit. In: Bach, V./Vogler, P./Österle, H. (Hrsg.): Business knowledge management. Praxiserfahrungen mit intranet-basierten Lösungen. Berlin [u.a.]: Springer, S. 37–51.

Bach, V./Österle, H. 1999: Wissensmanagement: eine unternehmerische Perspektive. In: Bach, V./Vogler, P./Österle, H. (Hrsg.): Business knowledge management. Praxiserfahrungen mit intranet-basierten Lösungen. Berlin [u.a.]: Springer, S. 13–35.

Badke-Schaub, P./Frankenberger, E. 2004: Management kritischer Situationen. Produktentwicklung erfolgreich gestalten. Berlin [u.a.]: Springer.

Bahrs, J. 2006: Einleitung - Motivation, Ziele, Ergebnisse. In: Gronau, N./Hasselbring, W. (Hrsg.): M-WISE. Modellierung wissensintensiver Prozesse im Software Engineering. Berlin: GITO.

Bahrs, J./Gronau, N. 2005: Modellierung, Analyse und Gestaltung wissensintensiver Geschäftsprozesse am Beispiel eines Softwareentwicklungsunternehmens. In: HMD - Praxis der Wirtschaftsinformatik 42 (246), S. 29–37.

Bahrs, J./Vladova, G. 2010: Gefahr Wissensweitergabe - eine Knowledge Firewall schützt. In: wissensmanagement - Das Magazin für Führungskräfte 2010 (8), S. 48–49.

Bahrs, J./Vladova, G./Gronau, N. 2010: Mit Wissensflussmanagement Produktpiraterie unterbinden. Koordinierte Geheimhaltung in Wertschöpfungsnetzwerken. In: Zeitschrift Führung + Organisation 79 (6), S. 368–374.

Barcelo Valenzuela, M./Sanchez Schmitz, G./Perez Soltero, A./Romero Dessens, L. F./Martin Rubio, F./Palma, J. 2010: Knowledge management opportunity space identification strategy. In: Knowledge and Process Management 17 (3), S. 111–117.

Becker, J./Berning, W./Kahn, D. 2005: Projektmanagement. In: Becker, J./Kugeler, M./Rosemann, M. (Hrsg.): Prozessmanagement. Ein Leitfaden zur prozessorientierten Organisationsgestaltung. Berlin [u.a.]: Springer, S. 17–44.

Becker, T. 2005: Prozesse in Produktion und Supply Chain optimieren. Berlin [u.a.]: Springer.

Benger, A. 2007: Gestaltung von Wertschöpfungsnetzwerken. Berlin: GITO.

Beyers, W./Salgado, S. 2009: BEYERS - Die richtigen Grundlagen schaffen: Motivation zur Wissensteilung. In: Mertins, K./Seidel, H. (Hrsg.): Wissensmanagement im Mittelstand. Grundlagen - Lösungen - Praxisbeispiele. Berlin [u.a.]: Springer, S. 127–136.

Bibliotheksverbund Bayern 2011: Willkommen beim Bibliotheksverbund Bayern. http://www.bib-bvb.de/ [Online-Abruf am 28.12.2011]

Biloslavo, R./Trnavčevič, A. 2007: Knowledge management audit in a higher educational institution: a case study. In: Knowledge and Process Management 14 (4), S. 275–286.

Binner, H. 2002: Rechnergestütztes Organisationsframework ermöglicht systematische Wissensmanagemententwicklung – Turbo für das Management. In: Quality Engineering 2002 (9), S. 10.

Binner, H. 2006: Wissensbasiertes Prozessmanagement sichert den Unternehmenserfolg. In: wissensmanagement - Das Magazin für Führungskräfte 2006 (4), S. 20–23.

Binner, H. 2008a: Ganzheitliches Wissenskonzept - Wissensframework. Zur Gestaltung und Implementierung einer wissensbasierten Organisation. In: Zeitschrift für wirtschaftlichen Fabrikbetrieb 103 (7-8), S. 540–543.

Binner, H. 2008b: Pragmatisches prozessorientiertes Wissensmanagement. Bergisch Gladbach: Heider.

Binner, H. 2008c: Prozessorientiertes Wissensmanagement unterstützt erfolgreiches Qualitätsmanagement. Wissen mit System. In: Quality Engineering 2008 (9), S. 18–22.

Binner, H. 2008d: Systematische Wissensentwicklung in der Organisation. In: ERP-Management 2008 (2), S. 54–56.

Binner, H. 2009: Ontologiebildung und semantische Suchpfade zur Wissensgenerierung und Repräsentation. In: is report 2009 (5), S. 44–47.

Bischofs, L./Hasselbring, W./Thaden, E. 2006: Die KMDL-SE als UML-Erweiterung. In: Gronau, N./Hasselbring, W. (Hrsg.): M-WISE. Modellierung wissensintensiver Prozesse im Software Engineering. Berlin: GITO, S. 203–210.

Bodrow, W./Bergmann, P. 2003: Wissensbewertung in Unternehmen. Bilanzieren von intellektuellem Kapital. Berlin: Schmidt.

Bodrow, W./Harwarth, H./Rabe, M. 2002: Prozessorientiertes Wissensmanagement. Leitfaden zur Einführung und Anwendung in Geschäftsprozessen. Berlin: FHTW.

Boehm, A. 1994: Grounded Theory - Wie aus Texten Modelle und Theorien gemacht werden. In: Boehm, A./Mengel, A./Muhr, T. (Hrsg.): Texte verstehen. Konzepte, Methoden, Werkzeuge. Schriften zur Informationswissenschaft. Konstanz: Universitätsverlag Konstanz, S. 121–140.

Bogaschewsky, R./Rollberg, R. 1998: Prozeßorientiertes Management. Berlin [u.a.]: Springer.

Bogen, J./Korf, R. 2005: Management von wissensintensiven Geschäftsprozessen mit KMDL. In: ERP-Management 2005 (3), S. 23–26.

Böger, M. 2010: Gestaltungsansätze und Determinanten des Supply Chain Risk Managements. Eine explorative Analyse am Beispiel von Deutschland und den USA. Lohmar [u.a.]: Eul.

Bogner, A./Menz, W. 2009: Das theoriegenerierende Experteninterview. Erkenntnisinteresse, Wissensformen, Interaktion. In: Bogner, A./Littig, B./Menz, W. (Hrsg.): Experteninterviews. Theorie, Methoden, Anwendungsfelder. Wiesbaden: Verlag für Sozialwissenschaften, S. 61–98.

Böhm, A./Legewie, H./Muhr, T. 1992: Kursus Textinterpretation: Grounded Theory. Forschungsbericht Nr. 92-3 des Interdisziplinäres Forschungsprojektes ATLAS. Technische Universität Berlin. http://www.ssoar.info/ssoar/files/2008/823/kursus%20textinterpretation.pdf [Online-Abruf am 09.07.2012].

Bonazzi, G. 2008: Geschichte des organisatorischen Denkens. Wiesbaden: VS Verlag für Sozialwissenschaften.

Boppert, J. 2008: Entwicklung eines wissensorientierten Konzepts zur adaptiven Logistikplanung. Dissertation, Technische Universität München, 2008.

Borchardt, A./Göthlich, S. 2009: Erkenntnisgewinnung durch Fallstudien. In: Albers, S./Klapper, D./Konradt, U./Walter, A./Wolf, J. (Hrsg.): Methodik der empirischen Forschung. 3., überarb. und erw. Aufl., Wiesbaden: Gabler, S. 33–48.

Bortz, J./Döring, N. 2006: Forschungsmethoden und Evaluation. Für Human- und Sozialwissenschaftler. 4., überarb. Aufl., [Nachdr.]. Berlin [u.a.]: Springer.

Boyles, J. E./Cairns, G./Grosbois, J. de/Jackson, A./Kosilov, A./Pasztory, Z./Yanev, Y./Mazour, T. 2009: Assessment of the organisation's knowledge management maturity. In: International Journal of Nuclear Knowledge Management 3 (2), S. 170.

Braun, J. 2002: Grundlagen der Organisationsgestaltung. In: Bullinger, H.-J./Warnecke, H. J./Westkämper, E. (Hrsg.): Neue Organisationsformen im Unternehmen. Ein Handbuch für das moderne Management. 2. Aufl., Berlin [u.a.]: Springer, S. 1–68.

Brockhaus Enzyklopädie: in 30 Bänden. [Red. Leitung Zwahr, A. 2006], 21. Aufl., Leipzig [u.a.]: Brockhaus, Bd. 21.

Brommer, U. 1992: Lehr- und Lernkompetenz erwerben. Ein Weg zur effizienten Persönlichkeitsentwicklung. Wiesbaden: Gabler.

Brown, W. B./Moberg, D. J. 1980: Organization Theory and Management: A Macro Approach. New York [u.a.]: Wiley.

Browning, L. D./ Beyer, J. M./ Shetler, J. C. 1995: Building Cooperation in a Competitive Industry: Semantech and the Semiconductor Industry. In: Academy of Management Journal, 38 (1), S. 113–151.

Brüggman, H./Niewöhner, M./Müller, K. 2009: PLATH - den Wettbewerb im Visier. In: Mertins, K./Seidel, H. (Hrsg.): Wissensmanagement im Mittelstand. Grundlagen - Lösungen - Praxisbeispiele. Berlin [u.a.]: Springer, S. 207–215.

Bueren, A./Schierholz, R./Kolbe, L. M./Brenner, W. 2005: Improving performance of customer-processes with knowledge management. In: Business Process Management Journal 11 (5), S. 573–588.

Bullinger, H.-J./Fähnrich, K. P./Groh, G./Kopperger, D. 1995: Historie, Abgrenzung und Marktübersicht von Management-Tools. In: Computerworld 1995 (37), S. 7–11.

Bullinger, H.-J./Wörner, K./Prieto, J. 1998: Wissensmanagement: Modelle und Strategien für die Praxis. In: Bürgel, H. D. (Hrsg.): Wissensmanagement. Schritte zum intelligenten Unternehmen. Berlin [u.a.]: Springer.

Capurro, R. 2003: Skeptisches Wissensmanagement. In: Fischer, P./Hubig, C./Koslowski, P. (Hrsg.): Wirtschaftsethische Fragen der E-Economy. Heidelberg: Physica, S. 67–85.

Carvalho, L./ Scott, L./ Jeffery, R. 2003: Exploring the use of techniques from Grounded Theory in Process Engineering. Report No. 03/1. Hg. v: Centre for Advanced Software Engineering Research (CAESER), University of New South Wales, Sydney, S. 1-38. http://www.caeser.unsw.edu.au/publications/pdf/Tech03_1.pdf [Online-Abruf am 14.05.2013]

Charmaz, K. 1990: 'Discovering' chronic illness: Using grounded theory. In: Social Science & Medicine, 30 (11), S. 1161-1172.

Charmaz, K. 2006: Constructing grounded theory. A practical guide through qualitative analysis. London [u.a.]: SAGE Publications.

Chawla, D./Joshi, H. 2011: A Comparative Study of Knowledge Management Assessment in Business Excellence Awarded and Non-awarded Organizations in India. In: Global Business Review 12 (2), S. 279–295.

Chmielewicz, K. 1994: Forschungskonzeptionen der Wirtschaftswissenschaft. 3., unveränd. Aufl., Stuttgart: Schäffer-Poeschel.

Cohen, M. D./Bacdayan, P. 1994: Organizational Routines Are Stored As Procedural Memory: Evidence from a Laboratory Study. In: Organization Science 5 (4), S. 554–568.

Corbin, J. M. 1998: Alternative Interpretations: Valid or not? In: Theory & Psychology, 8 (1), S. 121-128.

Corbin, J. M./Strauss, A. L. 2008: Basics of qualitative research. Techniques and procedures for developing grounded theory. 3. Aufl., Thousand Oaks [u.a.]: SAGE Publications.

Correia, Z./ Wilson, T.D 1997: Scanning the business environment for information: a grounded theory approach. In: Information Research, 2 (4), S. 1–14.

Creswell, J. W. 2007: Qualitative inquiry and research design. Choosing among five traditions. 2. Aufl., Thousand Oaks [u.a.]: SAGE Publications.

Crosby, P. B. 1979: Quality is free. The art of making quality certain. New York: McGraw-Hill.

D'Adderio, L. 2011: Artifacts at the centre of routines: performing the material turn in routines theory. In: Journal of Institutional Economics 7 (02), S. 197–230.

Dalmaris, P./Tsui, E./Hall, B./Smith, B. 2007: A framework for the improvement of knowledge-intensive business processes. In: Business Process Management Journal 13 (2), S. 279–305.

Dämmig, I./Hess, U./Borgmann, C. 2001: Wissenstransparenz als Wettbewerbsvorteil - Einstiegsmethode und -werkzeuge in das praktische Wissensmanagement von Unternehmen. In: Schnurr, H.-P./Staab, S./Studer, R./Stumme, G./Sure, Y. (Hrsg.): Professionelles Wissensmanagement. Erfahrungen und Visionen. Beiträge der 1. Konferenz Professionelles Wissensmanagement. Erfahrungen und Visionen, Baden-Baden, 14. - 16. März 2001. Aachen: Shaker, S. 88–93.

Dann, H.-D. 1992: Variation von Lege-Strukturen zur Wissensrepräsentation. In: Scheele, B. (Hrsg.): Struktur-Lege-Verfahren als Dialog-Konsens-Methodik. Ein Zwischenfazit zur Forschungsentwicklung bei der rekonstruktiven Erhebung subjektiver Theorien. Münster: Aschendorff, S. 2–41.

Danzinger, F. 2010: Kundeninteraktionskompetenz in Industriegütermärkten. Eine empirische Studie zur Interaktions- und Lernorientierung. Wiesbaden: Gabler.

Davenport, T. H. 2005: Thinking for a living. How to get better performance and results from knowledge workers. Boston [u.a.]: Harvard Business School Press.

Davenport, T. H./Prusak, L. 1998: Wenn ihr Unternehmen wüsste, was es alles weiß. Das Praxisbuch zum Wissensmanagement. Landsberg/Lech: Moderne Industrie.

Decker, C./Orth, R. 2009: DESMA - Transparenz über Prozesse und Methoden. In: Mertins, K./Seidel, H. (Hrsg.): Wissensmanagement im Mittelstand. Grundlagen - Lösungen - Praxisbeispiele. Berlin [u.a]: Springer, S. 147–154.

Deming, W. E. 1986: Out of the crisis. Quality, productivity and competitive position. Cambridge: Cambridge University Press.

Denzin, N. 1970: The Research Act in Sociology. A Theoretical Introduction to Sociological Methods. Chicago: Aldine.

Deutsches Institut für Normung 2005: DIN EN ISO 9000: Qualitätsmanagementsysteme – Grundlagen und Begriffe (ISO 9000:2005); Dreisprachige Fassung EN ISO 9000:2005, in der Fassung von Dezember 2005, Berlin: Beuth.

Döhler, A. 2009: PM-Automotive GmbH - Verantwortung durch Qualifizierung übergeben. In: Mertins, K./Seidel, H. (Hrsg.): Wissensmanagement im Mittelstand. Grundlagen - Lösungen - Praxisbeispiele. Berlin [u.a.]: Springer, S. 217–226.

Drucker, P. F. 2000: Management challenges for the 21st century. New York: Harper Business.

Dückert, S. 2004: Vorsprung durch Wissen. Mit optimierten Wissensprozessen in Forschung und Entwicklung zum Markterfolg. In: wissensmanagement - Das Magazin für Führungskräfte 2004 (7) S. 20–23.

Edmondson, A. C./McManus, S. E. 2007: Methodological Fit in Management Field Research. In: Academy of Management Review 32 (4), S. 1155–1179.

Ehms, K./Langen, M. 2002: Holistic Development of Knowledge Management with KMMM®. Siemens AG / Corporate Technology. München. http://www.providersedge.com/docs/km_articles/Holistic_Development_of_KM_with_KMMM.pdf [Online-Abruf am 12.07.2012]

Eisenhardt, K. 1989: Building Theories from Case Study Research. In: The Academy of Management Review 14 (4), S. 532–550.

Ellram, L. 1996: The Use of the Case Study Method in Logistics Research. In: Journal of Business Logistics 17 (2), S. 93–138.

Elsevier Verlag 2013: Elsevier for Industry. http://www.elsevierforindustry.com/products/sciverse_sciencedirect.shtml [Online-Abruf am 23.05.2013]

Engel, A. 2001: Prozesswissen als Gegenstand des Wissensmanagements in der öffentlichen Verwaltung. In: Schnurr, H.-P./Staab, S./Studer, R./Stumme, G./Sure, Y. (Hrsg.): Professionelles Wissensmanagement. Erfahrungen und Visionen. Beiträge der 1. Konferenz Professionelles Wissensmanagement. Erfahrungen und Visionen, Baden-Baden, 14. - 16. März 2001. Aachen: Shaker, S. 426–432.

Engelhardt, C. 2004: Die Kombination von Wissens- und Prozessmanagement. Herausforderung für die Unternehmen im wissensintensiven Umfeld. In: Engelhardt, C./Hall, K./Ortner, J. (Hrsg.): Prozesswissen als Erfolgsfaktor. Effiziente Kombination von Prozessmanagement und Wissensmanagement. Wiesbaden: Deutscher Universitäts-Verlag, S. 29–35.

Eppler, M./Seifried, P./Röpnack, A. 1999: Improving Knowledge Intensive Processes through an Enterprise Knowledge Medium. In: Prasad, J. (Hrsg.): Proceedings of The 1999 ACM SIGCPR Conference "Managing Organizational Knowledge for Strategic Advantage: The Key Role of Information Technology and Personell". New Orleans, S. 222–230.

Erber, G. 2012: Dichtung und Wahrheit Deutschlands Position bei Lohnstückkosten, Extrahandel und realen Wechselkursen in der Eurozone – was sagt die Statistik? In: ifo Schnelldienst 65 (5), S. 20–34.

Erzer, R. 2007: Prozessorientiertes Wissensmanagement. In: wissensmanagement - Das Magazin für Führungskräfte 2007 (5), S. 44–45.

Fendt, J./Sachs, W. 2008: Grounded Theory Method in Management Research: Users' Perspectives. In: Organizational Research Methods 11 (3), S. 430–455.

Finke, I. 2009a Den Status Quo im Umgang mit Wissen erkennen. In: Mertins, K./Seidel, H. (Hrsg.): Wissensmanagement im Mittelstand. Grundlagen - Lösungen - Praxisbeispiele. Berlin [u.a.]: Springer, S. 33–40.

Finke, I. 2009b: Einführung von Wissensmanagement. In: Mertins, K./Seidel, H. (Hrsg.): Wissensmanagement im Mittelstand. Grundlagen - Lösungen - Praxisbeispiele. Berlin [u.a.]: Springer, S. 23–32.

Finke, I. 2009c: Schnittstellen-Workshops und soziale Netzwerkanalyse. In: Mertins, K./Seidel, H. (Hrsg.): Wissensmanagement im Mittelstand. Grundlagen - Lösungen - Praxisbeispiele. Berlin [u.a.]: Springer, S. 101–108.

Finke, I./Orth, R./Voigt, S./Staiger, M. 2006: Prozessorientiertes Wissensmanagement in kleinen und mittelständischen Unternehmen. Erfahrungsberichte aus dem ProWis Projekt. In: Gronau, N./Pawlowsky, P./Schütt, P./Weber, M. (Hrsg.): Mit Wissensmanagement besser im Wettbewerb. Tagungsband zur KnowTech 2006. 8. Konferenz zum Einsatz von Wissensmanagement in Wirtschaft und Verwaltung. Poing: Franzis Verlag, S. 321–329.

Fitzgerald, G./Kelly, P. V./Cernusca, D. 2003: NVivo as a cognitive tool for training novice qualitative researchers: a constructivist approach. In: Qualitative Research Journal, Special Issue 2003, S. 24–40.

Flick, U. 1995: Qualitative Forschung. Theorie, Methoden, Anwendung in Psychologie und Sozialwissenschaften. Reinbek bei Hamburg: Rowohlt-Taschenbuch-Verlag.

Flick, U. 2010: Qualitative Sozialforschung. Eine Einführung. 3. Aufl., Reinbek bei Hamburg: Rowohlt-Taschenbuch-Verlag.

Frankel, R./Naslund, D./Bolumole, Y. 2005: The “White Space” of Logistics Research: A Look at the Role of Methods Usage. In: Journal of Business Logistics 26 (2), S. 185–209.

Fraunhofer-Gesellschaft 2011: Wissensmanagement mit dem ProWis-Ansatz. http://www.prowis.net/prowis/ [Online-Abruf am 23.05.2013]

Freund, T. 2006: Software Engineering durch Modellierung wissensintensiver Entwicklungsprozesse. Berlin: GITO.

Friederici, M. R. 2000: Wissen und Technik. Über die Entstehung und Verwendung von (Technik-)Wissen am Beispiel des Fahrrads. Spuren der Wirklichkeit. Münster: LIT, Bd. 19.

Fröming, J. 2009: Ein Konzept zur Simulation wissensintensiver Aktivitäten in Geschäftsprozessen. Berlin: GITO.

Fuller, T.; Lewis, J. 2002: Relationships Mean Everything; A Typology of Small-Business Relationship Strategies in a Reflexive Context. In: British Journal of Management, 13 (4), S. 317–336.

Gaitanides, M. 1983: Prozessorganisation. Entwicklung, Ansätze und Programme prozessorientierter Organisationsgestaltung. München: Vahlen.

Gaitanides, M. 2007: Prozessorganisation. Entwicklung, Ansätze und Programme des Managements von Geschäftsprozessen. 2., vollst. überarb. Aufl., München: Vahlen.

Gaitanides, M. 2012: Prozessorganisation. Entwicklung, Ansätze und Programme des Managements von Geschäftsprozessen. 3. Aufl., München: Vahlen.

Garavelli, C./Gorgoglione, M./Scozzi, B. 2004: Knowledge management strategy and organization: a perspective of analysis. In: Knowledge and Process Management 11 (4), S. 273–282.

GBI-Genios Deutsche Wirtschaftsdatenbank GmbH 2012: WISO. http://www.wiso-net.de/webcgi?START=03A&SEITE=amedien.tin [Online-Abruf am 23.05.2013]

Geers, D./Jochem, R./Heinze, P./Gronau, N. 2010: Qualität in wissensintensiven Geschäftsprozessen - Ein neuer Ansatz für die Qualitätsmessung. In: Industrie Management 26 (4), S. 9–12.

Geoinformationsdienst der Bundeswehr 2012: Qualitätsmanagementhandbuch im Geoinformationsdienst der Bundeswehr für den Flugwetterdienst der Bundeswehr. QMHb Flugwetterdienst Bw. In Kraft gesetzt am 21.12.2012, Euskrichen.

Glaser, B. G. 1978: Theoretical Sensitivity. Mill Valley: Sociology Press.

Glaser, B. G. 1992: Basics of grounded theory analysis. Emergence vs. forcing. Mill Valley: Sociology Press.

Glaser, B. G./Strauss, A. L. 1967: The Discovery of Grounded Theory. Strategies for Qualitative Research. Chicago: Aldine.

Gläser, J./Laudel, G. 2010: Experteninterviews und qualitative Inhaltsanalyse. Als Instrumente rekonstruierender Untersuchungen. 4. Aufl., Wiesbaden: VS Verlag für Sozialwissenschaften.

Goesmann, T. 2002: Ein Ansatz zur Unterstützung wissensintensiver Prozesse durch Workflow-Management-Systeme. Dissertation. Technische Universität Berlin.

Goldkuhl, G./Cronholm, S. 2010: Adding Theoretical Grounding to Grounded Theory: Toward Multi-Grounded Theory. In: International Journal of Qualitative Methods 9 (2), S. 187–205.

Goulding, C. 2002: Grounded theory. A practical guide for management, business and market researchers. London [u.a.]: SAGE Publications.

Grabner, T. 2012: Operations Management. Auftragserfüllung bei Sach- und Dienstleistungen. Wiesbaden: Springer Gabler.

Gramke, K./Fischer, D./Schlesinger, M./Schüssler, R./Windhövel, K./Wolff, H. 2010: Arbeitslandschaft 2030. Auswirkungen der Wirtschafts- und Finanzkrise. Langfassung. Hg. v. Prognos AG. vbw - Vereinigung der bayerischen Wirtschaft e.V. http://www.prognos.com/fileadmin/pdf/publikationsdatenbank/100210_Arbeitslandschaft2030_Wirtschaftskrise_Langfassung_end.pdf.

Gronau, N. 2003: Sprache zur Modellierung wissensintensiver Geschäftsprozesse. In: Industrie Management 19 (3), S. 9–13.

Gronau, N. 2009: Wissen prozessorientiert managen. Methode und Werkzeuge für die Nutzung des Wettbewerbsfaktors Wissen in Unternehmen. München: Oldenbourg.

Gronau, N./Bahrs, J. 2005: Prozessorientiertes Wissensmanagement. In: Gronau, N./Bahrs, J. (Hrsg.): Prozessorientiertes Wissensmanagement. Strategien, Methoden, Erfahrungen und Werkzeuge. Berlin: GITO, S. 19–52.

Gronau, N./Bahrs, J./Fröming, J./Fürtsenau, D./Korf, R./Müller, C./ Puhlmann, M./ Rüßbühlt, U./ Schmid, S. 2006a: Technische Dokumentation K-Modeler. In: Gronau, N./Hasselbring, W. (Hrsg.): M-WISE. Modellierung wissensintensiver Prozesse im Software Engineering. Berlin: GITO, S. 211–253.

Gronau, N./Bahrs, J./Fröming, J./Müller, C./Korf, R./Schmid, S. 2006b: Methodenhandbuch KMDL-SE. In: Gronau, N./Hasselbring, W. (Hrsg.): M-WISE. Modellierung wissensintensiver Prozesse im Software Engineering. Berlin: GITO, S. 161–201.

Gronau, N./Fröming, J. 2006: KMDL - Eine semiformale Beschreibungssprache zur Modellierung von Wissenskonversionen. In: Wirtschaftsinformatik 48 (5), S. 349–360.

Gronau, N./Fröming, J./Korf, R. 2005: Modellierung und Analyse wissensintensiver Prozesse mit KMDL v2.0. In: Gronau, N./Bahrs, J. (Hrsg.): Prozessorientiertes Wissensmanagement. Strategien, Methoden, Erfahrungen und Werkzeuge. Berlin: GITO, S. 1–17.

Gronau, N./Fröming, J./Korf, R. 2006c: Modellierung und Analyse wissensintensiver Aktivitäten in einem Geschäftsprozess mit der Knowledge Modeling and Description Language. In: Hinkelmann, K./Reimer, U. (Hrsg.): Modellierung für Wissensmanagement. Workshop im Rahmen der Modellierung 2006. Olten: Fachhochschule Nordwestschweiz - Hochschule für Wirtschaft, S. 3–16.

Gronau, N./Heinze, P. 2011: Qualitätsmanagement für wissensintensive Geschäftsprozesse. In: Spath, D. (Hrsg.): Wissensarbeit - zwischen strengen Prozessen und kreativem Spielraum. Berlin: GITO, S. 325–343.

Gronau, N./Jochem, R./Heinze, P./Geers, D. 2010: Reifegradmessung als Ansatz zur Verbesserung von wissensintensiven Geschäftsprozessen. In: IM Information Management & Consulting 25 (4), S. 75–80.

Gronau, N./Müller, C. 2006: Von der Kommunikationsstrukturanalyse zur Knowledge Modeling and Description Language. In: Karagiannis, D./Rieger, B./Krallmann, H. (Hrsg.): Herausforderungen in der Wirtschaftsinformatik. Festschrift für Hermann Krallmann. Berlin [u.a.]: Springer, S. 281–299.

Gronau, N./Müller, C./Uslar, M. 2004: The KMDL Knowledge Management Approach: Integrating Knowledge Conversions and Business Process Modeling. In: Karagiannis, D./Reimer, U. (Hrsg.): Practical Aspects of Knowledge Management (PAKM). 5th international conference, Vienna, Austria, December 2-3, 2004: Proceedings. Berlin [u.a.]: Springer, S. 1–10.

Gronau, N./Uslar, M./Winkler, T. 2006: Grundlagen zum Themenkomplex des Projektes M-WISE. In: Gronau, N./Hasselbring, W. (Hrsg.): M-WISE. Modellierung wissensintensiver Prozesse im Software Engineering. Berlin: GITO, S. 13–20.

Gronau, N./Weber, E. 2004: Management of Knowledge Intensive Business Processes. In: Desel, J./Pernici, B./Weske, M. (Hrsg.): Business process management. 2nd international conference, BPM 2004, Potsdam, 17.-18.06., Proceedings. Berlin [u.a.]: Springer, S. 163–178.

Gronau, N./Weber, E. 2005: Analyse Wissensintensiver Verwaltungsprozesse mit der Beschreibungssprache KMDL. In: Klischewski, R./Wimmer, M. (Hrsg.): Wissensbasiertes Prozessmanagement im E-Government. Münster: LIT, S. 171–183.

Gronover, S./Reichold, A./Kuster, F. 2003: Wissensorientierung im CRM bei der Helsana Versicherungen AG. In: Kolbe, L. M./Österle, H./Brenner, W. (Hrsg.): Customer Knowledge Management. Kundenwissen erfolgreich einsetzen. Berlin [u.a.]: Springer, S. 77–90.

Gruhn, M. 2009a: Krautzberger - 100 Jahre Wissen. In: Mertins, K./Seidel, H. (Hrsg.): Wissensmanagement im Mittelstand. Grundlagen - Lösungen - Praxisbeispiele. Berlin [u.a.]: Springer, S. 165–175.

Gruhn, M. 2009b: Prozessorientiertes Wissensmanagement bei einem mittelständischen Maschinenbauer. In: Hinkelmann, K./Wache, H. (Hrsg.): Fifth Conference on Professional Knowledge Management (WM 2009). Experiences and Visions. Solothurn, 25.-27.03.2009, Proceedings. Bonn: Gesellschaft für Informatik, S. 510–516.

Grundstein, M. 2008: Assessing the enterprise's knowledge management maturity level. In: International Journal in Knowledge and Learning 4 (5), S. 415-426.

Hallier, J./Forbes, T. 2004: In Search of Theory Development in Grounded Investigations: Doctors' Experiences of Managing as an Example of Fitted and Prospective Theorizing. In: Journal of Management Studies 41 (8), S. 1379-1410.

Hammer, M./Champy, J. 1993: Reengineering the corporation. A manifesto for business revolution. New York: Harper Business.

Hanel, G. 2002: Prozessorientiertes Wissensmanagement zur Verbesserung der Prozess- und Produktqualität. Düsseldorf: VDI.

Hansen, H. 2009: Gründungserfolg wissensintensiver Dienstleister. Theoretische und empirische Überlegungen aus Sicht der Competence-based-Theory of the Firm. Wiesbaden: Gabler.

Hartmann, T. 2012: Prozessmanagement für Dienstleistungen. Entwicklung eines Ansatzes des Prozessmanagements für Dienstleistungsprozesse. Hamburg: Kovač.

Hefke, M./Kleiner, F. 2005: An ontology-based software infrastructure for retaining theoretical Knowledge Management Maturity Models. FZI Research Center for Information Technologies at the University of Karlsruhe. Karlsruhe. http://www.fzi.de/images/files/pub/ONTOKOM.pdf [Online-Abruf am 12.07.2012]

Heisig, P. 2001: Business Process Oriented Knowledge Management - Methode zur Verknüpfung von Wissensmanagement und Geschäftsprozessgestaltung. In: Schnurr, H.-P./Staab, S./Studer, R./Stumme, G./Sure, Y. (Hrsg.): Professionelles Wissensmanagement. Erfahrungen und Visionen. Beiträge der 1. Konferenz Professionelles Wissensmanagement. Erfahrungen und Visionen, Baden-Baden, 14. - 16. März 2001. Aachen: Shaker, S. 1–11. http://sunsite.informatik.rwth-aachen.de/Publications/CEUR-WS/Vol-37/Heisig.pdf [Online-Abruf am 24.11.2011]

Heisig, P. 2002: Methode des geschäftsprozessorientierten Wissensmanagements - Die Methode GPO-WM. In: Pawlowsky, P./Reinhardt, R. (Hrsg.): Wissensmanagement für die Praxis. Methoden und Instrumente zur erfolgreichen Umsetzung. Neuwied: Luchterhand, S. 253–274.

Heisig, P. 2003: Business Process Oriented Knowledge Management. In: Mertins, K./Heisig, P./Vorbeck, J. (Hrsg.): Knowledge management. Concepts and best practices. 2. Aufl., Berlin [u.a.]: Springer, S. 18–44.

Heisig, P. 2005a: Integration von Wissensmanagement in Geschäftsprozesse. In: Gronau, N./Bahrs, J. (Hrsg.): Prozessorientiertes Wissensmanagement. Strategien, Methoden, Erfahrungen und Werkzeuge. Berlin: GITO, S. 53–92.

Heisig, P. 2005b: Integration von Wissensmanagement in Geschäftsprozesse. Zugl. Dissertation. Berlin: PTZ.

Helbig, R. 2003: Prozessorientierte Unternehmensführung. Eine Konzeption mit Konsequenzen für Unternehmen und Branchen dargestellt am Beispiel aus Dienstleistung und Handel. Heidelberg: Physica.

Hiebeler, R. J. 1996: Benchmarking: Knowledge management. In: Strategy & Leadership 24 (2), S. 22–29.

Hilger, A./Kohl, M./Krenn, S. 2010: Bedarfe und Erfolgskriterien der nachhaltigen Implementierung von Wissensmanagement im Mittelstand. Forschungsinstitut Betriebliche Bildung (f-bb) gGmbH. http://qib.f-bb.de/mediadb/3542/10275/StudieWIMMS_komprimierte_Webfassung.pdf [Online-Abruf am 13.07.2012].

Hrastnik, J./Rollet, H./Strohmaier, M. 2004: Heterogenes Wissen über Prozesse als Grundlage für die Geschäftsprozessoptimierung. In: Engelhardt, C./Hall, K./Ortner, J. (Hrsg.): Prozesswissen als Erfolgsfaktor. Effiziente Kombination von Prozessmanagement und Wissensmanagement. Wiesbaden: Deutscher Universitäts-Verlag, S. 37–60.

Hsieh, P. J./Lin, B./Lin, C. 2009: The construction and application of knowledge navigator model (KNM™): An evaluation of knowledge management maturity. In: Expert Systems with Applications 36 (2), S. 4087–4100.

Hunt, J. G./Ropo, A. 1995: Multi-level leadership: Grounded theory and main-stream theory applied to the case of general motors. In: Leadership Quarterly, 6 (3), S. 379–412.

Inkpen, A. C./Dinur, A. 1998: Knowledge Management Processes and International Joint Ventures. In: Organization Science 9 (4), S. 454–468.

Isik, Ö./Mertens, W./Van den Bergh, J. 2013: Practices of knowledge intensive process management: quantitative insights. In: Business Process Management Journal 19 (3), S. 515–534.

Jochem, R./Geers, D. 2010: Reifegradmessung von wissensintensiven Geschäftsprozessen. Es geht auch ohne Experten. In: Qualität und Zuverlässigkeit 55 (9), S. 64–65.

Jones, R./Noble, G. 2007: Grounded theory and management research: a lack of integrity? In: Qualitative Research in Organizations and Management: An International Journal 2 (2), S. 84–103.

Kaiser, S./Kozica, A. 2013: Organisationale Routinen. Ein Blick auf den Stand der Forschung. In: OrganisationsEntwicklung 32 (1), S. 15–18.

Kamiske, G. F./Brauer, J.-P. 2011: Qualitätsmanagement von A - Z. Wichtige Begriffe des Qualitätsmanagements und ihre Bedeutung. 7. Aufl., München: Hanser.

Karagiannis, D./Telesko, R. 2000: The EU-Project PROMOTE: A Process-oriented Approach for Knowledge Management. In: Reimer, U. (Hrsg.): Proceedings of the Third International Conference on Practical Aspects of Knowledge Management (PAKM). Basel, S. 13-1 - 13-7.

Karagiannis, D./Woitsch, R. 2002: The PROMOTE approach: Modelling Knowledge Management Processes to describe Knowledge Management Systems. In: Gronau, N. (Hrsg.): Wissensmanagement. Aachen: Shaker, S. 35–52.

Karagiannis, D./Woitsch, R./Hrgovcic, V. 2011: Industrialisation of the Knowledge Work: The Knowledge Conveyor Belt Approach. In: O'Brien, E./Clifford, S./Southern, M. (Hrsg.): Knowledge management for process, organizational and marketing innovation. Tools and methods. Hershey PA: Information Science Reference, S. 79–94.

Kaspar, A. F. 2010: Produktpiraterie. Könnte glatt von uns sein. Hg. v. Financial Times Deutschland. http://www.ftd.de/karriere-management/karriere/:produktpiraterie-koennte-glatt-von-uns-sein/50120860.html [Online-Abruf am 05.08.2012]

Kaya, M. 2009: Verfahren der Datenerhebung. In: Albers, S./Klapper, D./Konradt, U./Walter, A./Wolf, J. (Hrsg.): Methodik der empirischen Forschung. 3., überarb. und erw. Aufl., Wiesbaden: Gabler, S. 49–64.

Kelle, U. 2007: Theoretisches Vorwissen und Kategorienbildung in der „Grounded Theory". In: Kuckartz, U./Grunenberg, H./Dresing, T. (Hrsg.): Qualitative Datenanalyse: computergestützt: VS Verlag für Sozialwissenschaften, S. 32–49.

Kelle, U. 2008: Computergestützte Analyse qualitativer Daten. In: Flick, U./Kardorff, E. von/Steinke, I. (Hrsg.): Qualitative Forschung. Ein Handbuch. 6., durchgesehene und aktualisierte Aufl., Reinbek bei Hamburg: Rowohlt-Taschenbuch-Verlag, S. 485–501.

Kern, E.-M. 2008: Prozessmanagement in der Öffentlichen Logistik. Herausforderungen und Gestaltungsschwerpunkte. In: Eßig, M./Witt, M. (Hrsg.): Öffentliche Logistik. Supply Chain Management für Bund, Länder und Kommunen. Wiesbaden: Gabler, S. 263–283.

Kern, E.-M./Boppert, J. 2010: Value Creation by Knowledge Management. A Case Study at a Logistics Service Provider. In: Tochtermann, K./Kulathuramaiyer, N./Maurer, H. (Hrsg.): J.UCS - Proceedings of I-KNOW 2010. 10th International Conference on Knowledge Management and Knowledge Technologies. Graz, 01.-03.09.2010, S. 218–230.

Kern, E.-M./Hartmann, T./Schmid, W. 2012: Einführung. In: Kern, E.-M. (Hrsg.): Prozessmanagement individuell umgesetzt. Erfolgsbeispiele aus 15 privatwirtschaftlichen und öffentlichen Organisationen. Berlin [u.a.]: Springer-Gabler, S. 1–14.

Kern, E.-M./Schmid, W./Boppert, J./Fiechter, C. 2011: Integration of Knowledge into the Value Stream Mapping Method. Benefits, Challenges, Solution Statement. In: Lehner, F./Bredl, K. (Hrsg.): Proceedings of the 12th European Conference on Knowledge Management (ECKM). Passau, 01.-02.09.2011. Volume One. Reading: Academic Publishing Limited, S. 496–505.

Keßler, H./Winkelhofer, G. A. 2002: Projektmanagement. Leitfaden zur Steuerung und Führung von Projekten; mit 42 Tabellen. 3. Aufl., Berlin [u.a.]: Springer.

Khatibian, N./pour, T. H. g./Jafari, H. A. 2010: Measurement of knowledge management maturity level within organizations. In: Business Strategy Series 11 (1), S. 54–70.

Kieser, A. 2006: Der Situative Ansatz. In: Kieser, A./Ebers, M. (Hrsg.): Organisationstheorien. 6. Aufl., Stuttgart: Kohlhammer, S. 215-245.

Kieser, A./Kubicek, H. 1992: Organisation. 3., völlig neu bearb. Aufl., Berlin [u.a.]: De Gruyter.

Kieser, A./Segler, T. 1981: Quasi-mechanistische Situative Ansätze. In: Kieser, A. (Hrsg.): Organisationstheoretische Ansätze. München: Vahlen, S. 173-184.

Klabunde, S. 2003: Wissensmanagement in der integrierten Produkt- und Prozessgestaltung. Best-Practice-Modelle zum Management von Meta-Wissen. Wiesbaden: Deutscher Universitäts-Verlag.

Kochikar, V. 2000: The Knowledge Management Maturity Model - A Staged Framework for Leveraging Knowledge. KMWorld 2000 Conference. Santa Clara, USA, 13.09.2000.

Kohl, I./Orth, R. 2010: Prozessmanagement und Wissensmanagement. In: Jochem, R./Balzert, S. (Hrsg.): Prozessmanagement. Strategien, Methoden, Umsetzung. Düsseldorf: Symposion, S. 169–191.

Korf, R./Fröming, J. 2006: Management of Knowledge Intensive Business Processes with KMDL v2.0. In: Lehner, F. (Hrsg.): Multikonferenz Wirtschaftsinformatik 2006. Berlin: GITO, S. 431–446.

Kosiol, E. 1964: Betriebswirtschaftslehre und Unternehmensforschung. In: Zeitschrift für Betriebswirtschaft 34 (12), S. 743–762.

Krajewski, L. J./Ritzman, L. P. 2005: Operations management. Processes and value chains. 7. Aufl., Upper Saddle River: Prentice-Hall.

Kramp, M. 2011: Zukunftsperspektiven für das Prozessmanagement. Der Umgang mit Komplexität. Lohmar [u.a]: Eul.

Kratzke, N. 2007: Modellbasierte Analyse interorganisationaler Wissensflüsse. Berlin: GITO.

Krogh, G. von/Ichijo, K./Nonaka, I. 2000: Enabling knowledge creation. How to unlock the mystery of tacit knowledge and release the power of innovation. Oxford [u.a.]: Oxford University Press.

Kruger, C. J./Johnson, R. D. 2011: Is there a correlation between knowledge management maturity and organizational performance? In: VINE 41 (3), S. 265–295.

Krüger, W. 2007: Change Management. In: Köhler, R./Küpper, H.-U./Pfingsten, A. (Hrsg.): Handwörterbuch der Betriebswirtschaft. 6., vollst. neu gestaltete Aufl., Stuttgart: Schäffer-Poeschel, S. 195–203.

Kühn, R. 1978: Entscheidungsmethodik und Unternehmungspolitik. Methodische Überlegungen zum Aufbau einer betriebswirtschaftlichen Spezialdisziplin, erarbeitet am Gegenstandsbereich der Unternehmungspolitik. Bern [u.a.]: Haupt.

Lamnek, S. 2010: Qualitative Sozialforschung. Lehrbuch. 5., überarb. Aufl., Weinheim [u.a.]: Beltz.

Lampert, C. 2005: Grounded Theory. In: Mikos, L./Wegener, C. (Hrsg.): Qualitative Medienforschung. Ein Handbuch. Konstanz: UVK Verlagsgesellschaft, S. 516–526.

Lee, A. H. I./Chen, H. H./Tong, Y. 2007: Developing new products in a network with efficiency and innovation. In: International Journal of Production Research 46, S. 4687–4707.

Lee, W. B./Shek, V./Cheung, B. 2007: Auditing and Mapping the Knowledge Assets of Business Processes - An Empirical Study. In: Zhang, Z./Siekmann, J. H. (Hrsg.): Knowledge science, engineering and management (KSEM). Second international conference, Melbourne, 28.-30.11.2007, Proceedings. Berlin [u.a.]: Springer, S. 11–16.

Legewie, H. 2006a: 11. Vorlesung: Qualitative Forschung und der Ansatz der Grounded Theory. TU Berlin - Zentrum für Technik und Gesellschaft. http://www.tu-berlin.de/fak8/ifg/psychologie/legewie/VL-Skripte/Dokumente/Vorlesung_11.pdf, zuletzt aktualisiert am 18.08.2006 [Online-Abruf am 07.08.2012]

Legewie, H. 2006b: Rezension: Jörg Strübing (2004). Grounded Theory. Zur sozialtheoretischen und epistemologischen Fundierung des Verfahrens der empirisch begründeten Theoriebildung [63 Absätze]. Forum Qualitative Sozialforschung / Forum: Qualitative Social Research, 7(2), Art. 1. http://www.qualitative-research.net/index.php/fqs/article/view/105/220 [Online-Abruf am 16.08.2012]

Legewie, H./Schervier-Legewie, B. 2010: "Forschung ist harte Arbeit, es ist immer ein Stück Leiden damit verbunden. Deshalb muss es auf der anderen Seite Spaß machen.". Anselm L. Strauss im Gespräch mit Heiner Legewie und Barbara Schervier-Legewie. In: Mey, G./Mruck, K. (Hrsg.): Grounded Theory Reader. 2. Aufl., Wiesbaden: VS Verlag für Sozialwissenschaften, S. 69–78.

Lehner, F. 2006: Wissensnetze in der wissensbasierten Volkswirtschaft. In: Kaluza, B./Blecker, T./Gemünden, H. G. (Hrsg.): Wertschöpfungsnetzwerke. Festschrift für Bernd Kaluza. Berlin: Erich Schmidt, S. 149–164.

Lehner, F. 2008: Wissensmanagement. Grundlagen, Methoden und technische Unterstützung. 2. Aufl., München: Hanser.

Lenz, G. 2002: Prozessorientiertes Wissensmanagement. In: Zeitschrift für wirtschaftlichen Fabrikbetrieb 97 (9), S. 432–434.

Liebowitz, J. 2003: A knowledge management implementation plan at a leading US technical government organization: a case study. In: Knowledge Process Management 10 (4), S. 254–259.

Liebowitz, J./Rubenstein-Montano, B./McCaw, D./Buchwalter, J./Browning, C./Newman, B./Rebeck, K. 2000: The knowledge audit. In: Knowledge Process Management 7 (1), S. 3–10.

Lin, C./Wu, J.-C./Yen, D. C. 2012: Exploring barriers to knowledge flow at different knowledge management maturity stages. In: Information & Management 49 (1), S. 10–23.

Lindemann, U. 2012: Know-how-Schutz im Wettbewerb. Gegen Produktpiraterie und unerwünschten Wissenstransfer. Berlin [u.a.]: Springer.

Locke, K. D. 2000: Grounded theory in management research. London: SAGE Publications.

Maier, R. 2001: Knowledge management systems. Information and communication technologies for knowledge management. 3. Aufl., Berlin [u.a.]: Springer.

Maier, R./Remus, U. 2001: Towards a Framework for Knowledge Management Strategies: Process Orientation as Strategic Starting Point. In: Proceedings of the 34th Hawaii International Conference on System Sciences. Maui, Hawaii: IEEE Computer Society, S. 1–10.

Mandl, H. 2003: Implementation von E-Learning und Wissensmanagement. Ein mitarbeiterorientierter Ansatz. In: Uhr, W./Esswein, W./Schoop, E. (Hrsg.): Wirtschaftsinformatik 2003. Medien - Märkte - Mobilität. Heidelberg: Physica, S. 35–48.

Manning, K. C./ Bearden, W. O./ Rose, R. L. 1998: Development of a Theory of Retailer Response to Manufacturers' Everyday Low Cost Programs. In: Journal of Retailing, 74 (1), S. 107–137.

Mayring, P. 2002: Einführung in die Qualitative Sozialforschung. 5., überarb. Aufl., Weinheim [u.a.]: Beltz.

McLachlan, C. 2004: Wettbewerbsorientierte Gestaltung von Informationsasymmetrien: Eine informationsökonomisch fundierte Analyse des anbieterseitigen Informationsverhaltens. Norderstedt: Books on Demand GmbH.

Meier, M./Weller, I. 2012: Hat Wissensmanagement eine Zukunft? Stand der Dinge und Ausblick. In: Zeitschrift für betriebswirtschaftliche Forschung (zfbf) 64 (2), S. 114–135.

Mello, J./Flint, D. J. 2009: A Refined View of Grounded Theory and its Application to Logistics Research. In: Journal of Business Logistics 30 (1), S. 107–125.

Mentzas, G./Apostolou, D./Abecker, A./Young, R. 2003: Knowledge asset management. Beyond the process-centred and product-centred approaches. Berlin [u.a.]: Springer.

Merkt, M./Schulmeister, R. 2004: Die Entwicklung von Medienkompetenz unter dem Aspekt der Professionalisierung von Hochschullehrenden. In: Bett, K./Wedekind, J./Zentel, P. (Hrsg.): Medienkompetenz für die Hochschullehre. Münster [u.a.]: Waxmann, Bd. 28, S. 111–130.

Mertins, K./Finke, I./Orth, R. 2009: Ein Referenzmodell für Wissensmanagement. In: Mertins, K./Seidel, H. (Hrsg.): Wissensmanagement im Mittelstand. Grundlagen - Lösungen - Praxisbeispiele. Berlin [u.a.]: Springer, S. 15–22.

Mertins, K./Heisig, P. 2003: Wissensmanagement in industriellen Geschäftsprozessen. In: Industrie Management 2003 (3), S. 22–25.

Mertins, K./Heisig, P./Vorbeck, J. 2003: Introduction. In: Mertins, K./Heisig, P./Vorbeck, J. (Hrsg.): Knowledge management. Concepts and best practices. 2. Aufl., Berlin [u.a.]: Springer, S. 10–11.

Mertins, K./Orth, R. 2009a: Der WM-Prozessassistent. In: Mertins, K./Seidel, H. (Hrsg.): Wissensmanagement im Mittelstand. Grundlagen - Lösungen - Praxisbeispiele. Berlin [u.a.]: Springer, S. 83–90.

Mertins, K./Orth, R. 2009b: Wissensorientierte Analyse und Gestaltung von Geschäftsprozessen. In: Mertins, K./Seidel, H. (Hrsg.): Wissensmanagement im Mittelstand. Grundlagen - Lösungen - Praxisbeispiele. Berlin [u.a.]: Springer, S. 41–48.

Mertins, K./Orth, R./Finke, I. 2007: Prozessorientiertes Wissensmanagement in KMU. In: Zeitschrift für wirtschaftlichen Fabrikbetrieb 102 (10), S. 663–667.

Mertins, K./Orth, R./Stolte, H. 2008: Wissensmanagementpraxis im Maschinenbau - Von der Strategie bis zur Lösung. In: Zeitschrift für wirtschaftlichen Fabrikbetrieb 103 (4), S. 195–199.

Mertins, K./Seidel, H. (Hrsg.) 2009: Wissensmanagement im Mittelstand. Grundlagen - Lösungen - Praxisbeispiele. Berlin [u.a.]: Springer.

Mertins, K./Will, M./Orth, R. 2009: Wissensbilanz. In: Mertins, K./Seidel, H. (Hrsg.): Wissensmanagement im Mittelstand. Grundlagen - Lösungen - Praxisbeispiele. Berlin [u.a.]: Springer, S. 91–99.

Merton, R. K./Meja, V./Stehr, N. 1995: Soziologische Theorie und soziale Struktur. Berlin [u.a.]: De Gruyter.

Meyers enzyklopädisches Lexikon: Deutsches Wörterbuch O – Z. Hrsg. u. bearb. vom Wissenschaftl. Rat u. d. Mitarb. d. Dudenred. unter Leitung von Drosdowski, G. 1981, 9. Aufl., Mannheim [u.a.]: Bibliographisches Institut, Bd. 32.

Meywald, V. 2009: Dr.-Ing. Meywald GmbH & Co. KG. - Überzeugungsarbeit mit Augenmaß. In: Mertins, K./Seidel, H. (Hrsg.): Wissensmanagement im Mittelstand. Grundlagen - Lösungen - Praxisbeispiele. Berlin [u.a.]: Springer, S. 199–206.

Miles, M. B./Huberman, A. M. 1994: Qualitative data analysis. An expanded sourcebook. 2. Aufl., Thousand Oaks [u.a.]: SAGE Publications.

Mingers, S. 2005: Wissen managen in Wirtschaftsunternehmen. In: Greulich, A. (Hrsg.): Wissensmanagement im Gesundheitswesen. Heidelberg: Economica, S. 173–196.

Molter, B. 2009: Kristronics - Wissensmanagement als Kompass in stürmischer See. In: Mertins, K./Seidel, H. (Hrsg.): Wissensmanagement im Mittelstand. Grundlagen - Lösungen - Praxisbeispiele. Berlin [u.a.]: Springer, S. 177–188.

Mühlbradt, T. 2004: Wissensorientierte Optimierung von Geschäftsprozessen. In: Feggeler, A. (Hrsg.): Wissensnutzung in Klein- und Mittelbetrieben. Gestaltung, Optimierung und technische Unterstützung wissenbasierter Geschäftsprozesse. Köln: Wirtschaftsverlag Bachem, S. 115–169.

Nagel, C./Mohr, C. 2005: Die Wissensbilanz als Teilaspekt eines Knowledge-Asset-Measurement-Systems. In: Wissensbilanzen. Intellektuelles Kapital erfolgreich nutzen und entwickeln; mit 16 Tabellen. Berlin [u.a.]: Springer, S. 121–137.

Nelson, R. R./Winter, S. G. 1982: An evolutionary theory of economic change. Cambridge: Belknap Press.

Neumann, N. 2004: Modellierung eines prozessorientierten Wissensmanagementkonzeptes im Innovationsprozess. Berlin: GITO.

Neumann, S./Probst, C./Wernsmann, C. 2005: Kontinuierliches Prozessmanagement. In: Becker, J./Kugeler, M./Rosemann, M. (Hrsg.): Prozessmanagement. Ein Leitfaden zur prozessorientierten Organisationsgestaltung. Berlin [u.a.]: Springer, S. 299–325.

Nohr, H. 2003: Customer Knowledge Management (CKM). Ein Forschungsprojekt zum Management von Kundenwissen. In: Nohr, H. (Hrsg.): Customer-Knowledge-Management. Aspekte des Managements von Kundenwissen. Berlin: Logos, S. 11–24.

Nonaka, I./Takeuchi, H. 1995: The knowledge-creating company. New York [u.a.]: Oxford University Press.

Nonaka, I./Takeuchi, H. 1997: Die Organisation des Wissens. Wie japanische Unternehmen eine brachliegende Ressource nutzbar machen. Frankfurt/Main [u.a.]: Campus.

North, K. 2011: Wissensorientierte Unternehmensführung. Wertschöpfung durch Wissen. 5. Aufl., Wiesbaden: Gabler.

Orth, R. 2009: Wissensmanagement mit Wiki-Systemen. In: Mertins, K./Seidel, H. (Hrsg.): Wissensmanagement im Mittelstand. Grundlagen - Lösungen - Praxisbeispiele. Berlin [u.a.]: Springer, S. 75–81.

Osterloh, M./Frost, J. 2006: Prozessmanagement als Kernkompetenz. Wie Sie Business Reengineering strategisch nutzen können. 5., überarb. Aufl., Wiesbaden: Gabler.

Papoutsakis, H. 2011: New Product Development Based on Knowledge Creation and Technology Education. In: O'Brien, E./Clifford, S./Southern, M. (Hrsg.): Knowledge management for process, organizational and marketing innovation. Tools and methods. Hershey PA: Information Science Reference, S. 148–163.

Paris, R./Hürzele, P. 2008: Was versteht man unter Grounded Theory? Forschunsmethodik 1: Einführung. Herbstsemester 2008. Universität St. Gallen. St. Gallen. http://www.tim.ethz.ch/education/courses/courses_fs_2008/course_docsem_fs_2008/papers/17.pdf [Online-Abruf am 06.07.2012]

Paulzen, O. 2006: Qualität im Wissensmanagement - Modellierung und Bewertung von Wissensprozessen. Wiesbaden: Denk!Institut.

Paulzen, O./Doumi, M./Perc, P./Cereijo-Roibas, A. 2002: A Maturity Model for Quality Improvement in Knowledge Management. Australasian Conferences on Information Systems (ACIS), Proceedings. Paper 5. http://aisel.aisnet.org/acis2002/5 [Online-Abruf am 15.07.2012]

Pawlowsky, P./Gözalan, A./Schmid, S. 2011: Wettbewerbsfaktor Wissen: Managementpraxis von Wissen und Intellectual Capital in Deutschland. Eine repräsentative Unternehmensbefragung zum Status quo. Hg. v. Forschungsstelle Organisationale Kompetenz und Strategie (FOKUS). Technische Universität Chemnitz. http://www.bmwi.de/BMWi/Redaktion/PDF/S-T/studie-wissenmanagen,property=pdf,bereich=bmwi2012,sprache=de,rwb=true.pdf [Online-Abruf am 19.07.2012]

Pechmann, E. von/Hahn, C. von 2009: Wie Wissen wandert - der Fall STELCO. In: Mertins, K./Seidel, H. (Hrsg.): Wissensmanagement im Mittelstand. Grundlagen - Lösungen - Praxisbeispiele. Berlin [u.a.]: Springer, S. 237–246.

Pee, L. G./Kankanhalli, A. 2009: A Model of Organisational Knowledge Management Maturity Based on People, Process, and Technology. In: Journal of Information & Knowledge Management 8 (2), S. 79.

Peters, S./Brühl, R./Stelling, J. 2005: Betriebswirtschaftslehre: Einführung. 12. Aufl., München: Oldenbourg.

Pfadenhauer, M. 2005: Auf gleicher Augenhöhe reden: das Experteninterview - ein Gespräch zwischen Experte und Quasi-Experte. In: Bogner, A./Littig, B./Menz, W. (Hrsg.): Das Experteninterview. Theorie, Methode, Anwendung. 2., Aufl. Wiesbaden: VS Verlag für Sozialwissenschaften, S. 113–130.

Pfeifer, T./Remmert, C./Lorenzi, P. 2000: Wissen verbindet. Wissensaudits als Schlüssel zum Wissensmanagement. In: Qualität und Zuverlässigkeit 45 (10), S. 1274–1278.

Preissler, H./Roehl, H./Seemann, P. 1997: Haken, Helm und Seil: Erfahrungen mit Instrumenten des Wissensmanagements. In: OrganisationsEntwicklung 16 (2), S. 4–16.

Probst, G. J. B./Raub, S./Romhardt, K. 2006: Wissen managen. Wie Unternehmen ihre wertvollste Ressource optimal nutzen. 5., überarb. Aufl., Wiesbaden: Gabler.

Prognos AG 2012: Globalisierung. Entwicklung der Wert-schöpfungsstrukturen 1991-2020. vbw - Vereinigung der bayerischen Wirtschaft e.V. http://www.vbw-bayern.de/agv/downloads/63057@agv/Studie-Globalisierung-Wertsch%C3%B6pfungsketten.pdf [Online-Abruf am 19.07.2012]

Przyborski, A./Wohlrab-Sahr, M. 2010: Qualitative Sozialforschung. Ein Arbeitsbuch. 3., korrigierte Aufl., München: Oldenbourg.

Rehäuser, J./Krcmar, H. 1996: Wissensmanagement im Unternehmen. In: Schreyögg, G./Conrad, P. (Hrsg.): Managementforschung 6: Wissensmanagement, Berlin [u.a.]: De Gruyter, S. 1–40.

Reinmann-Rothmeier, G. 2001: Wissen managen: Das Münchener Modell. Forschungsbericht Nr. 131. Ludwig-Maximilians-Universität, Lehrstuhl für Empirische Pädagogik und Pädagogische Psychologie. München. http://epub.ub.uni-muenchen.de/239/1/FB_131.pdf [Online-Abruf am 12.03.2013]

Reinmann-Rothmeier, G./Mandl, H. 2000: Individuelles Wissensmanagement. Strategien für den persönlichen Umgang mit Information und Wissen am Arbeitsplatz. Bern: Huber.

Reinmann-Rothmeier, G./Mandl, H./Erlach, C./Neubauer, A. 2001: Wissensmanagement lernen. Ein Leitfaden zur Gestaltung von Workshops und zum Selbstlernen. Weinheim [u.a.]: Beltz.

Remus, U. 2001: Integrierte Prozeß- und Kommunikationsmodellierung als Ausgangspunkt für die Verbesserung von wissensintensiven Geschäftsprozessen. In: Schnurr, H.-P./Staab, S./Studer, R./Stumme, G./Sure, Y. (Hrsg.): Professionelles Wissensmanagement. Erfahrungen und Visionen. Beiträge der 1. Konferenz Professionelles Wissensmanagement. Erfahrungen und Visionen, Baden-Baden, 14. - 16. März 2001. Aachen: Shaker, S. 64–68. http://sunsite.informatik.rwth-aachen.de/Publications/CEUR-WS/Vol-37/Remus.pdf [Online-Abruf am 24.11.2011]

Remus, U. 2002: Prozeßorientiertes Wissensmanagement. Konzepte und Modellierung. Dissertation, Universität Regensburg.

Richter, C. 1995: Schlüsselqualifikationen. Alling: Sandmann.

Ritchie, J./Lewis, J. 2003: Qualitative research practice. A guide for social science students and researchers. London [u.a.]: SAGE Publications.

Röder, S./Tautges, W. 2004: Designing Participatory Processes. In: Wimmer, M. A. (Hrsg.): Knowledge management in electronic government. 5th IFIP International Working Conference, KMGov 2004, Krems, Austria, May 17-19, 2004: Proceedings. Berlin [u.a.]: Springer, S. 233–240.

Roehl, H. 2000: Instrumente der Wissensorganisation. Perspektiven für eine differenzierende Interventionspraxis. Wiesbaden: Gabler.

Roehl, H. 2002: Organisationen des Wissens. Anleitung zur Gestaltung. Stuttgart: Klett-Cotta.

Rühl, J. 2009: Lti DRiVES GmbH - aus Erfahrungen lernen und Irrwege vermeiden. In: Mertins, K./Seidel, H. (Hrsg.): Wissensmanagement im Mittelstand. Grundlagen - Lösungen - Praxisbeispiele. Berlin [u.a.]: Springer, S. 189–197.

Rumpfhuber, M. 2004: Wissensintensive Geschäftsprozesse partizipativ kostengünstig erheben, strukturiert darstellen und wiederholt nutzen mittels der WIGPM-Methode. In: Engelhardt, C./Hall, K./Ortner, J. (Hrsg.): Prozesswissen als Erfolgsfaktor. Effiziente Kombination von Prozessmanagement und Wissensmanagement. Wiesbaden: Deutscher Universitäts-Verlag, S. 129–148.

Saad, I. 2008: Preserving Substantial Knowledge in the Organizational Memory Using Process Modelling and Multicriteria Analysis. In: Al-Hawamdeh, S./Stauss, K. A./Barachini, F. (Hrsg.): Knowledge management. Competencies and professionalism. Singapore: World Scientific, S. 171–181.

Sanchez, R. 1997: Managing Articulated Knowledge in Competence-based Competition. In: Sanchez, R./Heene, A. (Hrsg.): Strategic learning and knowledge management. Chichester [u.a.]: Wiley, S. 163–187.

Sanden, H. 2001: Entwicklung eines Modells zur Implementierung von Wissensmanagement in Organisationen. Universität Paderborn.

Schaal, U. 2010: Das strategische Management von Contentrechten. Schlüsselherausforderung für audiovisuelle Medienunternehmen. Wiesbaden: VS Verlag für Sozialwissenschaften.

Schaschke, M. 2010: Kultivierung von Kundenwissen. Ein Systematisierungsrahmen für das Customer Knowledge Management. Lohmar [u.a.]: Eul.

Schauer, H./Frank, U. 2007: Methoden des Wissensmanagements. In: Bellinger, A./Krieger, D. (Hrsg.): Hochschule im info-strukturellen Wandel. Erwartungen, Wirkungen und Bewertungen am Beispiel von ETH World. Zürich: vdf, Hochschulverlag an der ETH Zürich, S. 147–166.

Schmelzer, H. J. 2004: Grundlagen des Geschäftsprozessmanagements - Begriffe, Konzept, Vorgehen. In: Ellringmann, H./Münch, M./Cürten, G. (Hrsg.): Geschäftsprozessmanagement inside. München: Hanser.

Schmelzer, H. J./Sesselmann, W. 2010: Geschäftsprozessmanagement in der Praxis. Kunden zufrieden stellen - Produktivität steigern - Wert erhöhen. 6. Aufl., München: Hanser.

Schmid, S./Bogen, J./Gronau, N. 2005: Aufbau einer Wissensorganisation für den Betrieb komplexer ERP-Systeme. In: Zeitschrift für wirtschaftlichen Fabrikbetrieb 100 (9), S. 528–531.

Schmid, W./Kern, E.-M. 2013a: Bedarfsorientiertes Wissensmanagement in der Produktion. In: Zeitschrift für wirtschaftlichen Fabrikbetrieb 108 (6), S. 394–398.

Schmid, W./Kern, E.-M. 2013b: Integration of Business Process Management and Knowledge Management: State of the Art, Current Research and Future Prospects. Accepted in: Zeitschrift für Betriebswirtschaft (ZfB) / Journal of Business Economics (JBE) [published online: 3 July 2013].

Schmidt, G. 1997: Prozeßmanagement. Modelle und Methoden; mit 12 Tab. Berlin [u.a.]: Springer.

Schnauffer, H.-G./Voigt, S./Staiger, M. 2004: Zusammenfassung und Vergleich der Praxisbeispiele. In: Schnauffer, H.-G./Stieler-Lorenz, B./Peters, S. (Hrsg.): Wissen vernetzen. Wissensmanagement in der Produktentwicklung. Berlin [u.a.]: Springer, S. 202–212.

Schneider, K. 2009: Terrawatt Planungsgesellschaft mbH - Effektive Nutzung windiger Zeiten. In: Mertins, K./Seidel, H. (Hrsg.): Wissensmanagement im Mittelstand. Grundlagen - Lösungen - Praxisbeispiele. Berlin [u.a.]: Springer, S. 247–256.

Schneider, U. 1996: Management in der wissensbasierten Unternehmung. Das Wissensnetz in und zwischen Unternehmen knüpfen. In: Schneider, U. (Hrsg.): Wissensmanagement. Die Aktivierung des intellektuellen Kapitals. Frankfurt am Main: Frankfurter Allgemeine Zeitung, Verlags-Bereich Wirtschaftsbücher, S. 13–48.

Schreiber, D. 2010: Management von Controllingwissen. Ein sach- und verhaltensorientierter Ansatz zur Verbesserung der Manager-Controller-Beziehung. Wiesbaden: Gabler.

Schroeder, D. M./Congden, S. W./Gopinath, C. 1995: Linking Competitive Strategy and Manufacturing Process Technology. In: Journal of Management Studies, 32 (2), S. 163–189.

Schwarzer, C./Schwarzer, R. 1982: Subjektive Theorie als Produkt der kognitiven Auseinandersetzung des Lehrers mit seinen Berufsanforderungen. In: Dann, H.-D./Humpert, W./Krause, F./Tennstädt, K.-C. (Hrsg.): Analyse und Modifikation subjektiver Theorien von Lehrern. Ergebnisse und Perspektiven eines Kolloquiums. Forschungsbericht 43. Konstanz, S. 69–80.

Seidel, S./Recker, J. 2009: Opportunities and challenges of mobile personalization: An exploratory study. Using Grounded Theory For Studying Business Process Management Phenomena. European Conference on Information Systems (ECIS), Proceedings. Paper 91. http://aisel.aisnet.org/cgi/viewcontent.cgi?article=1215&context=ecis2009 [Online-Abruf am 27.07.2012]

Seidlmeier, H. 2006: Prozessmodellierung mit ARIS. Eine beispielorientierte Einführung für Studium und Praxis. 2., aktualisierte Aufl., Wiesbaden: Vieweg.

Shaha, M./Käppeli, S./Schnepp, W. 2013: Die Reichweite von Theorien als Indikator für ihre Umsetzbarkeit in der Praxis. In: Pflegewissenschaft 15 (1), S. 5–16.

Software Engineering Institute (Hrsg.) 2010: CMMI® for Development, Version 1.3. Improving processes for developing better products and services. Carnegie Mellon University. http://www.sei.cmu.edu/reports/10tr033.pdf [Online-Abruf am 14.09.2012]

Spinner, H. F. 2002: Das modulare Wissenskonzept des Karlsruher Ansatzes der integrierten Wissensforschung. Zur Grundlegung der allgemeinen Wissenstheorie für Wissen aller Art, in jeder Menge und Güte. In: Weber, K./Nagenborg, M./Spinner, H. F. (Hrsg.): Wissensarten, Wissensordnungen, Wissensregime. Beiträge zum Karlsruher Ansatz der integrierten Wissensforschung. Opladen: Leske + Budrich, S. 13–46.

Staberhofer, F./Rohrhofer, E. 2007: Ganzheitliches Supply Chain Management. Das Steyr Netzwerk Modell (SNM) als neuer Managementansatz. In: Klaus, P./Rothböck, M./Staberhofer, F. (Hrsg.): Steuerung von Supply Chains. Strategien - Methoden - Beispiele. Wiesbaden: Gabler, S. 27–72.

Staehle, W. H. 1973: Organisation und Führung sozio-technischer Systeme. Grundlagen einer Situationstheorie. Stuttgart: Ferdinand Enke.

Staiger, M. 2008: Wissensmanagement in kleinen und mittelständischen Unternehmen. Systematische Gestaltung einer wissensorientierten Organisationsstruktur und -kultur. Mering: Rainer Hampp.

Staiger, M./Kilian, S. 2006: Nutzen statt Kosten – Wissensmanagement in KMU. In: wissensmanagement - Das Magazin für Führungskräfte 2006 (2), S. 34–36.

Staud, J. L. 2001: Geschäftsprozeßanalyse. Ereignisgesteuerte Prozessketten und objektorientierte Geschäftsprozessmodellierung für Betriebswirtschaftliche Standardsoftware. 2., überarb. und erw. Aufl., Berlin [u.a.]: Springer.

Steiner, G. A. 1979: Contingency Theories of Strategy and Strategic Management. In: Schendel, D./Hofer, C. W. (Hrsg.): Strategic management. A new view of business policy and planning. Boston: Little, Brown, S. 405-416.

Stewart, T. A. 1998: Der vierte Produktionsfaktor. Wachstum und Wettbewerbsvorteile durch Wissensmanagement. München: Hanser.

Stolte, H./Dielmann, M./Orth, R. 2009: BMA AG - Der süße Geschmack des Wissensmanagements. In: Mertins, K./Seidel, H. (Hrsg.): Wissensmanagement im Mittelstand. Grundlagen - Lösungen - Praxisbeispiele. Berlin [u.a.]: Springer, S. 137–145.

Strauss, A. L. 1998: Grundlagen qualitativer Sozialforschung. Datenanalyse und Theoriebildung in der empirischen soziologischen Forschung. 2. Aufl., München: W. Fink.

Strauss, A. L./Corbin, J. 1998: Basics of qualitative research. Techniques and procedures for developing grounded theory. 2. Aufl., Thousand Oaks [u.a.]: SAGE Publications .

Strauss, A. L./Corbin, J. M. 1990: Basics of qualitative research. Grounded theory procedures and techniques. Newbury Park: SAGE Publications.

Strohmaier, M. 2005: B-KIDE: a framework and a tool for business process oriented knowledge infrastructure development. Dissertation. Aachen: Shaker.

Suddaby, R. 2006: From the Editors: What Grounded Theory is not. In: Academy of Management Journal 49 (4), S. 633–642.

Suresh, J. K./Mahesh, K. 2005: Ten ways to maturity in knowledge management. Lessons in economy. Oxford: Chandos.

Sveiby, K. E. 1998: Wissenskapital - das unentdeckte Vermögen. Immaterielle Unternehmenswerte aufspüren, messen und steigern. Landsberg/Lech: Moderne Industrie.

Swaak, J./Lansink, A./Heeren, E./Hendriks, B./Kalff, P./Den Oudsten, J.-W. Böhmer, R./ Bakker, R./ Verwijs, C. 2000: Measuring knowledge management investments and results; two business cases. Paper presented at the 59th AEPF-Tagung, Bremen, 10.03.2000. Telematica Instituut. http://citeseerx.ist.psu.edu/viewdoc/download;jsessionid=6900E795BA43CB6AFF163399413E1AEA?doi=10.1.1.36.2992&rep=rep1&type=pdf [Online-Abruf am 12.07.2012]

Taylor, L. 2007: Knowledge, information and the business process. Revolutionary thinking or common sense? Oxford: Chandos.

Tesch, R. 1990: Qualitative research. Analysis types and software tools. New York [u.a.]: Falmer Press.

Thierse, P. 2009: AUCOTEAM - Ingenieurwissen effektiv managen. In: Mertins, K./Seidel, H. (Hrsg.): Wissensmanagement im Mittelstand. Grundlagen - Lösungen - Praxisbeispiele. Berlin [u.a.]: Springer, S. 115–125.

Thiesse, F. 2001: Prozessorientiertes Wissensmanagement - Konzepte, Methode, Fallbeispiele. Dissertation, St. Gallen.

Thomas, G./James, D. 2006: Reinventing grounded theory: some questions about theory, ground and discovery. In: British Educational Research Journal 32 (6), S. 767–795.

Thonemann, U. 2005: Operations Management. Konzepte, Methoden und Anwendungen. München: Addison-Wesley.

Thonemann, U. 2010: Operations Management. Konzepte, Methoden und Anwendungen. 2., aktualisierte und erw. Aufl., München [u.a.]: Addison-Wesley.

Tochtermann, K./Schachner, W. 2009: Knowledge Report. Wissensmanagement im Prozessmanagement. Hg. v. Know-Center GmbH. TU Graz. http://know-center.tugraz.at/studien/wm-pzm/download/Expertenstudie%20WM%20im%20PzM%202009.pdf [Online-Abruf am 15.07.2012]

Trier, M./Bobrik, A. 2007: Systemanalyse im Wissensmanagement. In: Krallmann, H. (Hrsg.): Systemanalyse im Unternehmen. Prozessorientierte Methoden der Wirtschaftsinformatik. 5. Aufl., München: Oldenbourg.

Trier, M./Müller, C. 2004: Towards a Systematic Approach for Capturing Knowledge-Intensive Business Processes. In: Karagiannis, D./Reimer, U. (Hrsg.): Practical Aspects of Knowledge Management (PAKM). 5th international conference, Vienna, Austria, December 2-3, 2004: Proceedings. Berlin [u.a.]: Springer, S. 239–250.

Trier, M./Müller, C. 2004: Towards a Systematic Approach for Capturing Knowledge-Intensive Business Processes. In: Karagiannis, D./Reimer, U. (Hrsg.): Practical Aspects of Knowledge Management (PAKM). 5th international conference, Vienna, Austria, December 2-3, 2004: Proceedings. Berlin [u.a.]: Springer, S. 239–250.

Ulmer, P. 2009: Schmalz - Wikipedia für den unternehmerischen Einsatz. In: Mertins, K./Seidel, H. (Hrsg.): Wissensmanagement im Mittelstand. Grundlagen - Lösungen - Praxisbeispiele. Berlin [u.a.]: Springer, S. 227–235.

Universitätsbibliothek Regensburg 2013: Elektronische Zeitschriftenbibliothek. Universität der Bundeswehr München. http://ezb.uni-regensburg.de/fl.phtml?bibid=UBWM&colors=7&lang=de. [Online-Abruf am 24.05.2013]

Vahs, D. 2009: Organisation. Ein Lehr- und Managementbuch. 7. Aufl., Stuttgart: Schäffer-Poeschel.

van der Spek, R./Hofer-Alfeis, J./Kingma, J. 2003: The Knowledge Strategy Process. In: Knowledge directions. With 57 tables. Berlin [u.a.]: Springer, S. 443–466.

Vetterli, C./Nüesch, M. 2010: Was versteht man unter Grounded Theory? Seminar für Doktorierende der Universität St. Gallen und der ETH Zürich. Forschungsmethodik 1: Einführung. Hg. v. Boutellier, R./Gassmann, O. Universität St. Gallen. http://www.tim.ethz.ch/education/courses/courses_fs_2010/course_docsem_fs_2010/papers/T19_GroundedTheory_Nueesch_Vetterli [Online-Abruf am 10.08.2012].

Voigt, S. 2009a: Selbsterklärende Ordnerstrukturen. In: Mertins, K./Seidel, H. (Hrsg.): Wissensmanagement im Mittelstand. Grundlagen - Lösungen - Praxisbeispiele. Berlin [u.a.]: Springer, S. 69–74.

Voigt, S. 2009b: Wissensmanagement-Lösungen auswählen. In: Mertins, K./Seidel, H. (Hrsg.): Wissensmanagement im Mittelstand. Grundlagen - Lösungen - Praxisbeispiele. Berlin [u.a.]: Springer, S. 49–57.

Voigt, S./Finke, I./Orth, R. 2009a: Ausblick auf Forschungsbedarf im Wissensmanagement für KMU. In: Mertins, K./Seidel, H. (Hrsg.): Wissensmanagement im Mittelstand. Grundlagen - Lösungen - Praxisbeispiele. Berlin [u.a.]: Springer, S. 283–288.

Voigt, S./Finke, I./Orth, R. 2009b: Fazit aus 15 mittelständischen Fallstudien. In: Mertins, K./Seidel, H. (Hrsg.): Wissensmanagement im Mittelstand. Grundlagen - Lösungen - Praxisbeispiele. Berlin [u.a.]: Springer, S. 271–282.

Voigt, S./Garrel, J. von 2009: Erfahrungssicherungsworkshops. In: Mertins, K./Seidel, H. (Hrsg.): Wissensmanagement im Mittelstand. Grundlagen - Lösungen - Praxisbeispiele. Berlin [u.a.]: Springer, S. 61–67.

Voigt, S./Garrel, J. von/Gatzke, J. 2008: Prozessorientiertes Wissensmanagement in produzierenden Unternehmen. Einfach, kostengünstig und gut. In: Zeitschrift für wirtschaftlichen Fabrikbetrieb 103 (4), S. 200–204.

Voigt, S./Seidel, H. 2009a: Einleitung. In: Mertins, K./Seidel, H. (Hrsg.): Wissensmanagement im Mittelstand. Grundlagen - Lösungen - Praxisbeispiele. Berlin [u.a.]: Springer, S. 1–7.

Voigt, S./Seidel, H. 2009b: Herausforderung für Unternehmen. In: Mertins, K./Seidel, H. (Hrsg.): Wissensmanagement im Mittelstand. Grundlagen - Lösungen - Praxisbeispiele. Berlin [u.a.]: Springer, S. 9–13.

Völker, R./Sauer, S./Simon, M. 2007: Wissensmanagement im Innovationsprozess. Heidelberg: Physica.

Wagner, K. W./Patzak, G. 2007: Performance Excellence. Der Praxisleitfaden zum effektiven Prozessmanagement. München: Hanser.

Wagner, S. M./ Lukassen, P./ Mahlendorf, M. 2010: Misused and missed use — Grounded Theory and Objective Hermeneutics as methods for research in industrial marketing. In: Industrial Marketing Management 39 (1), S. 5–15.

Wartenberg, S. 2009: Würth Elektronik ICS - Wiki-Lösungen: Wer die Wahl hat, hat die Qual. In: Mertins, K./Seidel, H. (Hrsg.): Wissensmanagement im Mittelstand. Grundlagen - Lösungen - Praxisbeispiele. Berlin [u.a.] : Springer, S. 257–267.

Weigert, J. 2008: Der Weg zum leistungsstarken Qualitätsmanagement. Ein praktischer Leitfaden für die ambulante, teil- und vollstationäre Pflege. 2., aktualisierte Aufl., Hannover: Schlütersche.

Welter, M. 2005: Überlegungen zur organisationalen Wissensbasis von Dienstleistungsunternehmen: Besonderheiten, Strukturmodell und anknüpfende Forschungsfragen. In: Lingnau, V. (Hrsg.): Dienstleistungskolloquium am 17.09.2004 an der Technischen Universität Kaiserslautern, Beiträge zur Controlling-Forschung, No. 8, S. 71–86.

Wenzel, R./Wulfsberg, J./Bruhns, F. 2009: Systemische Wissensbewirtschaftung. Teil 1: Wissensorientierte Modellierung von Geschäftsprozessen. In: Zeitschrift für wirtschaftlichen Fabrikbetrieb 104 (5), S. 405–410.

Werner, M. 2004: Einflussfaktoren des Wissenstransfers – Ergebnisse einer explorativen empirischen Studie. In: Borchert, M. (Hrsg.): Wissensmanagement in wissensintensiven Dienstleistungsprozessen. Lohmar [u.a.]: Eul, S. 83–123.

Wicki, Y. 2003: Knowledge and Turnover in Marketing. Dissertation, Universität St. Gallen, Bamberg: Difo-Druck GmbH.

Wiedemann, P. 1995: Gegenstandsnahe Theoriebildung. In: Flick, U. (Hrsg.): Handbuch qualitative Sozialforschung. Grundlagen, Konzepte, Methoden und Anwendungen. 2. Aufl., Weinheim [u.a.]: Beltz, S. 440–445.

Wiegand, H. E. 1994: Zur Unterscheidung von semantischen und enzyklopädischen Daten in Fachwörterbüchern. In: Schaeder, B./Bergenholtz, H. (Hrsg.): Fachlexikographie. Fachwissen und seine Repräsentation in Wörterbüchern. Tübingen: G. Narr, S. 103–132.

Wilhelm, R. 2007: Prozessorganisation. 2. Aufl., München: Oldenbourg.

Wittich, A. 2010: Die Ist-Analyse als erster Schritt zum Wissensmanagement. In: wissensmanagement - Das Magazin für Führungskräfte 2010 (4), S. 44–45.

Wittmann, W. 1977: Betriebswirtschaftslehre. In: Albers, W./Born, K./Dürr, E./Hesse, H./Kraft, A./Lampert, H./Rose, K./Rupp, H.-H./Scherf, H./Schmidt, K./Wittmann, W. (Hrsg.): Handwörterbuch der Wirtschaftswissenschaft (HdWW), Band I: zugleich Neuauflage des Handwörterbuchs der Sozialwissenschaften. Stuttgart: Fischer, S. 585-609.

Wolff, C. 2005: Stabilität und Flexibilität von Kooperationen. Entwicklung einer wettbewerbsorientierten Flexibilitätstheorie am Beispiel der Automobilbranche. Wiesbaden: Deutscher Universitäts-Verlag.

Woll, A. 1996: Wirtschaftslexikon. 8., überarb. und erw. Aufl., München: Oldenbourg.

Würstl, J.-S./Würstl, D. 2009: GWB - Wissen sichern und nutzbar machen mittels Datenbanken. In: Mertins, K./Seidel, H. (Hrsg.): Wissensmanagement im Mittelstand. Grundlagen - Lösungen - Praxisbeispiele. Berlin [u.a.]: Springer, S. 155–164.

Yao, L. 2008: Research on a Knowledge Management Paradigma of Tightly Coupling the Business Process and Knowledge Management Process. In: Al-Hawamdeh, S./Stauss, K. A./Barachini, F. (Hrsg.): Knowledge management. Competencies and professionalism. Singapore: World Scientific, S. 243–254.

Zahn, E./Foschiani, S./Tilebein, M. 2000: Nachhaltige Wettbewerbsvorteile durch Wissensmanagement. In: Krallmann, H. (Hrsg.): Wettbewerbsvorteile durch Wissensmanagement. Methodik und Anwendungen des Knowledge Management. Stuttgart: Schäffer-Poeschel, S. 239–270.